JN235886

データ解析の実務プロセス入門

INTRODUCTION TO EXPLORATORY DATA ANALYSIS

あんちべ［著］

森北出版

本書のサンプルコードなどは、下記 Web サイトからダウンロードできます。
- http://www.morikita.co.jp/books/mid/081771/
- https://github.com/AntiBayesian/DataAnalysisForPractice/

●本書のサポート情報を当社 Web サイトに掲載する場合があります．下記の URL にアクセスし，サポートの案内をご覧ください．

http://www.morikita.co.jp/support/

●本書の内容に関するご質問は，森北出版 出版部「(書名を明記)」係宛に書面にて，もしくは下記の e-mail アドレスまでお願いします．なお，電話でのご質問には応じかねますので，あらかじめご了承ください．

editor@morikita.co.jp

●本書により得られた情報の使用から生じるいかなる損害についても，当社および本書の著者は責任を負わないものとします．

■本書に記載している製品名，商標および登録商標は，各権利者に帰属します．

■本書を無断で複写複製（電子化を含む）することは，著作権法上での例外を除き，禁じられています．複写される場合は，そのつど事前に(社)出版者著作権管理機構（電話 03-3513-6969，FAX 03-3513-6979，e-mail：info@jcopy.or.jp）の許諾を得てください．また本書を代行業者等の第三者に依頼してスキャンやデジタル化することは，たとえ個人や家庭内での利用であっても一切認められておりません．

まえがき

> データ解析とは以下を意味している。データを分析する手順、その手順から得られた結果を解釈する技法、解析をより容易かつ高精度かつ高確度にするデータ収集のプランニングそしてデータの分析に適用された（数理）統計学の手法と結果のすべてである。
>
> —— テューキー

　データ解析はデータから有益な知見を得る取り組みのことです。データを利用することによって、経営戦略の立案・新サービスの展開・既存サービスの改善など、様々な場面において意思決定に役立つ現状把握や新たな気づきを得ることが可能となります。しかし、データを利用するにはまずデータを用意しなければなりません。さらに、データはそのままだと解釈しづらいため、平均値を出したりグラフを描いたりするなど、解釈しやすいよう何らかの統計処理をすることも重要です。また、データから何かの気づきや現状把握ができても、それを改善に活かさないと意味がありません。そのため、データ解析は上記テューキー[1]の言葉にあるように、目的設定から始まり、分析計画の立案、データの収集・加工・蓄積、データ解析手法の適用、分析結果の解釈、そこから導かれる施策提案と実施、施策の効果検証……と連なるすべてのプロセスを含みます。

　本書は入門者向けのデータ解析の指南書です。データ解析では、上記の各プロセスのどれ一つが欠けても売上増加やサービス品質の向上などの価値を得られません。そのため、本来なら個々のプロセスそのものと、それらがどのように結びついているのかについて、大学や経験豊富な先輩のいる現場などで長い期間をかけて体系的に学ぶのが最も効果的です。ですが、現実的には独学で道を切り開いていかねばならない方がほとんどでしょう。データ解析を独学しても望ましい成果を挙げられないという声をよく耳にします。独学でデータ解析を学んでも実践できない理由は何でしょうか。筆者の考えでは、統計分析手法が数学的に難しすぎたりプログラミングや分析ツールの操作をできなかったりすることではなく、やりたいことを実践するために必要な知識が体系的に結びついていないことこそが問題です。データ解析のプロセスを把握していないと、「データ解析しようと思ったとき、まず何から手をつければよいかわからない」、「統計分析手法を習得しても、どれをどのようなときに利用すればよいのかわからない」、「データ収集のツールはあるが、どのような

---

[1] ジョン・テューキー。アメリカの統計学者で、データ解析の分野を切り開いた人物の一人。

データを収集すればよいかわからない」などの苦境に陥ります。料理でもスポーツでも建築でもデータ解析でも、個々の技術や知識を習得すれば直ちに行えるものではなく、個々の要素を結びつけ活用できる体系を得ねばならないのと同じです。しかし、体系だった知識を得るのは簡単ではありません。現在、多くの有用な書籍により統計学やプログラミングなどデータ解析における個々の知識は簡単に得られるようになってきました。ただ、実践的なプロセスを体系的に説明したものはなかなかありません。そこで本書では一連のプロセスを体系的に説明することを主眼としています。とは言え、概要だけを説明しても実践は困難なため、実際に手を動かして実践できるよう各要素の最低限のツールや手法を紹介します。

■ **なぜデータ解析を学ぶのか**

　筆者は、データ解析入門者、あるいはデータ解析に全く興味がない方から「実務で使うのはどうせ指標を眺めたりグラフ描いたりする程度なのだから、わざわざデータ解析を学ぶ必要はないのでは？」という疑問をよく寄せられます。この問いに答えられないと、その後の学習も何のために学んでいるのかわからずやる気がなくなりますし、あなたがデータ解析の理論に基づいた分析を行ってもその価値を正しく認められない可能性があります。データ解析の学習を始める前に、それを学ぶ意義について考えてみましょう。

　まず、「指標を眺めたりグラフを描いたりする程度」で意思決定するケースは多々あることは事実です。実務で高度な分析手法を用いるケースはありますが、それは常にではありませんし、データ解析に必ずしも高度な手法を用いなければならないわけではありません。そのため、「実務で使うのはどうせ指標を眺めたりグラフ描いたりする程度では？」という主張は間違っているわけではありません。であるならば、その後に続く「わざわざデータ解析を学ぶ必要はない」については正しいのでしょうか。そうではありません。指標やグラフを作成するのにデータ解析の基礎づけが必要になるからです。データ解析に限らず、プロの仕事というのはその成果物だけを見ると簡単に思えるものです。たとえばイラストレーターがサラサラと描いた絵やプロスポーツ選手が軽々とこなす技のようにです。ですが、それらは簡単にそこまで辿り着いているのではなく、背後に長い練習と深い理論が潜んでいます。

　「指標を眺める」と言いますが、指標はどこからともなく湧いて出るわけではありません。数多くの種類の指標のなかから、適切な指標を選択しなければなりません[第5章参照]。その指標のもととなるデータをどのように設計・収集するか[第3章参照]、また、指標を計算して出力し眺められるようにするにはどうすればよいか[第5、7章参照]、そもそも指標は目的に応じて設定されるものであるため、

どのような目的設計をするか[第2章参照]についても、自分の手で決めねばなりません。指標を見る目的が「売上をアップさせること」だと決まっていれば、具体的にどのようなデータをどう集計すれば売上アップにつながるかを考えることができます。これに対し、適切に決定しないと、とくに意味のない指標を無駄に追いかけて振り回されることになりかねません。グラフも同じです。世の中に不適切なグラフがあふれています。不注意や不勉強により意図せず不適切なグラフを作成してしまうケースもありますし、意図的に何らかの主張を印象づけるために不適切なグラフを悪用するケースもあります。それらの何がどう問題でどのように改善すればよいのか、そもそも目的に応じてどのようなデータをどのグラフに落とし込めばよいかを学ぶと、適切なグラフを利用できるようになります[第4章参照]。たとえば下の円グラフは不適切なグラフの例です。この図には、「円の中心点が偏っているため、各項目同じ数値であるにもかかわらずとくに30代が大きく見える」、「他年代と異なり10代と20代がまとめられている」などの問題点があります。

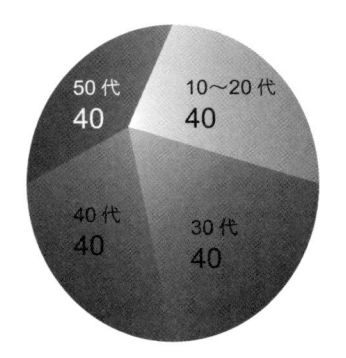

図 0.1　不適切なグラフの例

　まとめると、データ解析の基礎を学ぶ意義は、「適切な」指標やグラフとは何かを知り、それらを用いて意思決定などに役立てるためです。

■**本書の目的と特徴**

　本書の目的は、「データ分析における一連のプロセスを体系だって学ぶこと」、「個々の要素をさらに深く学ぶための足掛かりとなる情報を紹介すること」の二つです。本書の類書にない特徴は、「データ解析で最も重要なポイントは、良きデータをもとに解析することである」という着眼点のもと、データの設計・収集・整備に重点を置いて記述していることです。

　本書を読めば、データ解析のプロセスを実践するにはどうすればよいかが理解できるようになります。また、たとえば分析担当とシステム開発担当、営業担当とが

集まってチームを組むような場合、分析プロセスにどのような項目と流れがあり、誰が何を担当しなければならないか、あるいは自分以外の担当が具体的に何をしているのかを把握することができます。また、データ解析結果をもとにサービス品質の改善や売上増加への継続的な改善サイクルを回すにはどうすればよいかを学べます。

■本書は何ではないか

　本書は自己完結することを一切目指していません。類書で取り上げられている分析手法やツールの紹介に関しては、触れる程度にとどめています。データ解析で必要であるにもかかわらず日本語の入門書では語られていない、データ解析のプロセスや良きデータ収集に関する説明に重点を置くためです。データ分析で必要な知識は多岐に渡るため、全容を詳細に把握しようと思えば恐ろしく分厚い本になるでしょう。掘り下げるべき知識は人や状況によって異なりますし、初心者にとっては分厚く難解な本はハードルが高いと思われます。そこで本書では、全体の俯瞰と個々の要素に関する最低限の実践を通じて、読者が各々とくに興味をもった部分をさらに深く学べるよう足掛かりを作ることを、二つ目の目的としています。適宜推薦図書やツールなどを挙げ、入門者から実践者へと歩むための道筋を示します。

■本書の想定読者

　データ解析の入門者・未経験者です。ここで言う入門者とは、「分析するとなったとき、ではまず何をすればよいか？」がわからない方を指しています。逆に「分析するにあたって現状足りない要素は○○である」というのを理解し、「Hadoopなどでビッグデータを扱いたい」「高度な機械学習を用いて0.01%でも分類精度を高めたい」などという明確な目的意識がある方が読む本ではありません。また、分析チームがすでに存在する、あるいは大規模な予算や人的資源があって分析チームを設立したい人向けの本でもありません。

　本書の主眼とする対象者は、頼れる上司や先輩、豊富な先行事例など存在せず、分析の目的設定・計画立案から始め施策提案・実践までをたった一人か少人数のチームで行い、データと格闘する方です。筆者の経験をもとに書いているためWebサービス（SNSやソーシャルゲームなど）の分析の事例が多くなっていますが、データ解析に携わる方全般に活用できる内容です。また、データは基本的にWebからデータを収集することを念頭に置いています。筆者がデータ解析に取り組んでみたいという企業の方とお話させていただくと、社内にデータ解析の仕組みが整っておらず、分析の前に整備されたデータがない、それどころかデータが全くないという

ケースも多々あります。手元にデータがあり、分析可能な状況であるという前提のもとで書かれた類書はありますが、世の企業や学生の大半はそのような状況にないと思われます。そこで本書では、分析計画の立案やデータ設計・収集をゼロから行うことを想定しています。

■前提知識

本書を読み進めるにあたって、プログラミングや数学・統計学の知識は不要です。初心者向けの入門書であるため、各項目の詳細については最低限の解説しか行いません。そのため、たとえばシステム面で言えば、サンプルコードが動かせても、サンプルコードを深く理解し自力で改良するというところまで本書のみでは辿り着くのは困難です。ただし、各項目についてさらに詳細に知りたい場合、次に何を学べばよいか指南し、さらなるステップの橋渡しとなるようにしました。

■用いるツールやプログラミング言語と環境

想定環境はWindows7◆1です。第8章でデータマイニング手法を学ぶ際はWekaを利用しますが、これはマウスクリックだけでプログラミングをせずに利用できる無料のツールです。サポートページの付録にてWebシステムの作り方を説明していますが、ここでは手軽に習得・開発できることを主眼に、PHPを用います。第3章のデータ整形では、テキスト処理を簡単に行えるAWKというプログラミング言語を用います。第6章のテキストマイニングでは、テキストマイニングツールであるKH coderを用います。また、データベースにはSQLiteを用います。これらのツールはすべて無料で学術・商用利用可能です。

■章立て

本書の章立ては次のようになっています。

第1章ではデータ解析の概要を説明します。データ解析とは何なのか、データ解析で何を得られるのか、データ解析で具体的にどのようなことをするのかなど、データ解析における注意点について説明します。

第2章ではデータ解析のプロセスを説明します。データ解析におけるプロセスを把握することで、データ解析にはどのようなステップがあるのか、何をどのような順番で行えばよいのか、そもそも第一歩をどう踏み出すのかについて学びます。データ解析ではゴールを決めてそれに向けて進んでいくことが大切であり、ゴールを決

◆1 説明の都合上Windows7に絞って解説していますが、基本的にWindows8系でも動作します。

めることなく闇雲に進んでも価値を得ることはできません。ゴールの設定の仕方から実施策の効果検証まで、順を追って把握していきましょう。

　第3章では良きデータとは何かについて説明します。データ解析の分野ではGIGO（Garbage In Garbage Out）という戒めがあり、これは「ゴミを入れたらゴミが出てくる」という意味です。データ解析とはデータから有益な知見を抽出するプロセスですが、無から有は生まれない以上、そもそも有益な知見が一切含まれていないデータをどういじり回しても有益な知見は得られません。また、目的に応じて適切なデータとは何かも変わってきます。この章で目的に応じた適切なデータとは何か、良きデータがもつべき性質とは何か、データをどうやって取得すればよいか、データを利用しやすいように整備し管理するにはどうすればよいかについて学びます。

　第4章では探索的データ解析について説明します。探索的データ解析とは、データや解析対象となる分野に対し十分な知見がない場合、言い換えれば解析の目的が不明確なときに、データを様々な切り口から眺めることによって対象の特徴や傾向を見出し、解析すべき具体的な問題を見つけるためのアプローチです。たとえば、Webサービスのユーザを年齢性別で層に分割してサービス利用の継続日数や利用金額などを比較することで、とくに継続日数が小さかったり利用金額が大きい層を見出すことができます。その結果を用いて、「なぜこの層は継続日数が小さいのだろうか」、「この層の特徴は○○だからそれが問題点なのだろうか」、……と探索を深め、曖昧だった解決すべき点を明らかにしていくことができます。この章では、そのような探索的データ解析の手法を学びます。

　第5章ではデータ解析における運用について説明します。データ解析は一度実施して終わりというものではなく、改善を重ねながら継続すべき取り組みです。目的に直結するKPI（重要な経営指標）を策定し、その変化や状況を把握することによって、最終目的である売上増加や品質改善に向かって着実に進んでいるか、あるいは何らかの問題が発生していないかを確認し続けることができます。この章では、効果的なKPIの立て方、その活用の仕方について学びます。

　第6章ではテキストマイニングについて説明します。昨今のWebでは、テキストデータでのやり取りが頻繁に行われ、かつそれを容易に取得できるようになりました。Webから取得できる数値のデータは全体のごく一部ですが、対象範囲をテキストデータまで含めることができれば非常に広範なデータ解析が可能となります。この章では数値データだけではなくテキストを解析することによって何が可能となるのか、テキストを解析するにはどうすればよいかについて学びます。

　第7章では高度な解析手法について説明します。どのような手法があるのかを

知ることで、データ解析の幅広い可能性を知ることができるでしょう。そもそもどのような手法が存在し、何に適用できるかすら知らなければ、勉強も他者への依頼もできません。この章でどのような解析手法があり、それらがどのように活用できるかを学びます。

　第 8 章では対話形式で様々なデータ解析の事例を紹介します。ここで紹介する事例は実例に基づいたものです。事例を知ることによってデータ解析に対するイメージを明確にし、「自分ならこの場合どのような解析をするだろうか」、「このような解析があるならこういう応用も考えられる」と思考を広げていきましょう。

　Web 掲載のサポートページでは、付録としてシステム構築について説明します。ここでは実際にデータを自動で収集・解析し、利用者が簡単に解析結果を閲覧できるシステムを開発することによって、システム運用の初歩的な知識や経験を積みます。具体的には、twitter という 140 文字以下のテキストを投稿するサービスから自動でテキストを収集し、第 6 章で学んだ解析手法の一部を誰でもブラウザから閲覧できるようなシステムを開発します。本書のシステム開発未経験の方を想定読者としているため事前知識は不要です（ただし、最低限テキストエディタを開いてファイルを編集する程度の作業ができるなどの PC 基本操作ができる必要はあります。プログラミングやデータベースの知識は不要です）。この付録では実用的なシステムを作るという以上に、実際システムを作るにはどのような要素が必要なのかを知ることで、プログラマにシステム開発を発注する際どのような注意点があるのかを学ぶのが主眼です。実際に稼働する解析システムはプロに開発を任せた方がよいケースが多いのですが、何の知識もなくシステム開発の発注を行うのは困難です。小さなシステムであっても、自力で開発することによって、今後システムを発注する際の大きな参考となるでしょう。

■サポートページ

　サポートページでは、第 3、7 章で利用するサンプルデータと第 6、7 章の分析ツール（KH coder、Weka）の利用手順と付録のサンプルコードを記載しています。次の URL を参照してください。

https://github.com/AntiBayesian/DataAnalysisForPractice/

このページの「Download ZIP」ボタンを左クリックすると、上述のサンプルデータやドキュメントファイルをダウンロードできます。

■本書の読み方

脚注、コラム部分には高度な話題を取り扱っているものがありますが、そこは読み飛ばして構いません。とくに難しい箇所については読み飛ばしを推奨すると明示しています。その部分は、いつかご自身で実践するときに読み返してください。

■終わりに ── わかり直し

データ解析を学ぶこともデータ解析を実践することも大変困難なことです。単に経験が浅いからというだけではなく、日々勉強し経験を積んでいる人にとっても、難しい局面はいくらでもあります。高度な手法を使えるようになった場合でも、その手法特有の困難がつきまとうことになります。ある程度勉強しさえすれば容易にデータ解析で価値を得られるというものではありません。心理統計学で著名な南風原朝和教授ですら、自著[◆1]において「統計学は難しく、日々学び続けることによって『わかり直し』をしている」と述べています。一つひとつの分析手法をとりあえず動かせる程度に学ぶのであれば、半年間真面目に勉強すれば何とかなるかもしれません。しかし、データ解析について体系的に学びたい、各手法に対し数理的・哲学的に理解したいとなれば数ヶ年計画になるでしょう。それだけではなく、実践するとなれば、そのデータ解析を適用する分野の知見が大いに必要となりますし、データ解析依頼者や改善策を実際に執り行う現場の方々とのコミュニケーションなど、本で学んだ知識に加えて、実地での経験も必要となってきます。今この文章をお読みになっているあなたも、データ解析の類書を読んで挫折した経験をお持ちかもしれません。しかしそれは全くもって仕方ないことです。何度も失敗を繰り返しながらわかり直していきましょう。データ解析を学ぶことは難しいですが、この後本書で明らかにするように大変強力な武器となります。データ解析に取り組みそこから何らかの成果を出すことに、本書が貢献できれば幸いです。

■謝辞

本書を執筆するにあたり、@zer0_u氏、大岩秀和氏、中野良則氏、山根承子氏、山下澄枝氏、市原千里氏、井戸一二子氏から詳細かつ適切なレビューをいただきました。とよのきつね。氏には本書の内容を非常にわかりやすく要約した漫画・イラストを制作していただきました。森北出版の編集者である丸山隆一氏には企画・編集・レビュー・制作進行と全面的にお世話になりました。厚く御礼申し上げます。本書が広く読まれるなら、その82%はここに掲載した方々の尽力のおかげです。

◆1 南風原朝和：『心理統計学の基礎』、有斐閣（2002）

データ解析の
実務プロセス入門 ▶ **目次**

まえがき ………………………………………………………………… i

第 1 章　データ解析概要　　1

1.1　データ解析で得られる価値 …………………………………… 2
1.2　データ解析の限界と誤解 ……………………………………… 5
1.3　統計用語 ………………………………………………………… 10
1.4　Q&A データ解析初心者が抱く疑問 ………………………… 16
1.5　終わりに ………………………………………………………… 22

第 2 章　データ解析のプロセス　　25

2.1　解析プロセスを学ぶ意義 ……………………………………… 26
2.2　データ解析のフロー …………………………………………… 27
2.3　終わりに ………………………………………………………… 44

第 3 章　良きデータ　　47

3.1　解析を成功に導く「良きデータ」……………………………… 48
3.2　データとは何か ………………………………………………… 49
3.3　データ収集の軸を決める ……………………………………… 50
3.4　データ収集時の注意点 ………………………………………… 50
3.5　データの素性 …………………………………………………… 52
3.6　良き測定 ………………………………………………………… 54
3.7　データツリー …………………………………………………… 59
3.8　合成データ ……………………………………………………… 60
3.9　データの種類と各性質 ………………………………………… 61
3.10　主なデータ分類法 …………………………………………… 61
3.11　データ形式 …………………………………………………… 66
3.12　データの取得方式 …………………………………………… 70

3.13 アンケート調査 …………………………………………… 74
   3.14 データのチェック ………………………………………… 89
   3.15 データクレンジング ……………………………………… 93
   3.16 管理 ………………………………………………………… 99
   3.17 データ目録 ………………………………………………… 105

第 4 章 探索的データ解析　　109

   4.1 探索データ解析とは ………………………………………… 110
   4.2 探索的データ解析の基礎概念 ……………………………… 111
   4.3 探索的データ解析の基本的な取り組み方 ………………… 112
   4.4 可視化 ………………………………………………………… 114
   4.5 再表現 ………………………………………………………… 126
   4.6 スライシング ………………………………………………… 129
   4.7 相関分析 ……………………………………………………… 133

第 5 章 運用　　151

   5.1 運用とは ……………………………………………………… 152
   5.2 KPI 運用 ……………………………………………………… 152
   5.3 KPI の例 ……………………………………………………… 153
   5.4 良き KPI の性質 …………………………………………… 154
   5.5 各 KPI 考察 ………………………………………………… 157
   5.6 KPI を根付かせる ………………………………………… 160
   5.7 運用の実施 …………………………………………………… 162

第 6 章 テキストマイニング　　169

   6.1 テキストマイニングとは …………………………………… 170
   6.2 テキストマイニングの手法 ………………………………… 171
   6.3 テキストマイニングの前処理 ……………………………… 175
   6.4 テキストマイニングを導入するために …………………… 177
   6.5 テキストマイニングに寄せられる疑問 …………………… 178
   6.6 KH coderを用いた実践 …………………………………… 178
   6.7 参考書籍 ……………………………………………………… 185

第7章 分析手法手習い　187

- 7.1 はじめに …………………………………………………… 188
- 7.2 各手法の紹介 ……………………………………………… 188
- 7.3 Wekaを用いた実践 ……………………………………… 194
- 7.4 参考書籍 …………………………………………………… 208

第8章 解析事例　211

- 8.1 本質的な問題点を明らかにしよう！
  ── スライシングを用いたログインUU低下要因分析 ………… 212
- 8.2 データ解析でエコ活動支援をしよう！
  ── テキストマイニングで探る真の需要 ……………………… 218
- 8.3 分析手法を応用しよう！── 共起を用いた名寄せ ………… 223
- 8.4 KPI運用をしよう！── 独自KPIの策定 …………………… 226
- 8.5 分析手法を組み合わせて使おう！
  ── 決定木とクラスタリングを用いた継続離脱分析 ………… 229
- 8.6 節屋の失敗談 ……………………………………………… 231
- 8.7 データ解析の下地を作るには……………………………… 233

参考文献 ……………………………………………………… 237
索引 …………………………………………………………… 240

統計学はとにかくキクらしい？

情報系高校を卒業し、web企業へ入社

今日はついに初出社！

実務の世界。きっと、皆バリバリ働いていて格好いいんだろうなぁ

ウチみたいな中小が頑張っても、しかたがねえし。経営も適当。風前の灯火って感じだよ

どよーん

やばいぞこの会社…このままじゃ私、無職になっちゃう

ゴゴゴゴ

でも会社救うって何をしたらいいの？部活も勉強も根性と気合以外なにも考えた事なかったし！

お嬢さん、そんな悩みに統計学はいかがかね

ひょこ

誰？

ビジネスの様々なシーンにすごく効く統計学はキミの悩みに役立つぞ

的確な分析力を身につけ、それを活かした経営や業務管理etc！

さぁ節屋と共に登ろう、この長く険しくも素晴らしき、統計学坂を！

ビシッ

節屋先生（ふしやせんせい）
統計学の権威、フィッシャーにどこか似た先生。唐突に現れ元子に統計学を叩き込む。

木愛田 元子（きあいだ もとこ）
情報系高校を卒業後学校の勧めで何となくweb企業に入社。体育会系で難しいことは苦手。

第1章 データ解析概要

本章ではデータ解析の概要を紹介します。データ解析で何を得られるか、また、データ解析を行うことによるメリットとその限界について学びます。本章後半では、筆者が初学者からデータ解析に関連してよく寄せられる質問に対し Q&A 方式で回答します。

1.1 データ解析で得られる価値

データ解析で得られる価値とはどのようなものでしょうか。その具体的なイメージをつかむためには、実際にデータ解析がどのように用いられているのかを知るのがよいでしょう。本節では、データ解析でどのような価値を得られるか、実例を交えて説明します。データ解析で得られる価値には大きく分けて次の五つがあります。

1. 状況把握ができる
2. 推定ができる
3. 予測やシミュレーションができる
4. 反復と再現ができる
5. 裏づけができる

データ解析で何を得られるのかが曖昧であれば、データ解析の目的も計画も曖昧なまま終わってしまいます。得られる価値を正しく認識していれば、「データ解析で次のような価値が得られるから、このような時間・予算をかけてでもやってみよう」などと、データ解析に割けるコストも含めて決めることができます。データ解析に限らず、我々は費用対効果を考慮して行動しなければなりません。ここで言う費用とは単に金銭だけではなく、人や設備のリソース、期間などを含みます。データ解析で得られる価値が素晴らしいものであっても、それを上回る費用がかかるのであればデータ解析をすべきではありません。そもそもデータ解析に取り組むべきかどうかを決断するためにも、まずはデータ解析によって得られる価値を明確にしましょう。

■ 1. 状況把握ができる

ボトルネック（問題点）は推測するな、計測せよ。
—— ロブ・パイク

データ解析が状況把握に役立つ例として、ここではソーシャルゲームを例に取り上げてみます。

昨今のソーシャルゲームはゲーム性が複雑になったため、操作や世界観を説明する「チュートリアル」を入れることがよくあります。ところが、チュートリアルを設けることの問題として、ゲームを遊ぶのを楽しみにしているプレーヤーも、チュートリアルの時点で「長々とした説明を受けたくない」、「新しいことをわざわざ理解するのが面倒」などの理由でゲームから離脱される方がかなり多い、という点があります。ゲームによっては、せっかく新規登録していただいたにもかかわらず7

割程度もその時点で離脱されるそうです。

　筆者が関わった事例として、チュートリアル中のどのステップで新規プレーヤーが離脱しているのかを調べ、何が新規プレーヤーの離脱要因なのかを洗い出して改善したことがあります。チュートリアルのどのステップを改善するかを開発チームと相談したところ、アニメーターは「アニメーション部分が最も処理が重くなるので OP ムービー部分で脱落してるのでは？」、シナリオライターは「世界観説明が長すぎるのでは？」と各々の専門知識に従って意見を出してくれました。そこで、チュートリアルの各ステップでログを取得し、各ステップで離脱するユーザがどの程度存在するか、各ステップをクリアするのにどの程度の時間がかかるかを計測しました。結果、キャラクターを選ぶところが一番離脱しやすかったのです。そこが悪いとわかれば、その理由として「プレーヤーに選択という能動的な行動を強いるからではないか、とくに、まだ世界観も何もつかめてないにもかかわらず、ゲームの進行を大きく左右するキャラクター選択をさせるのが悪いからではないか」のように、ゲーム分野の専門知識と紐付けて問題点を挙げることができました。しかも、一度そのような視点を得たことにより、「プレーヤーに能動的な選択を強いると離脱を招きやすい」という、より応用の利く知見が得られました。これにより、とあるソーシャルゲームでは新規プレーヤーが新規登録した翌日もプレイする率が平均して 45% から 56% に改善し、実質プレーヤー数の日々の積み上げに成功しました。しかも、このようにして得られた「最初はプレーヤーに能動的な行動を強いない」という結果は高い汎用性をもつため、この知見を他のソーシャルゲームでも活かすことができました。根拠をもたせづらい推測ではなく、ログを取得し計測することによって、全員が納得して効果的な改修ができます。

　この例のように、効果的な改善は正しい状況把握から生まれます。様々な軸で情報把握を行うことによって、これまで想定していなかった新しい発見も得られます。

■ 2. 推定ができる

　対象を把握するためには対象の全データを得るに超したことはありません。ですが、データを収集する際や分析する際、必要な全データを利用できないこともよくあります。その場合は分析対象全体の真の平均や合計、比率などがわからないことがほとんどです。その場合でも、全体の一部を取り出し統計的な**推定**[1]を行うことによって、ある程度の正確さでそれらを算出することが可能です。あるサービス利用者の年代・性別の割合を知りたいというような場合、全利用者のデータを取得

◆1　取得したデータから未知の値を推測すること。

できなくても一部から推定値が得られ、また、その値がどの程度ぶれる可能性があるかも算出できます。こうした推定結果は意思決定の材料として活用できます。

■ 3. 予測[◆1]やシミュレーションができる

計画を思いどおりに実行するためには、不確定要素をできる限り小さくすることが重要です。未来を確実に予測することはできませんが、予測値がどの程度の精度でどの範囲に収まるかを知っておくと、不確実性を考慮した上で計画を立てることができます。

ある SNS 利用者数の推移をシミュレーションするとしましょう。利用者数の増減においては新規利用者の数がプラス要因、サービスの利用を停止してしまった離脱者数がマイナス要因となります。ここで現在の利用者数が 100,000 人で、毎日の新規利用者数が大体 5,000 人、毎日の離脱者が大体 2,000 人程度だとすれば、1ヶ月後の利用者数は $100000 + (5000 - 2000) \times 30 = 190,000$ 人という予測を立てることができます。このように、未来時点での利用者を予測することによって、売上の予測、必要なサーバ台数やエンジニアの見積もりなどが可能になります。逆に、利用者数を 300,000 人にしたければどの程度の期間が必要なのか、あるいはキャンペーンや広告を打つなどして毎日の新規利用者数を現在の 5,000 人から何人に増やすべきなのかなどの戦略を考えることもできます。もちろん、これは大変大雑把な見積もりですし、毎日の新規利用者数や離脱者数は上下するものでしょう。そこで、過去データを参照し、どの程度それらの数が上下するかを見積もることによって予測の精度を高めることができます。

また、過去のデータから未来予測をすることによって利益を改善することも可能です。行楽地のビールの販売数がその日の気温に大きく関係し、データから気温が 1 度上がるごとに販売個数が 1 割程度増加することが判明したとします。明日の気温予測が今日より 3 度上がるというものであったら、今日より 3 割程度多めにビールを用意しておくべきでしょう。それにより商機を逃さずに済み、データを有効活用したことになります。

■ 4. 再現と反復ができる

何らかのプロセスを経て導かれた結論から再現性を得たり、そのプロセスを反復したりすることが可能となります。

再現性を得るとは、分析で得られた現象のなかから、データの取得期間や分析対

[◆1] 「予測」とは未来時点のある値を現時点の情報から算出することであり、「推定」は現時点の一部の情報を利用して現時点の全体の値を算出することを指します。よく混同されるので注意してください。

象など諸々の条件を替えても変わらない普遍的な規則を取り出すことです。期間を替えても同じ分析結果を再現できるならば、その分析結果は期間によらず成り立つ規則であり、対象サービスや対象年代を替えても同じ結果を得られるならば、各々サービスや年代によらず成り立つ規則だということができます。データ解析の枠組みを意識し、何を固定し何を変更したかを明確にしておけば、その分析で扱ったデータにたまたま含まれていた結果ではなく、より普遍的な結果を取り出すことができます。

反復が可能であるとは、行われたデータ解析のプロセスを誰でも確認・実行できることです。反復を実現するには「いつ、どこで、誰が、誰に向けて、どのようにして、どの期間、どういう意図」で分析したのかの情報を残す必要があります。データや分析手法に誤りがなければ実行可能ですが、データの保存ミスや分析手法の記録ミスなどがあれば反復不可能となります。反復可能な状況にすれば、同じ分析を他にも使い回せるため分析コストの削減と分析結果の比較が可能となりますし、他の人でも分析や分析結果の検証が可能になります。勘や経験だけによる属人的な意思決定ではその人しか反復できません。また、一般にデータ解析は一度きりではなく何度も反復するものです。できる限り反復可能な状況を作れるようにしましょう。

■ 5. 裏づけができる

データ解析によって知見を得ることは、決して人間のもつ専門知識を排除する、つまり勘や経験を無視するということではありません。その逆で、データ解析は勘や経験による意思決定をデータで補助・裏づけをするのに役立つものです。勘や経験による意思決定がたまたま正解だったのか、それとも何らかの根拠があってのものなのかを論理的に区別するのは困難です。そこで過去のデータを用いることによって、勘や経験による意思決定にどの程度妥当性があるのかを検証することができます。有益であると判定された知識を他に展開することにより、ベテランの知恵・知識をそのベテランだけにとどめるのではなく、組織全体で活用することができます。実データを用いてデータ解析を行う場合、大切なことはその分野の専門知識とデータ解析を組み合わせることです。現場で培われた勘と経験をさらに役立てる、また、それらを若手や部署外にも伝達して組織として強くするために、データ解析を行いましょう。

1.2　データ解析の限界と誤解

前節でデータ解析のメリットについて紹介しました。データ解析は大変有効かつ強力ではありますが、決して万能ではありません。過大な期待を寄せてしまうと誤っ

た結論を導いてしまいます。本節では、データ解析に寄せられる過大な期待や誤用について説明します。データ解析を過信や軽視することなく適切に用いるには、その威力と限界の両方を知ることが重要です。

■意思決定を行うのは人であり分析手法ではない

昨今、「データや分析手法を用いて意思決定をする」というようなことをよく聞きますが、この表現には注意が必要です。あくまでデータや分析手法は意思決定の補助をするにとどまります。よく誤解されるのですが、「どのデータを用いればよいか」、「どの評価指標を用いればよいか」、「どの程度の水準を満たせばよいか」、「どの分析手法を適用すればよいか」を、ツールや分析手法がすべて自動的に判定してくれるわけではありません。分析手法によっては、これらの一部を決めれば他の部分が自動的に決定されることはあります。たとえば「データAをBの手法で分析し、評価指標はCを用いる」というところまで人手で設定をすれば、「どの程度の水準を満たせばよいか」は分析手法が決めてくれるなどです。ですが、これはあくまである部分を決めればそれに紐付く他の部分が決まるというだけであって、ツールや統計学がすべてを決めてくれるわけではありません。分析には様々な側面がありますが、正解率という面だけを取り上げてみても、状況によって求められる水準が大きく変わります。たとえば、SNSへの書き込みから性別を推定するプログラムは正解率が85%もあれば十分に役に立つケースも多いのですが、人体に用いる薬剤の副作用が所定の範囲内に収まるかどうかなどの生命に関わるような問題であれば、正解率が99.99%以上を求められるケースも多々あります。このように、対象や分野、目的によって要求される正解率は異なり、対象としている分析にどの指標がどの水準に達しなければならないかは、その分野の知識によってデータの外から与えざるを得ないことがほとんどです。また、意思決定は最終的に人間が行うものです。データや分析手法は意思決定を強力に補助することはできますが、決してデータを放り込みさえすれば自動ですべてを判断してくれるというわけではありません。

少し専門的な話になりますが、ツールによっては「様々な分析手法を試し、そのなかで最もよい分析手法を自動で選択する」と謳うものもあります。しかし、それはあくまで「決められた問題設定において」、「決められた評価指標で比較した場合の」最良の分析手法を選択してくれるというものに過ぎません。問題設定や評価指標が適切かどうかまでツールが判定してくれるわけではないことに注意してください。

■データは客観的事実を表しているのか

「データは客観的な事実そのものであり、データに基づいた推論や意思決定は同

じく客観的な事実である」という主張が見受けられます。これは完全なる誤りではありませんが、それが成り立たないケースとして、次の二つがあります。

1. データに偏りがあったり目的と合致していない定義や取得方法で収集されていたりする場合は、そもそも「データが客観的な事実ではないケース」。
2. 仮に偏りがなく目的と合致したデータに基づく推論であっても、「データの解釈や推論に誤りがあるケース」。

■ 1. データが客観的な事実ではないケース

ギャラップ社のアメリカ大統領選挙に関する世論調査がよい例でしょう。これは偏りのないデータを収集することの重要性を世に知らしめた、世論調査にまつわる有名な話です。1936年のアメリカ大統領選挙はフランクリン・ルーズベルトとアルフレッド・ランドンの2人の候補者がいました。当時の大手雑誌社のリテラリー・ダイジェストは230万人もの回答者から世論調査を行い、ルーズベルトの落選を予想しました。一方、ギャラップ社はリテラリー・ダイジェストに比べるとほんのわずかとしか言えない3,000人程度の回答者から調査を行い、ルーズベルトの再選を予想しました。選挙の結果ルーズベルトは再選し、予想を的中させたギャラップ社は称賛を受けました。なぜ圧倒的な回答者数の違いにもかかわらず、このような結果になったのでしょうか。それは回答者の抽出方法が異なっていたからです。リテラリー・ダイジェストは自動車保有者と電話利用者の名簿を使って1千万人にも及ぶ対象者に調査票を送り、そのうち返送された230万件の回答を集計しました。しかし、選挙があった1936年当時は大恐慌が発生していました。そのため、自動車や電話を保有しているのは富裕層に限られていました。つまり、大量に得られたデータとは言っても、選挙権をもつ人たちのなかの偏った一部分の意見しか反映していなかったのです。それに対し、ギャラップ社は割り当て法と呼ばれる全体からバランスよく回答者を選出する手法を用いることによって、件数は少なくともできる限り全体を反映した意見を集めることに成功しました。結果、ギャラップ社は名声を築き、リテラリー・ダイジェストの信用は失墜することになりました。単に大量のデータを集めればよいというわけではない、それ以上に偏りのない適切なデータの取得こそが重要であるというのが、この話の教訓です◆1。

■ 2. データの解釈や推論に誤りがあるケース

とある道路の事故に関して、雨の日の方が晴れの日より事故死者数が少ないというデータがあったとします。この場合、「雨の日の方が晴れの日より事故死する人が少ない」というのは、計測や集計のミスがない限りにおいては事実です。ただし、

◆1 ただしこの話は詳細に追いかけると眉唾な面も多々あります(『社会調査法入門』122ページのコラム4を参照のこと)。また、現在では主観的要素を多く含む割り当て法よりも無作為抽出法の方が利用されています。

この事実から「雨の日の方が晴れの日より安全だ」、あるいは「雨には事故死を防ぐ何らかの要因がある。たとえば車が炎上したときに雨で消火されるためかもしれない」などという解釈や推論を導いたとして、果たしてそれは事実でしょうか。このケースでは、雨の日より晴れの日の方が車を運転する人が多い可能性もあるため、単純に事故死者の数を比較するのではなく、雨の日と晴れの日の事故死の発生率を見た方がよいでしょう。このように、データはある一面から見た事実を語りますが、データに基づいた推論だからといって必ずしも事実であることにはなりません。データと推論の間に何か論理的な飛躍がないかどうかは、常に確認しましょう。

■データから事象を説明するためには

「ある事象を説明するのに必要なデータとは何か」を明確に定義することができ、なおかつそれを全くの不足なく計測・収集できるという前提を満たせて、初めてデータからその事象を正しく説明することができます。そうでないならば、「ある程度説明できる」にとどまります。どこまで説明できるかが程度問題に落とし込まれるからには、何らかの指標や計測方法で説明力を測り、比較検討せねばなりません。それはそれで簡単ではありません。「勘や経験よりもデータに基づいて出した答えの方が真実である（可能性が高い）」というのは十分信頼性があるデータが得られる場合の話であり、そうでないなら必ずしも成り立つとは言えません。わずかばかりの偏ったデータをいじって対象分野の知識を全くもたない素人が出した結論よりも、その業界のベテランによる勘や経験で出した結論の方が真実に迫ることもあるでしょう。現実問題として、ある事象を説明するためのデータが何なのかを定義し、なおかつそれを全くの不足なく計測・収集できるという前提を満たすことは非常に困難です。データをどのように定義し収集するかを人間が決める以上、データを利用したからといってそこから得られた結果が100％客観的で誤りのない事実であるとは言えません。我々にできることは、対象を説明するために必要なデータは何かをできる限り綿密に洗い出し、そこから論理を積み上げて結論を出せるよう計画を整えることです。どのようにデータを設計・収集すればよいかの詳細は、第3章で学びます。

■ABテストに任せればすべてはうまくいく？

データ解析の手法には、いくつかの選択肢のなかから最適なものを選択するものがあります。なかでも代表的なものとして**ABテスト**があります。ABテストはWebサイトを構築する際、最適な見た目や操作性を探索するのに頻繁に用いられるテスト手法です。これは、たとえば楽天やAmazonなどのWeb商店での商品

購入ページにおいて、あるユーザのグループが閲覧するページでは購入ボタンを画面上部に表示し（これを便宜的にデザインAと呼びます）、もう一方のユーザ群には購入ボタンが画面下部にあるデザイン（こちらをデザインBと呼びます）でページを表示し、ABどちらの方がより購入されやすいかをデータから探るというものです。

　ABテストに寄せられる期待は大きく、今や様々なABテスト用のツールが提供され、あちこちで活用されています。そのため、なかにはABテストさえ行えば自ずと最適なデザインになると思う方も多いかもしれません。しかし、ABテストは局所的な最適解を選択するに過ぎません。Webサイトのデザイン一つをとってみても、ボタンの位置だけではなく用いる全体的な配色や画像、テキストなど総合的にバランスを取りつつ最適化していく必要があり、それらの各要素の組み合わせは膨大な数になります。そのため、ABテストで全パターンを網羅するには相当のユーザ数や期間が必要になり、データ解析のコストが非常に大きくなります。また、そもそもABともによい案ではないならば、マシな案が選ばれるだけです。ある程度のページやイラスト、UIの品質についての絞り込みはデザイナーの感性や依頼者の要望に従って行う必要があり、最終的に「ABともに捨てがたいが、どちらかに絞らなくてはならない」という場面になって初めて、ABテストは最大の威力を発揮します。ABテストさえ行えば全体的な最適解が得られるというものではありません。

　ただし、これはABテストがダメな手法であるという意味では全くありません。ABテストに限らず、選択肢のなかから最適なものを選択するという手法はどれも選択肢のなかでの局所的な最善を探索しているだけであって、全体的に見て最適解を得るわけではないということです。手法によっては必要なデータの量が少なくて済むものやデータ取得期間が短くてよいもの、特定分野のテストに強いというものも存在しますが、どの手法も本質的に抱える問題としては変わりません。要するに、選択肢を分析手法に投げ込みさえすれば確実に売上が改善されるということはありません。

　まとめると、分析手法やツール任せで価値を自動的に得られるわけではなく、そもそもの**データの取得や分析計画の立案の時点で考慮すべき問題がたくさんある**ということです。ただし、そのそれぞれには適切な対応方法があり、攻略できない問題ではありません。第3章以降で適切なデータや分析手法の活用について学ぶことによって、データ解析で価値を得られるようになります。

1.3 統計用語

この節では、頻繁に用いられる基礎の統計用語について説明します。ここではとくに、誤用されたり文脈によって意味が曖昧だったりするものを重点的に選んでいます。

- **情報とデータ**

  データ解析でいう**情報**とは分析対象がもつ性質や特徴のことであり、**データ**とは情報を何らかの測定法を用いて数値や文字にしたもののことです。SNS利用者のそのサービスへの愛着度を例に出すと、情報は利用者のもつそのサービスへの愛着度そのものであり、データとはその愛着度をアンケートや何らかの測定法（利用頻度など）で数値や文章にしたものです。

- **データとデータセット**

  データと一口に言っても、文脈によって実際には「データセット」のことを指している場合があります。**データセット**とはデータの集まりのことです。たとえばある商品の日本の各都道府県の売上を見るという場合は、日本全国のデータをデータセットと呼び、各都道府県の売上データをデータセットの一部、あるいは単にデータと呼びます。

- **統計と統計学**

  統計という用語は「対象を調査してデータにする行為」を指す場合と「調査によって得られたデータ」そのものを指す場合があります。どちらのことを指しているのかは文脈次第です。統計処理や統計分析など統計○○という語が出てきたら「データに基づいて、あるいはデータに対して何かの処理や分析をすること」と考えてください。

  統計学は統計全般に関する学問のことです。統計学というと分析手法を学ぶ・開発するものだと思われがちですが、先ほどの統計の説明でも述べたように、「どのようにしてデータを取得するか」も対象範囲です。なぜ統計学が分析手法だけではなくデータ取得まで幅広く扱っているかというと、このあと詳しく説明するように、正しい分析と良きデータ取得は不可分な関係にあるためです。

  データ解析は統計学とどう違うかというと、データ解析は統計学に加え施策の提案やその実施までをも含む、より実務への応用に重点を置いた概念と言えます。ただし、統計学にそれらを含める場合もあるため、データ解析は広義の統計学であると考えて差し支えありません。

- **データファイル**

  データファイルはデータを格納したコンピュータ上に保存された電子ファイルの

ことです。データファイルの多くは Excel のような表形式を取ります。他にも JSON 形式や XML 形式、また、各種ツール独自のファイル形式があります。ツール独自のファイル形式以外の汎用的なデータ格納形式については、第 3 章で学びます。

■ ケース

データの 1 単位のことで、アンケートを取った場合は 1 回答者、Web サーバのアクセスログの場合は 1 アクセスのことです。表形式のデータの場合、1 行分のデータに当たります。1 行分のデータのことを指してローデータ（row data）と呼ぶ方もいますが、大抵の場合**ローデータ**（raw data）と言えば未加工の「生（raw）」のデータを指します。

■ 変数

データの各項目のことです。表形式のデータの場合、列が変数となります。アンケートの場合、各質問項目が変数となります。ケースごとに変わり得る数なので変数と呼びます。「売上に利く変数」と言った場合は、「売上に（他の変数と比較して）とくに関係がある項目」という意味です。分析によって明らかにしたい変数を**目的変数**（従属変数）、目的変数の大小や増減などを説明するための変数を**説明変数**（独立変数）と呼びます。たとえば、コーヒーの売上を価格や気温から予測した場合、売上が目的変数、価格や気温が説明変数となります。説明変数のなかでも操作可能な変数をとくに操作変数と呼びます。ここではコーヒーの価格が操作変数です。さらに詳細な変数の説明は第 3 章で行います。

■ 確度・精度

確度は、予測値や測定値が真の値にどれくらい近いかを表す度合いです。ほとんどの場合、予測値や測定値は真の値からずれます。このズレのことを誤差と言い、予測値と将来時点の実際の値とのズレを予測誤差、測定値と真の値との誤差を測定誤差と言います。この誤差が小さいほど「確度が高い」、あるいは「**バイアス**（偏り）が小さい」と表現します。

　精度は、予測や測定を複数回行った場合の結果のバラツキの大きさを表す度合いです。バラツキが小さいほど「精度が高い」、あるいは「**バリアンス**（バラツキ）が小さい」と表現します。精度という用語が実際に現場で用いられるときは何を指しているのか曖昧なことが多く、文脈によって確度の意味で用いられることもあります。精度と確度両方の意味をもったものとして用いられることが多いようです。精度が何を指しているのかは、その都度確認しましょう。

コラム　確度と精度の関係

確度と精度の関係はよくダーツの例えで表現されます（**図1.1**）。
- 確度が高ければ高いほど、ダーツは的の真ん中に刺さります。
- 精度が高ければ高いほど、ダーツが刺さる地点は同じ個所に集まります。
- 確度は高いが精度が低い場合は、ダーツが的の真ん中付近に散らばって刺さります。
- 確度は低いが精度が高い場合は、ダーツが適当なところに集中して刺さります。

できるだけ精度も確度も高い方が望ましいのですが、精度と確度はトレードオフ（どちらかを上げればもう一方が下がる）の関係にあることも多く、その場合は状況に応じてどちらをどの程度優先するかを決めねばなりません。

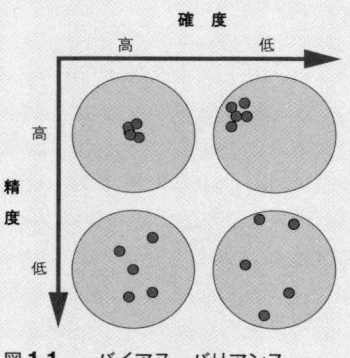

図1.1　バイアス・バリアンス

■母集団とサンプル（標本）

データを取得する対象全体のことを**母集団**と言い、そのうちの一部だけを取り出したものを**サンプル**（標本）と言います。また、母集団からサンプルを取り出すことを**サンプリング**と言います。何を母集団・サンプルと言うのかは文脈によって異なります。日本全国のデータを対象にしているときに愛媛のデータだけを取り上げて参照する場合、愛媛は一つのサンプルとなります。ところが、愛媛全体を対象にするという場合は愛媛が母集団になります。

サンプルを利用する理由は、主に省エネのためです。実際に知りたいのは母集団の情報ですが、母集団のデータを取得することは困難なケースが多いため、適切に取得した一部のデータでもって全体のことを推定しようというのが（推計）統計学の基本的な考え方です。ただし、Webサービスの場合は全利用者、つまり母集団のデータが取得できることも多々あります。標本を適切に取得するのは統計学の知識が必要であるため、母集団の情報を利用できるならばそれを利用するのがよいでしょう。

■ サンプルサイズとサンプル数

サンプルサイズは個々のサンプルの大きさであり、**サンプル数**はサンプルの個数のことです。化学実験で例えると、サンプルサイズはビーカーに入っている試料の量の大小を表すものであり、サンプル数はビーカーが何本あるかを表すものです。よく混同されるため、場合によっては注意が必要です。

■ 母数（パラメタ）

統計学における**母数**とは、確率分布を特徴づける量のことです。たとえば統計学でよく用いられる代表的な分布である「正規分布」は、平均と分散という二つの母数を与えると、それに応じた分布を生成することができます。この説明は現時点で理解できなくて全く構いません。ただ、よく間違われるので注意しておきますが、**母数は分母でもなければ標本サイズでも標本数でもない**ということを覚えておいてください。

■ 分析と解析

基本的に**分析**も**解析**も同じ意味です。慣用的に分析と解析が使い分けられているケースもあり、たとえば第4章で説明する「探索的データ解析」は大抵の場合「探索的データ分析」とは呼ばれません。本書においては、テューキーの言葉に従って次のように使い分けをしています（なお、これが一般的であるということではありません）。つまり、目的設定からデータ設計、施策の実施まで、データから価値を得るため必要なすべてのプロセスを「データ解析」とし、「分析」は分析手法をデータに適用することを指すこととします。

また、分析手法も統計的な分析手法以外に、シミュレーションや数値解析、代数的手法などがあります。ただ、「データを用いて分析を行う」というときには統計的な手法を指すことが多いでしょう。他はデータを利用しないケースが多いからです。とは言え、昨今は様々な分野の混合手法もあります。

コラム　統計モデル

ここでは、データ解析における基礎の考え方である「**統計モデル**」について説明します。統計モデルとは「現象を説明する論理的な仕組み」のことであり、言い換えれば現実を何らかの形で切り取って数式に落とし込んだものです。売上を最大化したい、サービスの問題点を把握したいというとき、物事を漠然と捉えていては具体的にどこをどのように改善すればよいかわかりません。

1. 捉えようとしている対象にはどのような要素があり、
2. その各々の要素が対象と他の要素に対してどのように作用しているのか

この二つを理解することによって、具体的に何をどうすればよいかが明確になります。

つまり、目標売上を達成したいという目的に対して具体的にどの変数が重要なのか、Webサービスであれば重要変数は顧客単価なのか利用者数なのか、逆に売上にあまり利かない変数はどれなのかを見出し、より重要な変数をどの水準まで伸ばせば目標売上に達するのかを論理的に把握することができます。この統計モデルの概念は非常に抽象的であるため、この先の内容はいったんは目を通すだけで理解できなくても先に進んで問題ありません。

たとえば、海水浴場の売店における夏のビールの販売個数を気温と価格、湿度で説明するモデルとして、次のようなものが考えられます。

ビールの販売個数 ＝ 気温(℃)×600 － 価格(円)×20 － 湿度(％)×0.1

これは、気温が1度上がればビールの販売個数が600個増える、つまり気温が上がれば上がるほど販売個数は増え、逆に価格と湿度は上がれば上がるほど販売個数が減ることを表現したモデルです。また、気温と価格が販売個数に大きな影響を与える重要な変数であり、それに比べると湿度が与える影響は微々たるものだということがわかります。このように表現することによって、各要素がビールの販売個数に対しどのように利いているか（上昇要因なのか下降要因なのか）、さらにはどの程度利くのか、気温がどの程度下がれば販売個数がどの程度になるかまでの予測すら可能になります。このモデルをもとに、気温や価格によって過不足ない入荷数はどの程度なのかを見積もることができます。

モデルを自力で組み立てられるようにするため、この例をもう少し掘り下げて考えてみます。まず、モデルを組み立てるには売店の販売個数を構成する要素が何なのかを調べる必要があります。ここでは、過去のデータから「その日の気温」と「ビールの価格」と「湿度」の三つが構成要素だと判明したとします◆1。もちろん他にも細かい様々な要素があるでしょう。そしてこの三つの構成要素のなかでは湿度が気温や価格に対して微々たる影響しか与えない変数であることもわかります。湿度のようにほとんど影響を与えない変数でも、少しでもモデルの角度を高める変数は入れるべきでしょうか。

ここで注意が必要です。モデルは現象を理解・説明するためのものであって、現象をそのまま反映させるものではありません。同じ現象であっても、目的によってモデルの作り方や粗さは異なります。日常的に利用されるモデルとして地図があります。地図は地表を完全に表現したものではないどころか、地面の凹凸や景色など様々な情報を削ぎ落とした抽象的なモデルでしかありません。それでも、現在地を把握し行きたい場所へ辿り着くという目的に対して十分な効果を発揮します。むしろ余計な情報があると混乱する場合もあります。情報を必要最小限にとどめ、重要な要素に絞って表現することでより理解しやすくなります。どれだけの要素があれば過不足ないか、モデルがどれほど現象をリアルに反映しなくてはならないかはケースバイケースです。モデルづくりをするとき、よく陥るのが過度に現象を反映しようとして精密過ぎるモデルを組み立ててしまい、解釈が困難になることです。現象を解釈しやすくするのがモデルの目的であるため、モデルの変数の数が多すぎたり複雑すぎたりして解釈不能になってしまっては本末転倒です。

さて、売店の話に戻ります。モデルは精密にしさえすればよいというものではないと説明しました。先ほどの式において、湿度はほとんど影響を与えません。湿度自体0～100

◆1 具体的にどのようにして求まるのかは第4章や第8章で取り扱います。

までの範囲の値しか取りませんし、湿度に掛かる数[◆1]も小さいため、湿度が変化してもほぼ全体に与える影響は最小で 0、最大で 10[◆2] と、他の変数に比べて微々たるものです。どの程度の影響があれば変数を残すべきなのかは手法や問題設定にもよるため一概には言えませんが、今回は湿度を除去し、気温と価格のみでモデルを作るとしましょう。このように、数ある変数のなかからどの変数を利用するか選択することを**変数選択**と呼びますが、これは簡潔さを保ちつつ表現力をもったモデルを作成するためには重要です。変数選択を行い、湿度を削除したモデルは次のようになります。

ビールの販売個数 = 気温(℃)× 600 − 価格(円)× 20

ここで気温が 25℃、価格が 500 円であれば、販売個数は 25 × 600 − 500 × 20 で 5,000 個になります。これで販売個数について明確に理解できるようになりました。さらに、販売個数に価格を掛ければ売上が算出できます。

売上 = 販売個数 × 価格

さて、この販売個数を展開(上の販売個数の式を売上の式に代入)すると

売上 = (気温 × 600 − 価格 × 20)× 価格

となります。これが売店の売上を表すモデルになります。このモデルを見ると、気温は販売個数だけではなく、売上においても増加要因だということが明確にわかります。価格についてはどうでしょうか。先ほども見たように、価格は販売個数の減少要素です。しかし、価格を上げれば販売単価が上がるため、販売 1 個当たりの売上は増加します。そのため、価格を上げれば売上が上がるのかそれとも下がるのかはこのモデルをパッと見ただけではわかりません。ここで何らかの統計的手法を用いると、気温が 25℃の場合は価格を 375 円にすると売上が最大化できることが判明します(この簡単なモデルの場合は、微分だけで解けます。なお、本書を読み解くのに微分は必須ではありません)。価格に様々な値を入れて確かめてみてください。

モデルから得られる目的変数の値はあくまでも予測値や理論値です。実際の値はそれらからある程度ずれるでしょう。これをデータ解析では

実際の値 = 予測値 + 誤差

と表現します。式を見てわかるように、実際の値と予測値が近いということは誤差が小さいことを意味します。誤差が小さいモデルを、当てはまりの良いモデルと表現します。分析手法によって、より当てはまりの良いモデルを探索することができます。ただし、当てはまりの良いモデルが実際の現象を正しく説明しているとは限りません。単にたまたま当てはまりが良いだけであって、実際の現象とは各変数の重要度や影響の正負(目的変数を下げる方向に働くか上げる方向に働くか)が異なる場合もあり得ます。モデルの実測値との当てはまりの良さと、それが真のモデル(現象の仕組みを正しく表現しているモデル)であるかどうかとは話が違います。作成したモデルが現象を正しく説明しているかは、他の

◆1 このような変数に掛かる定数を係数と呼びます。
◆2 湿度が取り得る値が最小 0、最大 100 で係数が 0.1 ですから、最小は 0 × 0.1、最大は 100 × 0.1 で 10。

> データで全く違う結果になったりしていないかなどの統計的な確認と、対象分野の知識と照らし合わせて解釈可能かどうかという人手による確認との両面から行う必要があります。

1.4　Q&A データ解析初心者が抱く疑問

ここで、データ解析の初心者からよく聞かれる疑問に答えます。

■データ解析系の本を何冊か読んでみたら、本によって内容が全く違うのはどうして？

一口にデータ解析系の本と呼ばれているものでも、分野や目的によって内容は異なります。それらの本が扱うタスクは、次のように大きく四つに分類することができます。

(1) 一つ目は、経営戦略や新サービス開発などのビジネス寄りのタスクです。これを扱う一群の書籍は、凝ったツールや手法を使うのではなく、分析計画や専門知識を活かした分析で意思決定を補助することを主眼としています。数学やプログラミングに関する記述はほとんどなく、「いかに分析結果を施策につなげ、それを実践して価値を上げるか」「どうすれば企業にデータ解析の文化を根付かせられるか」などに力点を置いています。主にビジネスパーソンやマーケター向けに書かれています。

　　河本薫：『会社を変える分析の力』、講談社（2013）
　　髙橋威知郎：『14のフレームワークで考えるデータ分析の教科書』、かんき出版（2014）

などがおすすめです。

(2) 二つ目は、データマイニングを扱うものです。データマイニングとは、データに統計的な分析手法を用いることによって新しい知見や問題点を見出すタスク[1]です。各種分析ツールや手法を使いこなすことに重点を置いています。内容は、RやPythonというプログラミング言語を用いてデータマイニングの様々な手法を解説・実践するものが多くあります。

　　豊田秀樹：『データマイニング入門』、東京図書（2008）（使用言語はRです）

◆1　この四つの中ではもっともデータ解析に近い概念です。データ解析との違いは、データ解析が目的設定やデータの取得に力点を置き、データマイニングは統計分析の方に力点を置いていることだと思われます。ただ、そもそもデータマイニングの明確な定義もないため、無理に線引きする必要はないと思われます。

Wes McKinney：『Pythonによるデータ分析入門』、オライリージャパン（2013）

などがおすすめです。

（3）三つ目は、数学的に高度な機械学習や自然言語処理という分野の技術を用いて検索や推薦、広告のマッチングなどをシステム面や理論面で実現するという専門的なタスクです。これを解説した本は大学院で専門の技術を学んだ方が主な読者層としており、基本的にはすでにあるミッションをより高精度・高速に実現することを主眼としています。この分野の入門書としては

荒木雅弘：『フリーソフトでつくる音声認識システム』、森北出版（2007）
高村大也：『言語処理のための機械学習入門』、コロナ社（2010）

がおすすめです。

（4）四つ目は、大規模なデータを扱うための分散処理システムHadoopやBIツールを開発・運用するエンジニア向けのタスクです。このテーマについては本書では扱いません。

本書は若干（2）を含みますが、基本的に（1）の本です。（1）〜（4）では求められるタスクや対象者、数学・プログラミングレベルも大きく異なるため、紹介する手法や力点を置く場所もそれに伴い大きく異なります。あなたがどのタスクに取り組むための知識を求めているかによって、読むべき本も異なるでしょう。

要求される分析の精度も、立場によって違ってきます。ここで言う（1）や（2）の領域でももちろん精度は高い方が望ましいですが、データの傾向を把握するだけなら、少々の精度向上でとくに大きなメリットは生じません。（1）や（2）は端的に言うと、各手法の詳細や精度向上よりも、どのような分析をするかの方が重要だと考えるスタンスです。費用対効果によっては精度を犠牲にする判断もあり得ます。一方で、（3）の商品の推薦や検索最適化の場合は0.1％の精度向上に凄まじいコストをかけますし、そのわずかな精度の差が大きな収益の差につながります。このようにスタンスによって求められるものが異なるため、ご自身がどのスタンスなのかを意識して学んでください。

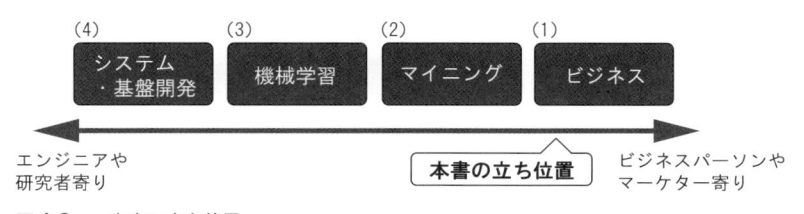

図1.2　本書の立ち位置

■データ解析は意外な発見を求めるものなの？

　データマイニングの分野でよく出される例として「**おむつとビール**」があります。大量の購買データを分析したところ、おむつを買う人はビールも一緒に買うということが明らかになり、おむつとビールの売場を近くにすると売上が上がったというものです。これは意外性があり大変面白い話ではあります。データマイニングとは何かを説明するときほぼ毎回のように登場する話となっており、この話を引き合いに「データマイニング＝意外な発見をするものである」というように語られることもしばしばあります。しかし、我々が求めるべきなのは意外性ではなく有用性であり、有用性と意外性は必ずしも一致するものではありません。知るべきことを当たり前のように知ることが、むしろ重要となる場合があります。

　当たり前の話から価値を抽出した例として、クックパッド社の提供している「たべみる」というサービスのエピソードを紹介したいと思います。クックパッドは料理レシピ閲覧サービスで、たべみるはそのサービス内の検索キーワードのログを販売するサービスです。たべみるではレシピの検索回数だけではなく、「どの地域で」「何月に」検索されたかのデータも取得可能です。ある食品小売業者がこのサービスを利用したときのことです。そのとき明らかになったことは、「冬は鍋の検索回数が多い」ということでした。これは全く当たり前の話のように聞こえます。しかし、具体的に冬とはいつを指すのでしょうか。もちろん、暦の上での話ではなく、実際に鍋が売れる時期は一体いつからいつまでなのかという意味です。食品流通業界では「鍋の季節は遅くても1月までで、それ以降は売れ行きが落ちるに違いない、だから鍋物の取り扱いは抑えるべきだ」という業界の常識があったそうです。しかし、たべみるのデータを参照すると、1月を過ぎても鍋物の検索数は落ちませんでした。そこから、1月以降でもまだまだ鍋物は売れるのではないか、これまで早くに鍋物を引き上げていたことで商機を捉えそこなっていたのではと考え、1月以降も引き続き小売店で鍋物を取り扱うことによって売上向上を果たしたのです。

　このように、一見当たり前のように見える知見であっても、詳細に把握することによって価値につなげることが可能です。当たり前だと言われていることも、よくよく考えてみるとおぼろげな関係性しかつかめていないことはよくあります。データ解析をするには「知る」と「把握する」と「理解する」の違いを区別する必要があります。この違いを先ほどの冬の鍋の例で説明すると

- 知る：冬になれば鍋が売れるという現象をなんとなく知っている。
- 把握する：散布図を描いたり相関分析という分析手法を用いたりして、時期や気温と鍋の売行きの関係をつかんでいる。

- **理解する**：なぜそのような関係が成り立つのかの理由を、その分野の知識と合わせて説明・解釈できる。

となります。具体的に何がどの程度影響を及ぼすのかを把握・理解することによって価値につなげていきましょう。

■高価・高度な分析ツールは必須？

必須ではない、というのが筆者の考えです。あった方が便利なときもありますが、決して高度なツールだから分析計画を立てる必要がなかったり最適な手法を自動で選択してくれたりするわけではありません。高価・高度なツールになると、見栄えが良かったり、計算速度が速かったり、便利な細かい機能が搭載されているケースもあります。コストパフォーマンスを考慮して決めればよいという程度のもので、決してないといけないものではありません。

■ビッグデータは必須？

本書はビッグデータとは何かを語る本ではないため詳細は割愛します。ここでは単に大規模なデータだとお考えください。ビッグデータはあれば便利なときもあるという程度のものです。決してビッグデータがあれば様々な統計的問題がたちどころに解決されるわけではありません。ビッグデータの例としては、ある自社サービスの全顧客の全行動履歴をデータとして保存している場合などがあります。このようなビッグデータを手にしていれば、悉皆調査◆1 が可能となり、サンプリングの方法の選択やサンプリングゆえに発生する問題に頭を悩ませなくてもよくなるので、楽といえば楽です。また、データをスライシング◆2 して見たときでも各層に十分なボリュームがあるのも魅力です。データサイズが小さいときは、スライシングすると各層にわずかなデータしか残らず統計的な分析が困難になるケースもあるからです。ただし、ビッグデータを扱うにはそれ相応のコストをかけてシステム構築・開発・運用を行うことが必要になります。開発やインフラを受けもつ別部隊があるならそこに協力依頼するのも手ですが、ビッグデータを収集・管理・集計・分析するシステムを一手に引き受けつつ分析も進めるというのは至難の業です。費用対効果に見合うか、人員を調達できるか次第で検討してください。

◆1 全ユーザの全データを対象とした調査。
◆2 データを何らかの軸、たとえば性別や年代などに沿って分割すること。

■分析手法ってどうしてこんなにたくさんあるの？　どれだけあるの？

　データの性質や分析の目的によって適切な方法が異なるからです。しかも手法数は「データの性質×目的」という組み合わせで増えていくため、全体として膨大な数になっています。しかし、データの性質や目的を絞れば、大抵の場合比較可能な数に収まります。分析手法が一体どれだけあるか、それは専門家であっても把握しきれません。そもそも何をもって分析手法と呼ぶのかも曖昧ですし◆1、しかも原理的に全く同じ手法なのに業界が変わるだけで呼び名が変わっているものもあります。初学者の方と話をすると、すべての手法を理解した上で最適な手法を選択したいという要望を伺うこともありますが、はじめは、必要に迫られたときに一つひとつ理解するようにしましょう。

■分析手法って何個覚えないといけないの？

　やりたい分野や領域◆2のやりたいことに応じて主流の手法を2、3覚えることから始めてください。統計学入門者にとって、統計学の門を外側から眺めてみると分析手法が山のようにあるように見えると思いますが、分野や目的を絞ると手法は数個に絞られることも多いものです。第7章で目的の異なる三つの分析手法を説明しています。手始めにここから学んでください。

■難しい高度な分析手法を使うのはなんのため？

　特殊な状況に対応するためです。一つは、データが異常に偏っていたり、データのサイズより変数の方が多すぎたり、数ある変数のなかでほとんどがゼロだったりといったデータの性質によるもの。もう一つはリアルタイムで実行する必要があったり、短時間にあまりにも多くの量のデータを捌く必要があったりという機能的な要請によるものです。あるいは、データに抜けがあったり、バイアスがあるデータしか取れない、データサイズが小さすぎるなどのデータ取得・収集のプロセスに問題がある場合もあります。いつかこれに対峙しなければならないときも来るかもしれませんが、応用的な手法は必要になってから学べばよいでしょう。

■データ解析をするには、統計学もプログラミングも施策提案もできるスーパーマンじゃないといけないの？

　データ解析に関連する各々の分野には専門家がおり、その専門領域については依

◆1　与えるパラメタが違うものを別手法と数えるかや、ある手法と手法の重ね合わせの手法を新手法としてカウントすべきかなど。
◆2　予測と判定のどちらがしたいのかや、扱うデータが数値なのかテキストなのか画像なのかなど。

頼することもできるため、全分野のエキスパートであるスーパーマンになる必要はありません。データ解析者に求められるのは、すべての分野を自力で成し遂げられるようなスーパーマンとして振る舞うことではなく、データ解析に関連する全プロセス[◆1]の監督者となることです。ここで言う監督者の役割とは、各々のプロセスにおいて何をしなければならないかを明示し、各プロセスで問題が発生すれば関係者と協議し解決を図ることです。データ解析者の仕事は最終的な目的を達成すべく監督としての役割を果たすことであり、個別のタスクや問題点は各々の専門家に依頼して解決を図ることも多いでしょう。

■ **データ解析って統計分析をするだけじゃないの？**

誤解されがちですが、データ解析において統計分析はいくつもあるプロセスのうちの一つでしかありません。「データを分析ツールに掛けて分析結果を出すことだけが役割であり、データを収集したり分析結果をもとに施策を提案したり施策を実施したりするのは自分のタスクではない」というのではデータ解析者とは呼べず、ただの分析ツールのオペレーターにすぎないと言えます。よく「（自分の分析自体は問題ないが）目的設定が悪い、データが悪い、施策が実施されない」などと言って分析以外のプロセスに何か問題が発生しても他人事としてしまうデータ解析者がいますが、それは間違っています。目的設定から施策実施までをすべて実践することで初めて価値を得られます。

■ **データ解析って必ずやらないといけないものなの？**

データ解析が威力を発揮するには、その各プロセスを十分に実施できるという条件が必要です。実際問題として、その条件を満たせないことも多々あります。十分な目的設定やデータ設計を行う時間がなかったり、目的に沿わない不揃いなデータしかなかったりする場合に、無理やり分析を行い施策を決めるのは、かえって勘や経験で意思決定するよりも悪い結果を招く場合すらあります。たとえば、偏ったデータから誤ったユーザ層にターゲティングしてしまい、実際の大半のユーザが求めていないサービスに注力してしまうケースなどです。データ解析はどんな分野でもどんなときでも万能無敵のツールだというわけではありません。

◆1 データ解析にどのようなプロセスがあるかは第2章で学びます。

1.5 終わりに

　データ解析には多様な失敗が存在します。苦労して出した分析結果がすでにわかりきったことだったり、逆に完全に理解不能だったり直観に反したり、あるいは分析自体は成功したが施策に結びつけられなかったりなどです。なかでも最悪なのは、何をすべきかの指針が立てられず、とにかく目についたものからいじり回そうとしてしまうことです。これは夜道で落し物をした際、探すべき歩いてきた経路ではなく、明かりがあって探しやすい電灯の周りだけ探してしまうのと似ています。

　失敗したとき、次にどうすればよいかがわからないと、失敗から立ち直ることができません。そして、そのまま目の前のオペレーションに固執してしまい、本来のデータから価値を得ることから遠のいてしまう……というケースが多々あります。分析を進める上で、**失敗に直面することは避けられませんが、失敗に終わることは避けられます**。筆者は現在 SNS 企業に在籍し、日々離脱ポイントの改善分析などに努めています。記録によると、分析の初期段階では 9 割方思った結果が出ないという意味において失敗しています。ですが、「どのような分析ステップが必要で、どの順番で実行しなければならないか」、「何か失敗が発生したとき、どこまで戻って再実行するか」の二つを適切に把握し実践することにより、分析を改善するサイクルを回し、最終的にはほとんどのデータ解析を成功に導いています。データ解析は一度のフローで終わるものではなく、継続して改善するサイクルをなすものです。サイクルを回せるようになるため、続く第 2 章でデータ解析の一連のプロセスを学びましょう。

データ解析は焦らず基礎から！

第 2 章
データ解析のプロセス

　第 2 章ではデータ解析にどのようなプロセスがあるのか、また、各々のプロセスがどのように結びついているのかを説明します。プロセスの流れをつかむことによってデータ解析の一歩を踏み出すことができるでしょう。

2.1　解析プロセスを学ぶ意義

> 素人を専門家から区別するものは、ただ素人がこれと決まった作業方法を欠き、したがって与えられた思いつきについてその効果を判定し、評価し、かつこれを実現する能力をもたないということだけである。
> ——マックス・ウェーバー、職業としての学問

　なぜデータ解析の一連のプロセスについて最初に学ぶかというと、データ解析において初心者が行き詰まってしまう一番の難関は、データ解析に関する個々の要素がわからないことよりもデータ解析のプロセスを俯瞰できないことにあるからです。何ごとも「一体何から始めて次にどうすればよいか」がわからないと、ゴールに辿り着くどころか最初の一歩すら踏み出せません。闇雲に目についたデータを分析ツールに放り込んだり、威勢の良い言葉で飾り立てたプレゼン資料を作成しても価値は得られません。現在、統計学や分析ツールに関する良書はたくさんありますが、業務におけるデータ解析プロセスを1から十分に説明している本はほとんどありません。そして、それこそがデータ解析の実行を妨げていると筆者は考えます。

　データ解析のプロセスを知ることによって、自分がゴールへと向かう道の今どこにいるか、困難にぶつかったときどこまで立ち返ってやり直せばよいか、あとどれだけの道のりが残っているかを把握できます。データ解析のプロセスは反復するものです。その反復の過程で必要に応じて順番を入れ替えたり省略することもあります。プロセスを把握しておけば、状況に合わせてどれとどれを入れ替えればよいか、何を省略するべきかを意識して決定することができます。意識してステップを入れ替えたり省略することと、ついうっかり入れ替えてしまったりそもそもそのステップの存在を知らずに省略したりすることとは大きく異なります。後者では、何か失敗が発生した際、その失敗要因を探ろうとしてもどのステップを改善すべきなのかがわからなくなってしまいます。また、データ解析のプロセスを知らぬまま、「たまたま自社のデータベースに格納されていたビッグデータを適当に取り出して分析ツールに放り込んでみたら有用な知見を得られた」などという幸運が実現することは、宝くじに当たるくらい起こり得ないものです。仮にそんな幸運があったとしても、それでは継続的な結果を得られず、成果を積み上げて向上していくことができません。得られた知見のうち、単発の偶然によるものと恒常的な仕組みとして発生するものを選り分け、その偶然の度合いや現象の仕組みを解き明かすことで、ビジネスや研究に活かすことができます。

　データ解析を成功させるために最も大切なことは、このプロセスにデータ解析者

だけが関わるのではなく、データ解析の結果を受けて意思決定をしたり施策を実施したりする担当者と協力して実行することです。分析結果自体は価値ではないため、そこで終わってしまっては意味がありません。分析の結果から提案、そして実践へとつなげることによって初めて価値を得ることができます。そのため、データ解析のプロセスは分析結果の解釈、提案、実施、運用を含みます。分析結果をすべて出したあとになってから依頼者を巻き込むということではなく、各プロセスにおいて適宜依頼側に細かい粒度でフィードバックすることが肝心です。それにより、迅速な軌道修正が可能になり、より高速かつ高精度にデータ解析プロセスを反復改善できます。

それでは、本章で各プロセスとその流れを学び、実際にデータ解析をするために取るべき行動を見ていきましょう。

2.2　データ解析のフロー

本節で説明する1〜10の各プロセスが立ち戻ることなく順番どおりに進行する

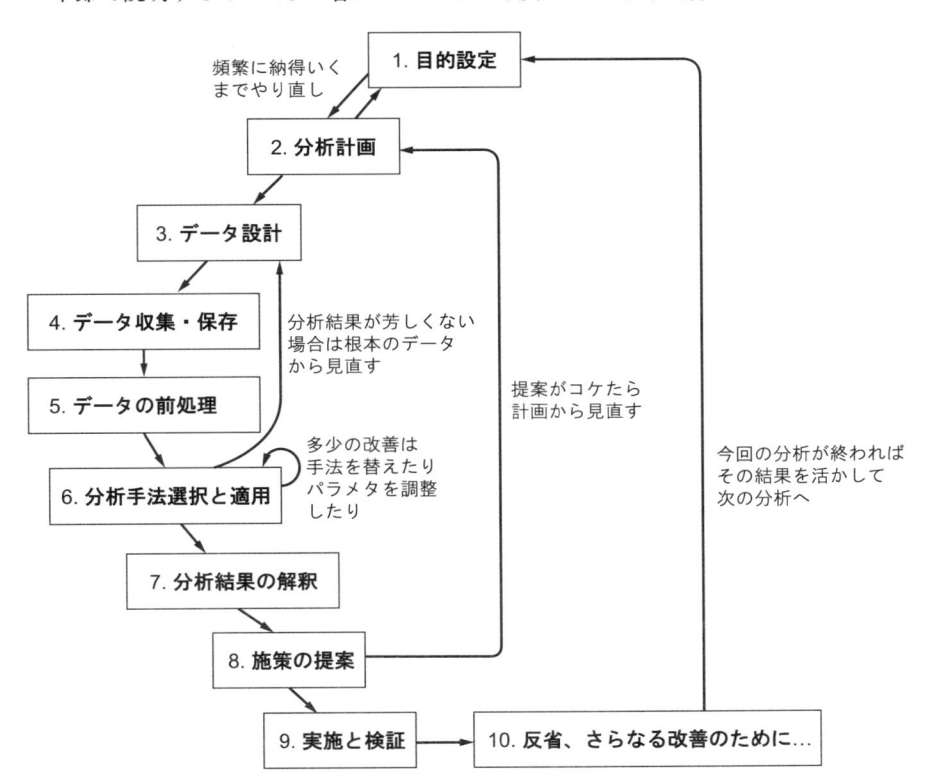

図 2.1　データ解析のフロー

ことはむしろ稀であり、頻繁に前のプロセスに戻り改善することがほとんどです。立ち戻りを含めたデータ解析のよくあるフローを図にしたものが、図 2.1 です。これはあくまでよくある流れを示しているだけであり、1～10 までのプロセスのどこからでもどこへでも立ち戻って反復しても構いません。このように反復することを認識した上で、各プロセスについて把握してください。

■ 1. 目的設定

> 「何の目的のために？」という問いに、できるかぎり明確に回答してもらうことが、統計作成依頼者に対してまずなすべき統計家の第一の責任である。
> ―― 北川敏男、統計科学の三十年

　データ解析の最初の段階でやるべきことは、その時点での最良の目的設定です。目的設定はデータ解析のプロセスの最初であり土台です。ここが疎かですと、その後どれだけデータを集めようが高度な分析手法を用いようが意味はありません。目的を設定するときに重要なことは、現実的な制約を一度忘れて「目的を設定することだけを考えること」です。データが十分に揃い、分析手法も問題なく適用でき、その精度・確度が正解率が 100% で、スケジュールに何一つ遅延が発生せず、つまりはすべてがうまくいったとして何が得られるかです。なぜそのような考え方をするかというと、データ解析によって得られる価値の上限は目的によって決まるからです。データが不十分であることや最適な分析手法を用いないことにより、得られる価値がいくらか目減りしてしまうことはあります。しかし、得られる価値の上限を決める目的設定がちゃんとしていないことの方がよほど深刻です。ここでは、「もしもこのデータが手に入り、このような分析ができて、出てきた結果が実行可能な施策につながるならば……」というように、考え得る最良の夢物語を語ることが有効です。ただし、「10 年に 1 度の画期的な分析結果が～」、「これまで市場で見たこともない斬新な～」というような誇張や美辞麗句は必要ありません。

　プロセスは反復するものであり、最初に明確な目的を設定することは必須ではなく、あくまでその時点での最良を目指せば問題ありません。その時点での最良とは、その時点で得られる情報をもとに決定できる部分を決定することです。逆に、その時点で未確定の情報について決める必要はなく、無理やりしようとするとかえって誤った方向に目的を導いてしまうことがあり得ます。単純に今月の売上が下がった原因を知りたい、新サービスをどの年代性別層をターゲティングすればよいか把握したいなど、はじめのうちは大雑把な目標設定で構いません。実際にデータを可視化したり分析手法に掛けたりすると、胸の内にぼんやりとしか存在していなかった

目的が徐々にしっかりした輪郭を描き出します。

　データ分析で最も重要なのは、まずその時点での最良の目的を明確にすること。その次にデータ。最後に手法です。決して目的を決めずに闇雲にデータ収集などの作業に取り掛かるようなことはないよう努めましょう。ただし、前任者がいたりデータ解析チームが存在したりして、完全でなくともある程度有益なデータがすでに存在する場合もあります。そうであれば、目的設定のためにそれらを利用することも可能です。

■ **目的設定のアプローチ**

　目的を設定する方法は大きく分けて二つのアプローチがあり、**仮説検証型アプローチ**と**探索型アプローチ**と言います。前者はデータ解析者や依頼者がもつ仮説をデータによって正誤を検証するアプローチで、後者はすでにあるデータを様々な切り口から眺めることによって目的を生み出すためのアプローチです。はじめから何らかの仮説がある場合は、その仮説に基づいて仮説検証型のアプローチを進めます。仮にその仮説が間違っていた場合であっても、それはプロセスを反復する上で改善していけばよいだけです。逆に、データ解析者に市場や製品の知識が乏しかったり市場の変遷が激しすぎて仮説を立てられない状況で、かつある程度データがある場合は、探索型のアプローチを取ります。その場合は、各データの分布を見たり各データ同士を比較することによってデータから何らかの特徴を発見し、その特徴を解明することによって最終的に価値へとつなげるという手順を踏みます。たとえば、数ある自社製品のなかでもある商品だけ売上が悪かったり、あるサービスにおいて30代男性の層だけ妙に利用継続率が悪かったなどの特徴がデータから明らかになれば、さらにその理由を問うことで検証を進めていくことができます。この探索型のアプローチを統計学の用語で**探索的データ解析**と言います。探索的データ解析については第4章で改めて詳しく説明します。

■ **仮説検証の進め方**

　ここでは仮説検証型で目的設定する流れを追ってみましょう。業務におけるデータ解析で頻繁に用いられる目的として

1. 利益の増加
2. 新サービスの開発
3. 顧客把握
4. 問題点の改善

などがあります。最初はこのような大雑把な目的設定からスタートし、徐々に着手すべき価値のある目的とは何かを見出すようにしていきましょう。例として、利益の増加させるという目的を徐々に明確化する流れを取り上げます。まず、利益はどのような要素で構成されるかを考えます。いろいろな捉え方が可能ですが、ここでは［利益 ＝ 売上 － 費用］で構成されるとしましょう。このように利益の構成がつかめれば、利益を増加させるには売上を上げるか費用を下げればよいということがわかります。また、費用や売上にもさらにその下の階層があり、費用は変動費と固定費、売上は販売個数と単価というように分解できます。このような細分化とプロセスを進め反復することで、たとえば「自社の利益を損ねている主な原因は何だろうか？　売上は他社と遜色ないにもかかわらず利益が低いのは費用が大きいせいだ。とくに費用のなかでも固定費が大きいと考えられる。よし、データ解析でなぜ固定費が大きくなってしまったのか、とくに削減できる固定費項目は何かを調べよう」というように、目的を明確化していくことができます。

■ロジックツリー

　この目的設定を行う際に用いられる手法として、**ロジックツリー**があります。ロジックツリーとは、論理構造を**図 2.2** のような木構造[1]の図で表現する可視化手法です。ロジックツリーを用いると、目的を構成する各要素に階層構造をもたせて可視化することができます。この図の例では「売上低下」の要因を明らかにすることを目的としており、その下の階層に売上を構成する要素として「顧客数」と「顧客単価」を取り上げ、さらにその下の階層で各要素を年代別に分けています。このように、売上低下が具体的にどの要素によってどの程度もたらされているのか、つま

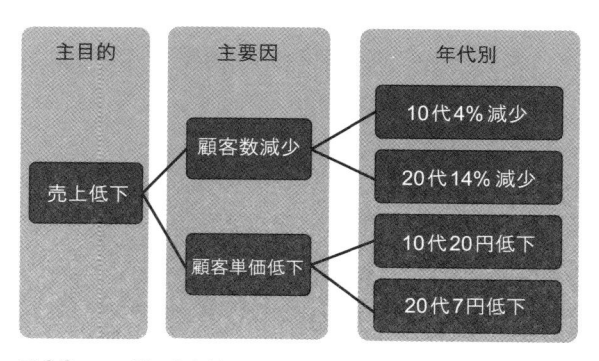

図 2.2　ロジックツリー

---

[1] おおもとのデータを「根」とし、そこから木が生えるように各要素ごとに枝分かれしていく構造の表現方法。木の終端、これ以上細分化できない要素を「葉」といいます。

り解決すべき重要な課題は何かを可視化します。このロジックツリーを見ると、売上低下について10代は顧客単価の低下、20代は顧客数の減少が重要な問題であると一目でわかります。

ロジックツリーには目的に応じて次の3種類のツリーがあります（**表2.1**）。

表2.1　ロジックツリーの種類

ツリー名	説明
whatツリー	対象を構成している要素には何があるのかを洗い出すためのツリー
whyツリー	対象がなぜこうなったのかを要素に切り分けて理解するためのツリー
howツリー	どのようにすれば目的を達成できるかを要素に切り分けて考えるためのツリー

各ロジックツリーを作る際には、同階層の粒度が揃っているかどうかを確認する必要があります。顧客を分類する軸として年代や購入額などがありますが、年代で要素を分けている階層に購入額の要素を入れてはなりません。

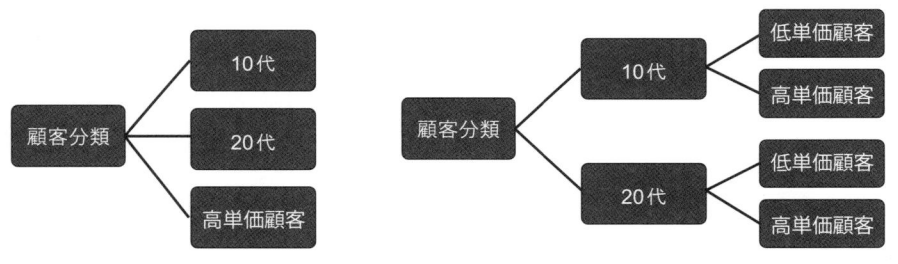

図2.3　階層設定を誤ったロジックツリー

図2.4　階層設定を修正したロジックツリー

また、とくにwhatツリーはMECE（抜け漏れ重複なく、Mutually Exclusive and Collectively Exhaustive）に各要素を切り分けて記述することが重要です。ロジックツリーは一人だけで作成せず、必ず関係者と擦り合わせてください。そうすることによって要素の考慮漏れがないかを確認することができます。頭のなかだけで要素を考えていると、大抵の場合考慮漏れが発生します。

■ ゴール設定の意義

目的設定はデータ解析における土台であり、航海で例えるとゴールの設定です。ゴールへの航路は何本もありますし、船や装備もいくらでも自由が利きます。しかしゴールそのものが間違っていればどんな高速で快適な船であっても目的地には決して辿り着けません。また、ゴール設定を怠った場合、目の前にあるデータやツールを使うことがいつしか目的になってしまい、本来得ようとしている価値から遠ざ

かってしまうケースがよくあります。データ解析は反復して徐々に正しいものに辿り着けさえすればよいので、最初から正しいゴールを設定しなくてはならないわけではありませんが、このゴールをなぜ目指すのか、なぜ現時点ではこのゴールが最良であると言えるのかを常に説明できるようにしてください。

■ 2. 分析計画

先ほどまでの理想的想定から離れ、現実に立ち戻って実現可能性を考える段階です。目的に対して費用対効果や技術的実現性について検討します。もしここで、データ解析をしても費用対効果に合わない、あるいは技術的に不可能であるならば、解析を取りやめる、またはステップ1に戻って目的をよりささやかなものに変える必要があります。ここで言う費用とは、金銭だけを指すのではなく、どれだけの期間を要するか、どれだけの人手が必要か（また、その人材を確保できるのか）、どれだけの機材を必要とするのかを含みます。技術的実現性については、単純に技術的に可能かだけではなく、実際に入手できるリソースでその技術要件は満たせるかも考える必要があります。

■ 担当者の明確化

分析計画のなかでも、とくに重要なのが各担当者の明確化です。少なくともデータ解析の責任者、解析結果を最終的に受け取り意思決定する意思決定者、未決事項の管理・決定者、解析内容の相談窓口、データ解析者の五つは最低限必要です（**表2.2**）。これらのなかでも、とくに意思決定者を明確化することが大切です。意思決定者が誰なのかもわからずにデータ解析に臨むのは効果的ではありません。なぜならば、意思決定者の立場や分野によって取れる施策は異なるため、有意義な解析結果が出たのにそれを活かせずに終わるという事態を招きかねないからです。次に重要なことは、未決事項の管理・決定者と決定フローを決めることです。データ解析のプロセスは反復して改善していくものです。この2. **分析計画**のステップも、最初からすべてを抜け漏れなく決定することは不可能なので、その時点で決められることを決め、決められないことは未決事項として整理します。未決事項は、決められる段階になってから改めて決定します。ただし、未決事項だからといって完全に放置してよいわけではありません。未決事項を、「どの段階で」「誰が」「どのように」決定するのかについて、その時点で可能な限り決めておく必要があります。それが未定だと、他の作業が進行中であるにもかかわらず、その意思決定のためにすべての作業の流れが止まってしまう危険性があります。他は何も動いていない最初の時期に「未決事項の決定者」「その決定者の裁量範囲」を明確化しておくと、そ

表2.2　各担当一覧

担当項目	担当プロセス	担当内容
責任者	全プロセス	データ解析を継続するか中止するか、何をもってデータ解析を失敗とするか、データ解析の失敗時、あるいは施策実施したものの想定した価値を得られなかった際どう対処するかを決定する
意思決定者	1. 目的設定 2. 計画 3. 施策提案	目的と分析計画の可否を決定する、提案された施策を実施するかどうか決定する
未決事項の管理・決定者	1. 目的設定 2. 計画 3. 実施と検証	未決事項を管理・決定する
相談窓口	全プロセス、随時	適宜データ解析者の相談先の窓口
データ解析者	全プロセス	データ解析を行う

のような危険性を減らすことができます。また、データ解析には一定のドメイン知識[1]が必要で、データ解析者はそのドメイン知識やデータ解析に関する要望について度々依頼者側に問い合わせる必要があります。そのとき問い合わせ先となる窓口がいないとコミュニケーションが滞ります。

これら各担当者の役割のすべてを1人に割り当てることもあり、必ずしも別の人にしなければならないわけではありません。ただし、その場合であっても誰がどの役割を果たすかを明示させておく必要があります。

■ 評価指標と達成基準の設定

いつまでに何が達成できたら分析は成功・失敗なのか、明確な評価指標と達成基準を設定する必要があります。これはよく「実際データ解析をして見ないことには評価指標と達成基をどう設けていいかわからないから」と言って後回しにされることがあります。ですがこれらを設定しないと、分析を実行しそれなりの結果が出たにもかかわらず、それが果たして実利に結びついたかどうかの判断がつかないままに無意味に分析を継続してしまったり、まだ分析を始めて日が浅いのに効果なしとして打ち切られてしまったりする場合があります。データ解析はプロセスを反復していくものであると何度も申し上げていますが、反復するにあたり、ステップを繰り返すべきか先のステップに行くべきか、はたまた前のステップまで戻すべきかの判断が必要になってきます。これはその都度判断すればよいと考えるかもしれませんが、データ解析は自ずと明確なゴールが見えるものではなく、外部からゴールを

---
[1] 分析対象分野の専門知識

与えないといつまでも終わりません。ゴールが見えないことでプロセスを反復するうちにどんどん軸がぶれていったり、徐々に事実ではなくデータ解析者の主観に沿うようなデータや結果を集めたりしがちになります。これはよほどの経験と注意深さがないと避けられません。軸をどこにどう置くかを決めておかなければ、軸を適宜修正することもできません。そのため、計画段階で決めておくことが肝要です。また、分析の評価指標が売上向上のような様々な要因を含むものである場合は、分析以外の面での失敗が分析そのものの失敗であるかのように捉えられてしまうため、適切な粒度の評価指標、つまり分析に直結する指標が必要です。データ解析の成功と売上の改善はイコールではありません。データ解析で選択生成される施策は、あくまで最も成功率の高いものであって、100％利益を上げることを保証するものではありません。これを認識せず、売上が上がった下がっただけでデータ解析の成否を判定すると、たまたま以前うまくいった策に固執してしまうなど、誤った判断をもたらします。さらに、「顧客満足度を上げる」といった曖昧な評価指標を用いると、分析によってもたらされる本質的な価値よりも、指標の作り方や測定の仕方によってデータ解析の正否が左右されてしまいます。分析内容に応じた適切な評価指標と達成基準を設定しなければなりません。適切な評価指標の作成については第5章で取り扱います。分析計画書を確認することで、プロセスを反復するうちに軸がぶれていないかを適宜振り返りましょう。

■ 成果物の設定

分析に取り掛かる前に、どのような成果物が求められるかを事前に擦り合わせておくと齟齬が起こりにくくなります。提案時に生じる齟齬としてよくあるのが1. 対象者のレベルにあっていない、2. ニーズにあっていないの二つです。

1. 対象者のレベルにあっていない

どんな提案でも重要なことは、対象者のレベルに合わせることです。せっかくの提案も、相手に伝わらなければ意味がありません。必要以上に難しい言葉や専門用語を用いるのは避けましょう。使わざるを得ない場合はその意味を相手のレベルに合わせて説明しましょう。依頼者に理解していただけるよう説明するためには、対象とする業界や企業の言い回しや用語があるならばそれに合わせる、専門用語は必ず説明を入れるなどの下準備が必要です。データ解析において数式を用いることはよくあるでしょうし、場合によっては高度な統計的手法を用いることもあるでしょう。しかし、その解析結果をそのまま見せて伝わる相手はごく一部です。どう読み取り解釈すればよいかの説明を必ず加えましょう。データ解析の計画設定の際に、どのような成果物であれば依頼者にご納得いただけるのかを

この段階で決めておきましょう。場合によっては依頼者に高度な統計の知識があり、詳細な解析結果の提出を求められるかもしれませんし、データ解析未経験の依頼者である場合は、背後で高度な分析をしても、成果物に載せるのは簡単な集計結果やグラフだけにとどめ、わかりやすさ重視で施策提案した方がよいでしょう。

2. ニーズに合っていない

求められているのが詳細な検証結果の報告書なのか提案用のプレゼン資料なのか、あるいは仮説を裏づけるエビデンスなのかによって、作成すべき成果物は大きく変わります。プレゼンであれば、スライドにあれもこれもと情報を盛り込みすぎることは避けましょう。どうしてもつけ加えざるを得ない詳細な内容は、別途レポートにするなどしましょう。

■ MoSCoW 分析

この段階では取り組みたい案が数多く出てくる場合もありますが、すべての案を実践するだけのリソースがないことがほとんどでしょう。そこで MoSCoW（モスクワ）分析[◆1]を行います。**MoSCoW 分析**は要件を「必須で行わなければならない Must な要件」、「できる限り行うべき Should な要件」、「もし余力があって可能ならば行ってもよい Could な要件」、「行わない Won't な要件」の四つに優先度をつけて分類・整理する手法です。優先順序をつけずに出てきた案すべてを実践しようとするのは失敗のもとです。優先順序を明確にすることによって、着手しやすい案だけに取り掛かったり、成功時のインパクトの大きさに目が眩んで他のリソースを食い潰してしまったりすることなく、適切な進行のかじ取りをすることができます。

■ 関係者との調整

計画設定の段階では、データ解析者だけでなく、関係者にも協力していただかないといけません。関係者にデータ解析のプロセスに協力していただく際に重要なのは、解析の意義を共有することです。当然ですが、関係者は自らの業務があり、データ解析の補助を専業とするスタッフがいるケースは稀でしょう。どのような目的で具体的にどのような助力をしていただくのか、それでどのような分析ができて、データ解析の結果がどのように売上向上や品質改善などの目的に寄与するのか、つまり助力の意義を協力者に伝えないと本当の助力は願えません。理想を言うならば、すべての関係者に意義を正確に説明して回りたいところです。そこまではお互いの時

◆1 MosCoW の一つ目の o がどこから来たのかは謎です。

間を大きく取るため非常に難しいでしょう。

■ 計画書作成

　一人の解析者が様々な分析をすることもありますが、どの分析でも共通の計画書のフォーマットを作成することによって、データ解析者は思考をまとめたり説明したりしやすくなり、関係者が読む際も理解しやすくなります。毎回違うフォーマットではどこに何が書かれているのかわからず、隅から隅まで目を通さざるを得なくなります。ドキュメントは読みやすいものであるほど関係者への分析計画の周知を容易にします。ドキュメントに最低限記するとよいものは**誰が、なぜ、何のアクションを、どのように、どの手順で、どうするとどうなるのか**になります。

　分析計画書に記載する具体的な項目の例は以下となります。

- このデータ解析をやる理由・意義
- 成果物（改善策など）
- 各担当者（データ解析責任者、意思決定者・実施者、窓口、データ解析者）
- 評価指標と達成基準の設定
- 施策後の改善見込み・度合い
- 想定される問題点：技術・リソース上の懸念点の洗い出し
- 費用対効果
- 先行事例の調査
- データ解析に費やす期間の設定

3. データ設計

> 家が煉瓦でできているとは言っても、煉瓦の集積を家とは言わないし、単なる情報の集積をデータとは言わない。
>
> ── ポアンカレ

　目の前にあるデータが単なるゴミの山ならそこから宝物は出てきません。単にデータを大量に集め、そのなかにたまたま宝物が含まれていますようにと祈るのではなく、データの山のなかに宝物が含まれているように意識して設計する必要があります。寿司屋に行ったとき、「寿司はネタが7割、職人3割だよ」と職人から教えていただきました。これは寿司はネタが価値の大半の要素を占めるという意味ですが、では職人の技は大した貢献をしてないということでしょうか。そうではありません。そもそもネタの仕入れ先をどこにするか、その仕入れ先から実際に何を選ぶか、仕入れたネタをどう保存するかというところにこそ職人の腕の見せ所があり、

職人の力量は寿司を物理的に握ることだけに発揮されるのではありません。データ解析も全く同じで、データを分析ツールに掛けるところではなく、どのようなデータをどう設計し、収集し、保存するかが成果を大きく左右します。また、分析手法とデータは密接に結びつくものです。各分析手法はデータの性質や形式によって利用可能なものが異なります。そのため、データ設計を考える際、同時に分析手法についても決めてしまえばよいと思うかもしれません。しかし、何らかの事情で手法を制限されているのでもない限り、実際の分析ではいろいろな手法を適用することになるため、ある分析手法に特化したデータを設計するのは得策ではありません。データ設計については第3章で詳しく取り上げます。

■ 4. データ収集・保存

Webからデータを収集するには

1. データを配布しているサイトから取得する
2. 提供されているデータ出力機能（API）を利用する
3. Webサイトから収集（クローリング）してくる
4. 自前のサービスやWebサイトにログ（行動・履歴のデータ）を出力する仕組みを設ける

という方式があります。各方式とも、データ設計に合わせてデータ収集ツールを利用（1の場合は手動で行うこともあります）し、取得したデータをデータ解析用のデータベースに格納するのが一般的です◆1。あるいは、みずから運営している自社サービスなどの場合は、ユーザのログを取得できる仕組みを設ける◆2ことも考えられます。データを収集するに当たり、単に公開されているファイルをダウンロードするだけなら簡単ですが、大抵の場合は何らかのプログラムを利用する必要があり、自作せざるを得ないことも多々あります。それでも一度きりのデータ収集であれば大した問題はありませんが、常時データを収集し続けるとなると大きな困難が立ちはだかります。とくにtwitterやFacebookなどのSNSはリアルタイムでデータを出力しているため、解析要件によってはリアルタイム収集の仕組みを作る必要もあります。また、システムを稼働させ続けることにも労力を割く必要があります。

■ データ収集時の泥臭い戦い

データ収集では「何らかのトラブルでデータを取得できない」、「データの仕様が

◆1 APIやクローリングとは何かについては第3章で説明を行います。
◆2 これを「ログを仕込む」と言います。

変わってしまう」、「データ格納スペースの容量が足りなくなってしまう」、「分析の要件が増えたり変更されたりで格納するデータが変更される」などの困難との泥臭い戦いがつきものです。決して一度ツールの設定をすればあとは自動で毎日動くことが保証されるものではありません。これはエンジニアリングが大きな比重を占める部分であり、残念ながら専門外の人間が一朝一夕で身につけられるスキルではありません。本書はシステム開発の専門書ではないため、実際に滞りなく運用するための基礎やノウハウについては触れませんが、サポートページの付録で説明するシステム開発の概要を学ぶことによって、エンジニアにシステム開発を依頼する際に必要最低限の知識を把握しましょう。

■ 5. データの前処理

収集したデータをそのまま分析に利用できるとは限りません。多くの場合、何らかの処理を施す必要があります。収集したデータを分析しやすいよう前もって加工しておく処理のことを前処理と言います。

前処理の具体的な中身は

- 分析ツールに沿った形式への変換
- データに抜け漏れや異常が発生していないかの確認
- 分析用のサーバやフォルダにデータを移す
- 適切なファイル名や変数名をつけてデータを管理する

など多岐に渡ります。要件に合わせて様々な前処理が必要になります。前処理に関しては、第3章で詳細に取り扱います。

■ 6. 分析手法選択と適用

データを分析ツールに掛けて何らかの出力を得るステップです。第6、7章で具体的なツールやその使い方について説明します。このプロセスで最も重要なことは、ここに時間をかけすぎないことです。このプロセスに熱中しても、設定された目的に対して劇的な改善につながることは稀だからです。分析ツールや手法について、多少パラメタをいじって精度を調整したり分析ツール上で試行錯誤したりすることもあるでしょう。ただし、そう長い時間をかけるべきではありません。精度が想定を大幅に下回っているとか意味不明な分析結果しか出ないときに、分析ツールをいじくり回しても成果に結びつくことは本当に少ないのです。その状況に陥ったときは、これ以前のプロセスに誤りがないか振り返ってみましょう。

とは言え、データを分析ツールに放り込んで試行錯誤するのはデータ解析の華の

部分であり、パラメタや手法を替えたりして少しずつ精度を上げていくのは職人気質の方にはとても面白いプロセスであることは認めざるを得ません。それゆえ、ここに熱中してしまうのは避けがたいことです。筆者は30分だけ分析してその結果について検証し知見を記述するという手順をとるようにしています。新たな知見がその30分で得られなくなったらそこでいったん分析はストップするという手順をこのプロセスに対して課しています。もちろん、データサイズによっては分析ツールが結果を出力するまでに30分以上かかったり、分析ツールに不慣れな場合は一つの分析手法を適用するだけでかなりの時間がかかってしまったりすることもあるため、必ず30分で作業を止めるべきだというわけではありませんが、何らかの制限を掛けて分析を続けるべきかどうかをあらかじめ決めておきましょう。

■ 7. 分析結果の解釈

データを分析ツールに放り込み様々な分析結果やグラフが表示されると、もうこれでデータ解析は終わったも同然だと思うかもしれません。しかし、残念ながらそうではありません。分析結果の生の数値やグラフそのものに宿る価値は乏しく、それらの分析結果をもとにドメイン知識からの検証、積み重ねた議論によって解釈されて初めて有益な知見が見出せます。あくまでも価値は解釈によって生み出されます。プレゼン資料に出力結果をそのまま貼りつけるだけで終わるのはやめましょう。

■一つの事実と複数の解釈

解釈は一つの事実から複数生まれることがあります。あるコーヒーショップでコーヒーの価格を下げたら売上が伸びたとします。この事実を踏まえて「価格を下げれば今まで価格を理由として購入しなかった層を顧客として取り込むことができる」と価格引き下げを肯定的に解釈することも、「価格を下げたことによって今まで築いてきたブランド力が下がってしまい、短期的な売上向上と引き換えに将来時点で取り返しのつかない損失を生む」と否定的な解釈をすることも可能です。どちらの解釈に基づいて判断すべきか（つまり値下げ戦略を継続すべきかどうか）はこれだけの情報では不明であり、さらにブランド認知などの別調査が必要です。

肝心なことは、**前提や懸念点が複数あると、同じ事実から複数の解釈を導き出せる**ということです。解釈は、データから導かれた事実と前提や懸念点などの考慮材料とのセットで生み出す必要があります。

■独りよがりな解釈を避けるために

分析結果を解釈する上での注意点として、どうしても独りよがりになりがちなと

ころです。これはデータ解析の初心者でも熟練者でもその危険性は変わりません。最も簡単な解決法は他人にレビューしてもらうことです。関係者を交え、複数人で解釈をする・解釈の妥当性を検討する場を設けましょう。どうしても相談相手を確保できず自分一人でやらざるを得ない場合は、いったん日を空けてみましょう。一度データ解析から離れ冷静になると、分析結果もその解釈もまた違って見えるようになります。

■ 8. 施策の提案

　良いデータ解析をすることはあくまで手段であり、それ自体は目的ではありません。本来の目的である売上貢献や利用者数増加、問題点の改善などを達成するには意思決定者にデータ解析の結果を理解してもらい、実践につなげなければなりません。データ解析者が「意思決定者の頭が固くてせっかくの分析結果を理解してもらえなかった」、「解析自体は良かったが、現場のせいで実践に至らなかった」などと言い訳するのは最悪です。問題点があるならばデータ解析者が主体的に解決へと乗り出しましょう。データ解析者はデータ解析のすべてに責任をもつべきです。統計結果を理解させ、処方箋を出し、実施させるまでがデータ解析者の仕事です。

■ 適切な提案のために

　提案時は何が事実・仮説・解釈なのかを明確にしなければなりません。これを混同して伝えると適切な意思決定ができません。事実と解釈の部分を混同させてしまった提案を見ることはよくありますが、それは絶対に避けるべきです。解釈や仮説は正誤・選択について議論が必要な未確定の部分であり、その議論の土台となる確定的な部分が事実です。また、一つの分析結果でも解釈や提案の仕方は複数考えられます。データや分析結果を前に議論が紛糾し、最終的に本来の目的や仮説から離れてしまうケースもよくあります。目的と事実をベースに、解釈や提案についてよく吟味しましょう。提案時に伝えるべき内容には以下のものがあります。

- 目的
  最終的に達成すべきことです。これを実現させるためにデータ解析を行います。

- 仮説
  データ解析を進める際の出発点となる、その時点での現象の説明です。「Yという現象が発生している。これはXが原因ではないだろうか」というように論理を構築していきます。仮説設定時点では仮説そのものの真偽を問う必要はなく、その後のデータ解析の段階で真偽を検討していくことになります。

- 事実
  データが正しく収集されたという前提のもと、データから直ちに導けるものでかつ誰が見ても納得するものです。これにあなたの予想や推測は一切交えてはなりません。

- 解釈
  データや分析結果に対するあなたの考えです。前提や考慮点によって複数出てくることがあります。事実から誤りなく導かれているか検証が必要です。

- 予測
  データや解析結果に基づいて未来の状態を推測することです。これも前提や考慮点によって複数の予測が生じます。複数の予測を生じるケースとしては、たとえばある新商品の売上を予測する際、競合商品が出るシナリオと出ないシナリオで別々に売上予測値を出す場合などが考えられます。

- 提案
  事実や解釈、予測をもとに実践すべき具体的な施策案です。解釈から論理的に誤りなく結論が導かれているかチェックする必要があります。複数の提案のなかから重要視する側面ごとに最良の選択肢を提示することも、意思決定を行いやすくするためには重要です。

- 例
  理論や数値だけで物事を理解するのは困難なことがあります。必須ではありませんが、抽象度が高い話をする場合はできる限り差し込んだ方がよいでしょう。式を含む提案なら、具体的に値を当てはめたりしてみせるのも効果的です。

> **コラム　事実と解釈**
>
> とくに混同してはならない事実と解釈の分別を中心に、気温とビールの売上を例で考えてみましょう。ビールの売上と気温との関係について、10年分のデータを参照した結果、「気温が25℃の状態のビールの売上を1とすると、27℃では1.2倍、29℃では1.4倍になる」という関係があったとします。これは事実です。それに対し「暑ければ暑いほどビールが売れる」は解釈であり、「25℃を基準として気温2℃上がるごとに20%ずつ売上が向上する」は予測です。どちらも事実ではありません。このデータは25℃から29℃までの気温変化と売上変化の関係を示しているだけであって、他の気温でも同じ関係を保つという根拠ではありません。「暑ければ暑いほどビールが売れる」はまだ正しいような気もしますが、先ほどの予測から従う「8℃から10℃になったらビールの売上は20%上がる」は直感に反するのではないでしょうか。
> ここで説明しているのは「先ほどの解釈や予測は誤りである」ということではありませ

ん。データに含まれていない部分についてまでデータから得られた結果を適用する[*1]のは解釈や予測であって、事実とは区別すべきだということです。

「明日の予想気温は31℃であると気象庁が発表している」は一見予測のようですが、捉え方によって事実にも予測にもなります。もし、あなたが気象庁で予想気温を算出する立場にあるならば、様々なデータから導かれる予想気温は予測です。一方、あなたが気象庁の予想気温を参考にして何らかの経営戦略を立てるという立場であるならば、予想気温は事実です。ただし、その場合には「明日の気温が31度である」ことではなく「気象庁が明日の予想気温は31度であると表明していること」が事実となります。このように、立場によって何が事実なのかは異なります。

「明日の予想気温は31℃なので、気温が上がれば上がるほどビールが売れるため、29℃の日よりも多めにビールを仕入れて売切れによる商機損失を防ぐべきである。具体的には25℃の日の60%増しの仕入れをすべきである」、これは提案です。この提案の懸念点として、本当に29℃より気温が上がればビールが売れるのか、25℃を基準として2℃上がるごとに20%売上向上するという予測は正しいのかという疑問があります。ただし、懸念点があるからその提案が間違っているというわけではありません。不確定要素を含んだ話をする場合、100%確実な提案は不可能です。事実とその解釈、解釈と提案の間に飛躍や誤りがないか、その提案が仮に失敗してしまったときの損失はどの程度なのかなどを秤にかけて意思決定をします。最終的に選択した提案をもとに実施手順や実施責任・担当者を決定し、施策へとつなげます。

■ 9. 実施と検証

ここまでで決定されたことを実施するステップです。データ解析者は施策を滞りなく実施すること、実施後の効果検証を行いやすくするために実施計画と実際の実施状況に何らかのズレがないかや、想定外の外部要因が発生していないかなどを観測する必要があります。

ここで発生し得る最悪の事態は、提案した施策が実施されないことです。施策を実施するには、たとえばWebサービス企業からの依頼であった場合、経営層、サービスのマネージャーなどの管理者層、現場のデザイナーなど関係者全体の協力を得なければならないことがほとんどです。データ解析者が経営層、あるいは管理者層から依頼を受けて施策を提案し、その提案が有効であり実践すべきと認められたとしても、そこでデータ解析者の仕事は終わりではありません。放っておいても依頼者が施策を実施してくれるということは、むしろ稀だと言ってもよいでしょう。データ解析者はできる限りにおいて、各関係者にアプローチしましょう。

[*1] これを**外挿**と言います。外挿をする場合はリスクを承知で活用する必要があります。

■ スケジュールの設定

　権限的に可能であるならば、データ解析者が施策実施のスケジュール設定にも関わる方がよいでしょう。施策実施について、「どうしたらよいですか」「いつまでに決めてもらえますか」と受け身でいると、施策実現が後回しにされてしまう可能性があります。「この施策を実現するためには何が必要で、誰が何を決めなくてはならないのか」、「いつまでに○○を決めますか、いつ頃実現できそうですか」と確認しましょう。

■ 関係者間の調整

　データ解析には様々な立場の人が関わりますが、関係者ごとに役割やデータ解析によるメリット・デメリットが異なります。提案施策の実施により、経営層には売上改善、管理者層にはサービス品質向上、デザイナーにはユーザにより好まれるデザインの傾向が何かつかめるなど、各関係者にとってメリットがあることを認識していただければ一丸となって施策実施に取り組むことができます。外部のコンサルタントや上からの一方的なお達しだけで施策実施がうまく成されると期待するのはやめましょう。また、ときには各関係者の利害が一致しないこともあります。その場合、最終的には全社的なメリットがどの程度あるかを明確にして、それが各関係者が直接被るデメリットを上回ることを説明し、また、発生したデメリットを補償するよう働きかけることが大切です。全社的にはメリットがあるからといって、ある関係者や一部門だけが割を食うような施策は内部から批判が生まれ、施策実施の大きな障壁となるからです。これは、一見データ解析者の職務を超えた話のように聞こえるかもしれません。しかし、何度も説明するように、データ解析は何らかの価値につなげてこそ意味がある取り組みです。施策実施が滞りなく進むよう、できる限り補助をしましょう。

■ 10. 反省、さらなる改善のために…

　施策後に効果検証を怠ってはなりません。ただし、効果検証は解析手法の適用以上の困難が待っています。ほとんどの場合、施策の成否に外部要因が深く入り込んできます。そして外部要因は全く予想外のところからやってくるケースもあります。とあるソーシャルゲームの例ですが、全く新規利用登録キャンペーンや広告を打ったわけでもないのに新規利用者登録が跳ね上がり、要因を探っていたらたまたま著名な漫画家がそのソーシャルゲームを絶賛しているのを発見したことがあります。巨大掲示板やSNSでそれが話題になって一気に知名度が上がっていたのです。このような想定外の要因が発生するのが実データです。実データは施策以外に

も様々な要因によって変化を見せるため、そのなかから施策による変化を抽出して施策の成否を検証しなければなりません。単純に全体の売上が上がった下がっただけをもって、成否についての結論を下さないよう心掛けてください。

2.3 終わりに

本章で説明したプロセス（**表 2.3**）を経て達成基準を満たしたら成功です。プロセスを正しく把握したあなたは、その成功が偶然ではなく積み重ねたアプローチの結果だということを認識することができるでしょう。プロセスに意識的であればこそ共有・横展開が可能になり、ドキュメントに落とし込み知見を積み重ねることもできます。逆に、達成基準を満たせなかったとしましょう。さて、これは失敗でしょうか。違います。これは、成功へ至る迷路のうち誤りである道を潰し、消去法によって成功率を上げたという意味で、確かな前進なのです。これにより、あなたはもう一度データ解析のサイクルを回すことができます。それも、どこまで立ち戻って回さなければならないか、何が問題だったのかを確認した上でやり直すことができるのです。問題がどこにあるのかすらわからない状況では取っ掛かりがなくて先が見えません。しかし計画を立てプロセスを実行するということは、問題がどこにあるかを洗い出せるということです。問題点を洗い出して潰す、洗い出して潰すを繰り返し、再度チャレンジして成功を目指します。

それでも大変残念なことに、データ解析に用意していた期間を終了していまい、満足に反復することなく達成基準に辿り着けぬまま終わるケースもあるでしょう。さすがにこれは「失敗」かもしれません。失敗した際に大切なことは、洗い出した問題点をドキュメント化し、利用したツールやデータを再利用可能な状況に保つこ

表 2.3　各プロセスと各章との対応

プロセス	対応章
1. 目的設定	
2. 分析計画	第 5 章
3. データ設計	第 3 章
4. データ収集・保存	第 3 章
5. データの前処理	第 3 章
6. 分析手法選択と適用	第 4、6、8 章
7. 分析結果の解釈	第 5 章
8. 施策の提案	第 5 章
9. 施策実施	第 5 章
10. 施策後の効果検証	第 5 章

とです。データ解析では似たような問題設定が頻繁に発生し、とくに解析用の手法や前処理のツールは使い回しが可能です。何より、何をどうすれば反復をより高速に回せるかの知見が備わります。一つひとつのデータ解析案件が失敗しても、それを糧とし、失敗し続けないよう努めることができます。データ解析者としての成功と失敗は一つひとつの案件でプロセスを反復すること、そしてそれ以上に各案件そのものをプロセスの一環と捉え、継続した改善を果たすことに掛かってくるのです。

この章でデータ解析のプロセスの各ステップとプロセスの流れについて学びました。データ解析の各プロセスは独立に存在しているわけではなく、各々が密接に連なっています。何ごとも土台がしっかりとしていなければ成功はあり得ません。続く第3章で、データ解析の土台となるデータの収集について学びます。頑健に築いた土台をもとに、データ解析を進めていきましょう。

プロセス大事、でもそれって何？

データ解析にも必要なぷろせすがあるのは分かったんですが、プロセスって何ですか

さて、そのプロセスじゃが大まかに10段階のステップがあるのじゃよ

目的設定
分析計画
データ設計
データ収集・保存
データの前処理
分析手法の選択
分析結果の解釈
施策の提案
実施と検証
反省、さらなる改善の為に…

ふむ、専門用語はちょっと難しいよね。

いいかい例えば料理を作るにも手順があるだろう？

献立 → 食材 → 調理 → 実食

データ解析も料理のように必要な「手順」がありそれを「プロセス」と呼ぶのじゃよ。

と、簡単に書いてみたが**プロセスは本当に大切じゃ！**しっかりと2章を読むのだぞ

第3章 良きデータ

　第3章では「良きデータ」が満たすべき要件とは何かを定義し、データの種類と各性質を学び、どのようなデータ形式があるのか、どのようにしてデータを取得・収集するのか、どのように整理するのかについて説明します。それらを学び良きデータを手にすることで良きデータ解析の礎としましょう。

3.1 解析を成功に導く「良きデータ」

> データを得るための方法論こそが重要であり、データさえ良ければ後の解析は自明である。
>
> —— C. R. ラオ

　良きデータこそが良きデータ解析の要です。その後の分析手法の適用がデータ解析の成功に与える比重は、データの良さに対して微々たるものです。本章では良きデータとは何か、良きデータを生むにはどうすればよいかについて学びます。

　食材がなければそもそも料理はできませんし、良い食材がないとどう料理しても美味しくなりません。データ解析も同じで、データがないと分析できませんし、目的に沿わない不適切なデータを分析しても価値は得られません。データ解析とは、データに含まれている有益な知見を抽出するという行為であって、そもそもデータのなかに有益な知見が含まれていなければ意味がありません。「不適切なデータでもリアルタイムで多様かつ大量に集めれば、突然化学変化を起こして価値が出てくる」というような錬金術はありません。

　昨今、大量にデータを集めて処理をしようという「ビッグデータブーム」なるものがありますが、これはあくまで大量にデータを収集できるシステムやインフラが比較的安価に整えられるようになったために、個別のデータとしては有効性が低くても、これまで困難だった大量データの紐付けができるようになったおかげで分析の幅が広がったという意味です。有益な分析をするためには、できる限り宝を多く含み、なおかつノイズの少ない良いデータを収集するよう努めねばなりません。良い情報を含むようにデータを定義した上で分析を行うことにより、初めて有益な知見が得られます。

　良いデータについてもう一つ重要なことは、「データは作るもの」だということです。昨今、多様なサービスがデータを出力する機能を提供していたり、集計済みのデータを公開していたりしますが、それらはデータ提供者が各データ解析者の目的に沿って出力してくれているわけではないため、データの取捨選択や加工が必要です。また、分析用に提供されていないが分析に使える情報、たとえば商品販売サイトの掲示板の口コミからも、取得・加工することによって販売されている商品のどこが良いとされ何が改善ポイントなのかを知ること[1]が可能です。この、テキスト情報を分析する手法については、第6章で扱います。データは落ちている・

◆1　これを評判分析と言います。

拾うものではなく作るものです。その作り方によってデータは有益にも無益にもなるということに注意が必要です。

以上で述べたように、分析する際は良質なデータが必要です。しかし、そもそも良質なデータとは何でしょう？　目的によって良いデータが意味するところは全く異なるでしょう。良きデータが欲しいとはいっても、各々の目的に沿った良きデータとはどのようなものかが明らかでなければ、入手するのは難しいでしょう。

本章の内容は、第2章で説明したプロセスの3. **データ設計**、4. **データ収集・保存**、5. **データの前処理**に対応します。

3.2　データとは何か

データ解析において、**データ**とは対象の情報をある定められた規則に従って数値や文字列に落とし込んだもののことです。ある人物のデータを取得する場合、身長や体重、年収や性別、本の所蔵数やテストの点数などの情報を数値や文字列に落とし込むことが考えられます。対象からデータを取る際、まず行うのはデータの定義と計測方法を決めることです。身長や体重などは明確な定義や計測方法があるため簡単にデータを取れますが、頭の良さやWebページの綺麗さなどの、明確な定義や計測方法がないものをデータとして扱うのは困難です。頭の良さはテストで計ることができそうですが、国語のテストをするのか数学のテストをするのかでその人の評価は大きく変わります。各種目の合計点を頭の良さにするというのは一見良さそうな方法ですが、たとえば、国語の点数と数学の点数を同列に並べるのは違和感があるでしょう。そもそも頭の良さの定義が曖昧です。定義が曖昧であれば計測することはできません。

データの定義をする場合、データ解析の目的に応じて適切な定義をすることが重要です。先ほどの「頭の良さ」を例にとると、「頭の良い人の方が仕事できそうだから頭の良さを採用基準にしよう」などという漠然とした目的では、一体何をどう計測して判断すればよいのかわかりません。しかし、「英語でのコミュニケーションが必須の業務なので、英語能力のある人材を雇用したい」というように明確な目的があるならば、英語能力を測定するテストを実施することが考えられます。英語能力を計測する方法にしても、独自にテストを用意するかTOEICやTOEFLなどを用いるなど、いくつもの選択肢があります。もっと詳細に、ビジネスコミュニケーションとしての英語能力なのか日常会話としての英語能力なのか、あるいは文書の翻訳業としての英語能力なのかによってもさらに細分化すべきでしょう。このように、データを作る際には目的に応じて適切な定義と計測方法を決める必要があ

ります。

　何をどの程度集めるべきなのかもまた、目的によって異なります。ある人物に関する情報は先ほど挙げた身長や体重だけではありません。住所や年齢、世帯構成や最終学歴、好きなキャンディーの種類やお気に入りの散歩コースなど、考えだしたらキリがありません。健康管理のためであれば体重や血圧などのデータは必須ですが、書籍推薦サービスにそのようなデータは必要ありません。目的に応じて過不足なくデータを集める必要があります。どのデータが必要かを考えるには、3.7節で説明するデータツリーを利用するとよいでしょう。

3.3　データ収集の軸を決める

　データを集める際には、まずデータ解析で何を知りたいかを決める必要があります。知りたいことが決まったら、それをもとにデータ収集の軸を明確にしましょう。ここでいうデータ収集の軸とは、データのどの要素を比較するのか決める軸です。データ解析は、基本的に何かを比較することによって対象の特徴や傾向を明らかにします。軸としてよく採用されるのは、時間、空間（地理）、商品やサービスです。軸は一つではなく複数用いることもあり、しかも互いに独立ではないものもを組み合わせる場合もあります。たとえば、先月と比べて今月の売上が低下したという場合は、時間を軸とした時系列データ◆1 を集める必要があります。時系列データから今月と先月で何か変わった要素はないかを見出すことで、売上の減少要因を探ることができます。どの売り場や店舗、地域だと売上がよいかを知りたい、あるいは売上が悪いのかの要因を知りたい場合は、空間・地理という軸に沿ってデータを集めます。どの商品が良いかを絞りたければ、商品を軸に各要素のデータを集めることによって、売れている商品にはあって売れていない商品にはない要素とは何かを洗い出すことができます。このように、まずは何を知りたいかという目的に応じて収集すべき軸を決めると、具体的に何を収集しなければならないかが明確になります。

3.4　データ収集時の注意点

■データ取得時のバイアス

　「なぜデータを用いて意思決定をするのか」という問いに対する答えとして、「デー

◆1　ある対象についてのデータを時間軸に沿って集めたデータ。たとえば、ある店舗の売上データを毎月集計したものなど。

タは客観的な真実であり、人間の思い込みや主観が混ざらないからである」という主張を見かけることがあります。第1章で説明したように、それは必ずしも正しいとは言えません。データはあくまで現実の一側面を切り取った事実でしかなく、真実ではありません[1]し、場合によっては客観的ですらありません。あくまで調査手法や調査対象によって取得されたデータは決まってしまうので、取得されたデータそのものが実社会の実態を表しているとは言えません。

たとえば、個別にヒアリングする形式でアンケート調査をする場合、その調査は駅前で行うとします。すると駅に来るような人の意見しか取得できません。では、家に訪問して聞き取りを行えばよいのでしょうか？　それでは、昼間にご在宅の方からしかデータを取得できません。結局、データには必ず何らかの偏りがあります。データに偏りがあり実態とかけ離れていることを、データ解析では「**バイアスがある**」と表現します。もちろん、Webでのアンケートやサービス利用者のログを収集する場合においても状況は同じです。どのタイミングでどのような内容のログを出力するのかは、誰かが何らかの分析目的に従って設計しなければなりません。設計に漏れがあったり誤り・不備があったりすれば、必要なデータが揃わず分析手法を適用できない、あるいは誤った結果が出力されてしまいます。ある一側面から取り出したものだけで全体を語るときは注意が必要です。

■データの取得範囲と倫理

データの取得範囲に関する重要な概念に、「**ポピュレーション**」と「**ユニバース**」の区別があります。ポピュレーションは母集団から調査対象の変数だけを取得したものであり、ユニバースは母集団から調査対象に限らず様々な変数を取得したものです。たとえば、あるサービス利用者の購買予測分析を目的としたデータ取得をするとき、サービス利用者の購買に関するデータの集まりがポピュレーションです。それに対し、購買データだけではなく、サービス利用者の様々な情報を含んだデータ、極論するとサービス利用者にまつわる全データをユニバースと言います。ポピュレーションの場合はその目的に直結したデータしかないため、他のデータと紐付け

---

[1] ここでいう真実は、対象、あるいは対象を構成するの仕組みそのものを指し、事実は真実の一側面を切り取ったものです。「群盲象を評す」という言葉にあるように、事実は必ずしも真実と一致するわけではありません。群盲象を評すとは、数人に盲人が象を触って各々の感想を言い合うことによって象を評価する寓話のことです。象の耳を触った盲人は「扇のようだ」と評し、足を触った盲人は「柱のようだ」と評し、腹を触った盲人は「壁のようだ」と評したとします。各々の盲人がつかんだ事実は間違いではありません。が、象とは扇でもなければ柱でもなく、壁でもないことは皆さんご存知のことでしょう。この例が示すように、事実はあくまで真実の一側面でしかないため、そのまま一般化してはなりません。真実をつかむためには、事実を誤りなく、さらに抜け漏れなく集める必要があり、最終的には集めた事実を整合性があるようにまとめ上げることが必要です。これはデータ解析でも全く同じです。

ることができませんし、他のデータ解析に取り組みたいと思ったときに活用できないことがほとんどです。分析のためには（さらに言えば余裕があるならば）ポピュレーションではなくユニバースを取得したいところですが、費用対効果を考えることが重要です。あれもこれもと取得すればコストはかさみます。

　また、ユニバースを取得する場合は、法や個人情報保護の観点も忘れてはなりません。どの程度のデータを取得すべきかは、データ取得元との合意内容や目的によって変わってきます。たとえば、薬剤の販売となればアレルギー症状や現在服用している薬などの情報が必要になるかもしれませんが、ECサイト（オンライン商店）で書籍を推薦するためにそれらのデータを取得するのはやり過ぎでしょう。確かに病歴データを取得しておけばそれに合わせたセラピーや医療関連の本を推薦できるかもしれませんが、果たしてそれらの便益のために病歴を入力してくださいと利用者に依頼すべきでしょうか。これに関しては法の側面だけではなく、利用者の感情や情報漏えいリスクなども加味して考えるべきです。筆者の考えでは、合法であるのは絶対当然として、利用者の感情を害するようなデータの取得をすべきではありません。ただし、これも状況によって何が正しいのかは変わってきます。データ解析者は法務や責任者に必ず法律面や倫理面で逐一確認を取りましょう。データ解析者が責任を取れる立場ではない場合、法や倫理についてデータ解析者が独断するのは慎むべきでしょう。

■費用制約と優先順位

　基本的に、データはあればあるだけ分析の幅が広がります。しかし、データ収集に際限なく費用をかけるわけにはいきません。ここでいう費用とは金銭のみならず期間、人手も含まれることに注意してください。どの程度までデータを収集するか、また、たとえば実際に収集し始めて費用が想定を上回り出したとき、どのデータの収集を諦めるかを決めておく必要があります。そうしないと、仮にデータ解析はうまくいったとしても解析で得られる価値に比べて費用が大きくなってしまったり、無いよりマシという程度のデータを取ったがために真に必要なデータを取り逃すような事態が起こり得ます。

3.5　データの素性

　データの素性とは、「誰が、誰向けに、どのような目的で、誰あるいはどこから、どのようにして、どのような取得期間（データの対象期間。たとえば2014年9月1日から30日までのデータなど）を、いつ（取得タイミング）、どのような定義

で取得したのか」という情報です。データ解析は事実をもとにして仮説を検証したり現状を把握したりするものであり、その際に「データが事実を示している」と言えることが大切な前提です。そもそもデータが偏っていたり検証したい内容と関係ないものであるならば、その上に積み上げられた議論は無意味です。データが事実を示していることが保証できないような、素性のわからないデータは利用すべきではありません。

- ■ **誰が、誰向けに、どのような目的で、誰あるいはどこから**
  何らかの利害関係によりデータが歪められている可能性への考慮です。ある食品に健康を害する成分が入っていないかを調べたデータがあったとして、それを作ったのがその食品会社であるならば、そのデータは「この食品には健康を害する可能性がない」方が都合のよい人間によって作られたものだということは一考すべきです。

- ■ **どのようにして**
  取得対象に何らかの偏りがないか、データの取得方法やデータ収集プログラムに不備がないかなどにも注意が必要です。とくに、アンケートにおいては不適切な内容のものが頻繁に見られます。後節で説明するように、アンケートは細心の注意を払って活用しないと、対象を正しく把握できないような歪みのあるデータを得てしまうことが多々あります。

- ■ **どのような取得期間か**
  たとえば、「昨今の各国の若者の凶悪犯罪数を比較したデータ」と説明されているが、調べてみると他国のデータはおおよそ4年程度前に取得されたものなのに日本のデータだけ30年前のものであるなど、比較するのに無理があるケースがあります。この例では、30年前のデータを昨今のデータと呼んでよいのかも疑問がありますし、国によって取得期間がバラバラなデータを比較しているのも問題です。

- ■ **いつ（取得タイミング）**
  データが改修されていないかなどを検証するときには、データの取得タイミングが問題となります。毎年公開されているデータが、利用者の要望を受けてある年から突然内容を増やしたり減らしたりすることがあります。あるいは、データの記載ミスなどが後々発見され、修正されたりすることもあります。すると、同じ取得期間でデータを取得しても、その改修タイミングの前後でデータの内容や形式が異なることがあります。とくに、後節で紹介するAPI（データを取得できる機能）からデータを取得する場合は、API提供元によってデータの中身が大きく変わることがしばしばあります。データの内容や形式が異なると、「この売上デー

タ分析ツールは売上データの5列目に販売個数、6列目に単価が入っている前提で計算するようになっているのに、データを更新したら6列目に商品名が入っていて計算できない」というように、分析ツールが動かなくなることがよくあります。「同じ取得期間で同じ対象でデータを取得しているはずなのに、なぜか以前取得したデータと内容が異なる」などということになってしまうのです。それを防ぐために、データをいつ取得したのかを確認し、各取得タイミングの間にデータやデータ取得プログラムに何らかの改修がなかったかを調べる必要があります。

■ **データの定義**

データの素性で何よりも大切なことが「データの定義」です。3.2節でも触れましたが、データとは情報を定義に従って数値や文字に落とし込んだものです。同じ情報でも定義次第でどのようなデータになるのか全く異なるため、定義を詳細かつ簡潔に明示しなければなりません。筆者がSNSを眺めていると「各国の若者の凶悪犯罪を比較した結果、ある国が頭一つ飛び抜けて件数が多かった」などというグラフが投稿されてきたことがあります。こうした情報を正しく理解するためには、必ず定義を確認しなければなりません。ここで確認すべきことは「若者の定義とは何か」、「一体何歳から何歳までを指すのか」、また、「若者を指す年齢は各国で共通なのか」、「仮に年齢が同じだとしても、その年齢の扱いは国によって異なる可能性もあるが、そこはどのように考慮しているのか（たとえば国によって参政権をもつ年齢は異なります。2014年10月時点でのWikipedia参政権のページによると、各国の参政権取得年齢は日本：20歳、アメリカ：18歳、イラン：15歳だそうです。）」、さらに言えば、「参政権の意味は各国で同じなのか」、「凶悪犯罪の定義とは何か」、「どこからどこまでの犯罪を凶悪犯罪の範囲に含めるのか」、「麻薬や銃の所持・利用は国によって犯罪になるかどうか」、また、「犯罪になるとしてもその軽重の取り扱いに関しても異なるが、それをどのように考慮しているのか」、「件数を比較する際、各国の若者の総数の違いをどのように考慮しているのか」などです。これをすべて確認するのは非常に困難であり、これらの考慮点によって結果が大きく変わることも十分にあり得ます。このような素性が不明なデータをもとに結論を出すのは控えるべきであり、また、あなたがデータを提供する場合にも素性を明示する必要性があります。

3.6　良き測定

ここでは、良きデータが満たすべき性質についてみていきましょう。データ収集

を行う際には、まず、目的を定める必要があります。外部に委託してデータを収集したり他から買い取ったりする場合でも、目的に応じて適切なデータとは何かを事前に決める必要があるのは同じです。第一に、データは目的に沿ったものを集めるべきです。また、目的に沿っていたとしても、何らかの偏りのあるデータからは、事実を捻じ曲げて認識してしまいます。このような、データが目的に沿っているかどうかという性質を「妥当性」、データが事実に対し偏りや歪みをもつかどうかという性質を「信頼性」と言います◆1。事実を正しく把握するためには、データはこの二つの性質を満たすのが望ましいと考えられます。

では、この二つの性質を満たすようなデータをどのようにして取得すればよいのでしょうか。前述したように、データとは対象をある定められた規則に従って切り取り、数値や文字列に落とし込んだもののことです。この「対象をある定められた規則に従って切り取り、数値や文字列に落とし込む」行為を**測定**と言います。データは取得や操作のミスにより、後述するように欠損値や異常値が発生してしまうことも多々あります。ですが、そもそも測定の段階で誤っていると、その後どのような補正処理を行ったとしても、根本的に上記性質を満たした良きデータにはなり得ません。つまり、良きデータを得るためには良き測定が必要なのです。良き測定とは何かを知ることで、良きデータを得るための第一歩を踏み出すことができます。良き測定の基準となるのも先ほど取り上げた妥当性と信頼性です。ここまで測定についての抽象的な話が続きましたが、これは「ものさし」にたとえるとわかりやすいかもしれません。妥当性は、ものさしの当て方や測り方が間違ってないか、あるいは正しいものさしを使っているか（身長を温度計で測ろうとしていないか）に当たります。信頼性は、ものさしが途中で曲がっていたり日によって伸び縮みしてないかに当たります。

妥当性と信頼性について様々な評価基準があります。これから妥当性と信頼性についてやや詳しく説明し、そしてそれをどのように評価し改善するかについて見ていきます。

◆1 妥当性、信頼性の概念は様々な定義があり、それぞれで内容や用語が大幅に異なったり、用語は違うけれど内容はほぼ同じというものもあります。ここでは概ね Messick の定義と『教育・心理系研究のためのデータ分析入門』の表記に従い、筆者がとくに Web データを実務で活用する際有効であろうと選定したものを紹介しています。
Messick, S. (1989). Validity. In R. Linn (Ed.), Educational Measurement (pp. 13-103). New York: Macmillan.
Messick, S. (1995). Validity of psychological assessment: Validation of inferences from persons' responses and performances as scientific inquiry into score meaning. American Psychologist, 50 741-749.
Messick, S. (1996). Validity and washback in language testing. Language Testing, 13 241-256.

■妥当性

妥当性は、主に「その項目がどの程度全体を偏りなく代表しているか」、「目的変数と説明変数とに関連があるか」、「仮説やモデルとそのデータに整合性・関連性があるか」ということにまつわる、データの良さの基準です。

- ■ 内容的側面

  測定方法や内容が、目的に沿っているかどうかという性質です。たとえば、数学力を測りたいのに何個英単語を覚えているかを測定しても目的は達成できないため、その測定の内容的妥当性は低いと言えます。

- ■ 本質的側面

  その測定をするべき根拠があるかどうかという性質です。測定しやすいから、あるいはたまたま手元にあったデータだから分析するのではなく、測定することに明確な理由づけができるかどうかを考えます。

- ■ 構造的側面

  取得するデータの型が、目的や分析手法に合っているかどうかという性質です。後述する尺度に関係します◆1。

- ■ 一般化可能性

  このデータから導かれる結果が一般化できるかという性質です。データの性質が他のサンプルや取得期間に対しても一貫しているかを表します。この性質をもたないデータから得られた結果を、一般化することはできません。たとえば、子供用玩具を取り扱う店のクリスマス直前の販売実績には一般化可能性があるとは言えず、これをもとに1年の売上を予測するのは非常に危険でしょう。

- ■ 外的側面

  あるデータが、関連するであろうデータと相関◆2 があるかという性質です。たとえば、独自に英語能力を測定したデータを用いるとき、それが、TOEICやTOEFLなど広く知られた外部の測定データとの間にどの程度相関するのかは重要でしょう。ただし、事前にTOEICやTOEFLで得られるデータが英語能力を十分に測定できていることが前提となります◆3。

◆1 たとえば、アンケートで順序データなのに比尺度的に扱ってないかなど。
◆2 一方のデータがもう一方のデータと何らかの関係があることを相関があるといい、とくに一方が増えれば（減れば）もう一方も増える（減る）ことを正の相関、逆に、一方が増えれば（減れば）もう一方は減る（増える）ことを負の相関と言います。
◆3 この外的妥当性はあまりに低すぎてもいけませんが、高ければ高いほどよいというものでもないところが難しいところです。英語能力のテストとして完全にTOEICと相関するテストを作ってしまうと、そのテストを実施するまでもなくTOEICのテストを受ければよいだけになります。ただ、そのテストがTOEICよりも安価であるとか、結果がすぐに返ってくるなどのメリットがあるならば、実施する理由になります。

■ 予測的妥当性◆1

あるデータが、予測したい将来時点のあるデータと関係があるかという性質です。たとえば、将来時点の所得を予想したいという目的において、どの大学に行ったかということから将来どの程度の所得になるかを正確に予測できるのであれば、予測的妥当性があると表現します。逆に、先ほどと同じ目的において、毎月何冊の本を読むかをいうデータが将来時点の所得と全く関係がなければ、読書量には予測的妥当性がないと表現します◆2。

■ 結果的側面

そのデータを公開・利用することで関係者に与える影響の大きさを表す概念であり、波及効果とも呼ばれます。データの妥当性のなかに結果的側面を含めるということは、データを公開・利用する際は統計的な性質だけではなく、実社会にどう影響を与えるかまで考えるべきであることを示唆します。何らかの経営指標を策定するとき、生じてしまいがちなのが数値や指標の「ひとり歩き」です。これは、その数値や指標を盲目的に信じ追いかけることによって、そもそもその数値や指標によって実現したかったことからかえって遠ざかる現象です。数値や指標には何らかの目的や前提、条件設定があるにもかかわらず、それらを無視して適用されることがあります。ひとり歩きしやすいのは、前提や条件、目的が理解困難なケースです。逆に、ひとり歩きしてもさほど問題になりにくいのは、そのデータに一貫性・汎用性が高く、前提条件などの説明がわかりやすい、あるいは前提条件などが変更されても影響を及ぼしづらいケースです。このような結果的側面も含めたデータの妥当性を考えることが大切です。

■ 信頼性

信頼性は、**安定性**と**一貫性**という二つの側面から成り立っています。測定における安定性とは、同一対象から同一の条件で同一の測定を行った場合、同一の結果が出るという性質です。一貫性とは、同一対象に同じような測定を行った場合同じような結果が出るという性質です。たとえば、顧客満足度を測定するためのアンケートを取る場合、ある顧客に全く同じアンケートを複数回行っても全く同じ結果が出

◆1　予測妥当性は Messick の定義には沿わないのですが、有益であると筆者が考えるため説明しておきます。
◆2　(この内容はやや発展的なため読み飛ばして構いません。) 実務的にある測定の予測的妥当性がどの程度あるかについては、ある時点での測定で得られたデータとその将来時点での目的とするデータとの相関を見るなどして評価します。たとえば、対象 SNS の新規登録者が1ヶ月後も継続利用しているかどうかを知りたいという目的がある際、ある指定日に新規登録初日に何人と友人登録するかというデータを取得します。その指定日の1ヶ月後に、その利用者が継続利用しているかどうかのデータを取得します。このとき、初日友人登録数のデータと1ヶ月後継続利用してるかどうかのデータとの間に強い相関がある場合、初日友人登録数は新規登録者1ヶ月後継続利用に関して予測的妥当性があるとします。どのようにしてこのような予測的妥当性のある測定をするかについては、第4章の相関分析を参照してください。

るならば安定性があると言え、ある顧客に質問内容は同じではあるが質問文や回答項目の表現や順序を変えたとしてもほぼ同じ結果が出るならば一貫性があると言えます。この場合、安定性がない（低い）ということは、「同一対象から同一の条件で同一の測定」[1]という要件を満たしていない可能性が示唆されます。一貫性がない（低い）ということは、「質問文は表面上異なるが同じ内容を質問している（だからほぼ同じ結果が出るはずである）」とアンケート実施者が想定しているにもかかわらず、大きく異なる結果を得ることを意味します。このことからは、質問文が測定したい内容に即していない可能性が示唆されます。

信頼性の程度を把握するための手法には、次のようなものがあります。

■ 再テスト法

同じ項目について複数回データを取得し、その結果の相関の高低で安定性の高低を測る手法です。アンケートでもよく用いられますが、あまりに測定の間隔が短いと回答者が質問項目と以前の回答結果を覚えたまま（質問に答えるのではなく）記憶に従って全く同じ回答をしようとすることがあるため、安定性を測定できないケースがあります。

■ 内的一貫性のテスト

同じような項目を、表現や順序を変えて取得・質問しても結果が変わらないかどうかで、一貫性を測る手法です。

■ 評価者信頼性

データのなかには評価者の主観によるものもあります。たとえば、デザインの美しさや操作性などについてアンケートを取る場合です。その場合、評価者の信頼性を次の二つに分けて測ります。

- **評価者間一貫性**：各評価者の評価値がどの程度一致しているかの性質です。ある評価者だけが高得点をつけているだけで、各評価者による合計得点が高くなる可能性もあります。そのようなケースを評価者間一貫性が低いと表現します。
- **評価者内一貫性**：ある評価者内の同一対象への評価のバラツキです。同じ評価者でも、疲労や好みの変化によって評価値がバラつくことがあります。

---

[1] アンケートを取る場合、同一対象（＝同じ回答者）に同一の測定（＝同じアンケート）を行うというのはわかりやすいと思いますが、「同一の条件」が何を指すかわかりづらいと思います。たとえば「あなたは冷たいかき氷は好きですか？」という質問を、夏にするか冬にするかで回答結果が変わる可能性が想定されます。この場合、安定性を得るためには「同一の条件」として「同一の季節」であることが求められるということです。

> **コラム** 妥当性と信頼性は満足できるものなのか
>
> 妥当性と信頼性を十分に満たすことは、実際問題として非常に困難です。そもそも何をもって十分と判断するかについても難しい面があります。また、妥当性と信頼性は難しい関係があり、信頼性の高い項目だけに絞ろうとすると、今度は特定の内容に偏った質問項目ばかりになってしまうこともあります。
>
> これらはもともと教育の分野で用いられた概念であり、社会的にも非常に繊細な問題を含むためとくに厳密に考えられています。しかし、筆者の経験上 Web データにおいてこれらを十分に満足するのは実際的には不可能と言っても差し支えないでしょう。たとえば外的な妥当性については、外部で参照すべきデータがあるかどうかはケースバイケースですし、さらにはそれが何らかの形で保障されているケースはほとんどないと言ってもよいと思われます。そのため、杓子定規にこれらの性質をすべて十分に満たさなければならないというものではありません。ただ、良きデータを求める際、そもそも良き測定が満たすべき性質に何があるのかを知っておくことは重要です。それを把握することによって、手元のデータがなぜダメなのか、どうすれば改善できるのかについて確認し、関係者に共有することができます。

3.7 データツリー

分析のためにどのようなデータを取得すればよいかは悩みどころです。取得漏れしたデータはないか、重複してしまった結果意味を失ってしまうデータはないかを確認する必要があります。また、各々のデータは無関係に存在しているものではありません。各データは何らかの構造（関係性や階層）をもっているので、それを明示することが思考の整理に役立ちます。たとえば顧客を性別や年代で分けることもできますし、性別で分けたあとにさらに年代で分ける、逆に年代で分けたあとに性別で分けることも可能です。取得するデータに不足や重複なく、それでいて構造を把握できるようにするためには図 3.1 のような**データツリー**を作成することをおすすめします。第 2 章で目的設定用にロジックツリーを作成しましたが、それをデー

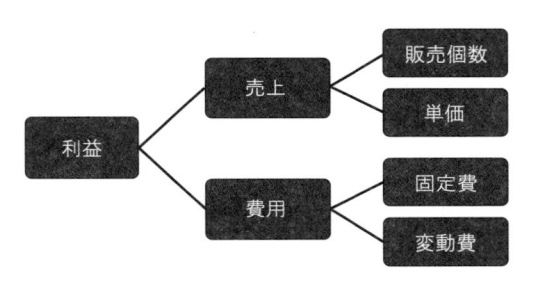

図 3.1　データツリー

タ構造の可視化に適用したものです。

　利益は売上と費用という要素で構成され、売上は単価と販売個数という要素で構成され……というように、データツリーを用いて可視化することによって、データの階層構造を把握することができます。さらに各要素を分割していけばデータツリーを伸ばしていくことができ、それにより分析するためにどのようなデータが必要なのかも明示できます。これ以上要素を細分化できなくなったらデータツリーの作成は終了です。でき上がったデータツリーを確認することで、データの構造と必要な要素が明らかになります。

　データ構造を明らかにするのはデータ作成時に便利であるにとどまらず、データ解析そのものに直結します。たとえば図3.1について考察すると、利益の増加要素として売上、減少要素として費用があり、さらに売上の増加要素に単価と販売数があって両者が乗算で利いてくることがわかります。このように、データツリーでは各々の葉が根や各要素に対してどのような作用をするのかまで明らかになります。また、データツリーは同じデータから切り口に応じて何本も描けます。先ほどは売上から費用を引いたものが利益であると表現しましたが、売上と利益率を掛けたものであると表現することも可能です。データは多角的に見ることで違った側面が見えてきます。各側面に応じてデータツリーを描くことによって「このデータツリーで必要とする各要素は収集できないからあちらのデータツリーを使おう」というように、どの側面からデータを選抜するか決められます。このデータツリーについては『14のフレームワークで考えるデータ分析の教科書』のなかの解説がよく書かれているため、悩んだら参照してください。

3.8　合成データ

　データ解析で扱うのは、収集した生のデータだけではありません。データ同士の差を出したり比率を出したり、グループに分けて集計したりすることによって、有効なデータを追加することができます。このように加工して作られたデータを、合成データと言います。データが増えるということは、切り口を増やせるということです。たとえば、あなたが小売店グループ企業の分析者で、優れた店舗を見本として他の店舗を改善したいとしましょう。単純に売上だけを見るとどの店舗も大差ないという場合でも、開店からどのくらいの期間で所定の売上額を達成したかという成長速度で見ることで、とくに秀でた店舗を発見できるかもしれません。そうなれば、その店舗の取り組みを学び、他店舗に適用することで成長を促進させることもできるでしょう。データは加工して増やすことができる、データを増やすことで切

り口を増やせるという視点をもつことが重要です。第4章で探索的データ解析の再表現、第5章でKPI（重要業績評価指標）について取り上げる際、再度この考え方が出てきます。

3.9　データの種類と各性質

　データには様々な種類があります。各々特有の性質をもつため、それに応じて適切な分析方法も異なります。せっかく良いデータを取得しても、そのデータがもつ性質を把握せず不適切な分析をしては意味がありません。たとえば、分析目的が「売れ筋のアプリに広告を出したい」であるとし、そのために週ごとのアプリ売上ランキングのデータを取得したとしましょう。これは、前節で説明した妥当性を満たし、信頼性も比較的満足するなかなか良いデータです。データを見てみると「アプリAは先週180位から今週120位に上がり、アプリBは先週10位から今週5位に上がった」ということが明らかになったとしましょう。さて、ここから「アプリAは60位も上がったのにアプリBは5位しか上がってないから、アプリAの方がアプリBに比べて12倍も伸び調子だ。アプリAにアプリ内広告を出そう！」と言ってよいでしょうか？

　これは極端な例のため誰でも違和感を覚えたと思いますが、お察しのように不適切な結論です。ではなぜ違和感が生じたのでしょうか。これはデータを尺度という概念で種類分けしたとき、順位は乗算・割算ができない「順序尺度」に該当するからです。また、順序尺度では差も意味をもちません。1位と5位の差と101位と105位はどちらも4ですが、この4を同じと見なすのは不自然です。このように、データには種類があるということを正しく理解することによって、誤った分析を防ぐことができます。また、分析手法は気が遠くなるほどたくさんあり、一体どれを選べばいいか迷うことになります。そんなときに「この手法はこのデータ種類でないと使えない」ということがわかれば、適用可能な分析手法を楽に絞り込むことができます。次節では様々な概念から捉えたデータの種類を把握しましょう。

3.10　主なデータ分類法

　データ分類法には表3.1のようなものがあります。ただし、各々の分類法は絶対的なものではなく、また、どう分類してよいのか曖昧なものも多々あります。たとえば、アンケート調査で尋ねる「商品の好ましさ」などは、基本的には定性的かつ順序尺度のデータです。にもかかわらず、定量的な間隔尺度であるかのように扱っ

表 **3.1** 　データ分類法

分類	説明
尺度	統計的性質に基づいた分類法です。
定量（量的）・定性（質的）	数値で計れるか否かによる分類法です。前者は売上額や購入回数などの数値データ、後者はアンケートで得た好みの度合いに対する回答や口コミサイトの書込みなどテキストデータ、場合によっては画像や音声、動画を含むこともあります。注意が必要なのは、アンケートで「5:とても好き、4:好き、3:どちらでもない、2:嫌い、1:とても嫌い」のような回答方式があった場合、出力されるのは1〜5までの数値ですが、これはあくまで定性的な値です。数値になってさえいれば定量的というわけではありません。
時間と対象	時間と対象をどう扱うかによる分類法です。後述するように、時系列データ、パネルデータ、クロスセクションデータなどがあります。
データ取得者	誰が取得したかによる分類法です。自らデータ化した資料を一次資料、そのデータを集計したり分析したりした結果の資料を二次資料と言います。二次資料を利用することも多いと思いますが、その場合データの素性についてとくに入念に調べる必要があります。
オブジェクト	データ形式による分類です。数値だけではなく、テキスト、地理情報、画像、音声などのデータ形式があります。テキストデータの取り扱いについては第6章で学びます。
マスター/トランザクション	基礎となるデータか、その基礎を利用したデータなのかという分類法です。たとえば商品販売のデータであれば、どのような商品が存在しその商品名やIDは何なのかがマスターデータ、そのマスターデータを利用してある商品がある日に何個売れたのかなどの購入や仕入れなどに用いられるのがトランザクションデータです。何がマスターデータで何がトランザクションデータなのかの線引きはかなり難しく、ケースバイケースのことも多いため、何をマスターデータとするのか事前に明確に定めておくことが大切です。

て分析を行っている事例を学術界でもビジネスの世界でも見かけます。なぜそう扱っていいと考えているのか問うと、「慣習的にそうなっている」、「前任者もそうしていた」などの返事をいただくこともありますが、それは全く正当な説明ではありません。どのように分類するかは難しい問題であるため、とくに分類に困った場合は「なぜこのように分類したのか」の理由について説明を付与しましょう。分類理由について批判された場合は、データの解釈に関する議論を経て、分類を改めざるを得ないときは改めればそれでよいです。理由を明示しない場合はそもそもデータの解釈について批判されようもなく（理由を明示しろという批判しかできません）、議論による改善を果たせません。人間誰しも間違いはあり、批判されること自体は問題ではありません。改善できない方がよほど重大な問題です。

　なお、データの種類は組み合わせられるものです。「説明変数であり量的データであり時系列データである」などのように、複数のデータ属性をもつことに注意してください。

■尺度による分類

尺度（**表 3.2**）は比例尺度＞間隔尺度＞順序尺度＞名義尺度の順に情報量が多く、高位の尺度はより低位の尺度に変換することができます。また、低位の尺度で使える手法はより高位の尺度でも利用可能ですが、逆は不可能なことに注意してください。

表 3.2　データの尺度

尺度名	説明	例	使える手法
名義尺度	あるデータが他と同じかあるいは違うのかの区別のみを行える、ラベルとしてのみ利用可能な尺度です。これはデータの個数をカウントすること、最頻値を求めることが可能です。逆に、平均値や分散を求めることはできません。注意点として、カテゴリ変数を数字として扱うとき[*1]に数量扱いしてはなりません。	・性別や出身地 ・血液型 ・好きな料理	最頻値 総個数と各カテゴリごとの個数との比較 各項目の比の計算
順序尺度	順序比較が可能な尺度。順序には意味がありますが、その間隔には意味がありません。四則演算は一切不可能です。例として、成績順位やアンケートの段階評価などが挙げられます。名義尺度で算出可能なデータの個数や最頻値だけではなく、データを順番に並べることが可能なため、中央値を求めることが可能です。しかし、目盛間隔が一定ではない（たとえばレースの1位と2位、2位と3位の順位の差はともに1ですが、一般に等価ではありません）ため、目盛間隔が一定であることが求められる平均や分散を算出することはできません。	・星の明るさの等級 ・レースの順位 ・5段階評価の成績 ・おみくじ（大吉〜大凶）	中央値 最大値・最小値（レンジ） パーセンタイル（上位25% など）
間隔尺度	値の差が意味をもつ、加減算が可能な尺度です。目盛が等間隔になっている（あるいは、等間隔であると仮定されている）ものです。例として、摂氏温度などが挙げられます。平均や分散などの統計量を求めることが可能です。ただし、値の比に意味がないため、比率を求めて比較することはできません。値の比に意味がないとは、摂氏20度は摂氏10度の2倍の値ですが、それは暑さが2倍だという意味ではないということです。比が使えないため、比の情報を用いる幾何平均や調和平均などを算出することができません。比例尺度と混同されることがあるため注意してください。	・摂氏・華氏温度 ・西暦年号	算術平均 分散や標準偏差（本書では説明しません）
比例尺度	値の比が意味をもち、四則演算可能な尺度。原点が存在し、間隔にも比率にも意味があるものです。例として、絶対温度、質量などが挙げられます。	・年齢 ・体重 ・PV ・クリック数	全量的データ手法

コラム　リッカード尺度

アンケートで「1. とてもよい、2. よい、3. 普通、4. 悪い、5. とても悪い」という回答項目をご覧になったことも多いかと思います。これはリッカード尺度（前述の例では5段階なのでとくに5点法と呼ばれます）と呼ばれる、程度を何段階かで評価する尺度です。これを間隔尺度だと見なす人もいますが、あくまで順序尺度と考えるべきです。7点や9点にすれば間隔尺度として扱ってよいと主張する方もいますが、筆者にはその根拠があるように思えません。リッカード尺度を等間隔であると仮定することは難しいでしょう。リッカード尺度を間隔尺度であるとして平均値を求めているケースが散見されますが、よほど強い根拠がない限りその仮定を支えるのは難しいため、順序尺度でも利用可能な中央値の利用を勧めます。リッカード尺度に対する考え方については、『行動科学のためのデータ解析』（西里静彦、培風館、2010）が参考になるでしょう。

コラム　各尺度の見分け方

尺度の見分け方はそう簡単ではありません。とくに間隔尺度と比例尺度の違いがよくわからないという悩みをよく聞きます。間隔尺度と比例尺度との大きな違いは「**絶対基準としてのゼロ**」が存在するかどうかです。絶対基準としてのゼロとは、ゼロが「ないこと」を示すこと、あるいは正か負かどちらかの値しかとらないことを意味します。間隔尺度である摂氏温度の場合、0℃は温度がないことを示すわけではなく、0℃より下の値も上の値も取ります。比例尺度である体重の場合、0 kg（四捨五入などではなく厳密に0 kgの場合）は体重がないことを示し、0以上の値しか取りません。その数値がゼロであればその変数は存在しないと言えるかどうかで判断してください。そしてこれも厳密に言えるわけではなく、解釈が難しいケースもあります。どちらに該当するか判断が難しい場合は、なぜ今回はその尺度として扱ったのかの説明を書くようにしてください。

以下はやや高度な話題となりますが、「無難さを求めるため、より低い尺度だとして扱う」という意見を聞くこともあります。ですが、利用すべき情報を利用しないことによって結果が歪むケースもあります。よくあるのが、順序情報まで考えると二つのデータの間に関係性があるのに、名義尺度として扱うことによってその関係性が見えづらくなるケースです。尺度を不当に低く設定することは「無難」ではありません。尺度の判断に迷う場面は筆者にもあり、データからはこれといった解決策が見えないケースもあり、関係者と相談して決めることもよくあります。より低い尺度でも利用できる手法もあるため（たとえば比例尺度でしか使えない算術平均の代わりに順位尺度でも使える中央値を利用するなど）、どうしても判断がつかない場合はそれを用いるのもよいでしょう。これは「ある変数を低位の尺度として扱う」のではなく、あくまで「低位の尺度であっても利用可能な手法を用いる」ということです。

◆1　（前ページの注）このような何らかの質的データを数値のデータに置き換えることを**コーディング**と言います。都道府県を例に取ると、北から順に北海道を1とし沖縄を47と割り当てるなどです。もちろん、南から順に沖縄を1とし北海道を47としても構いませんし、そもそも見た目が数値だからといって必ずしも数値扱いできるとは限らないことに注意してください。

■時間と対象による分類

　データは時間と対象の取り扱いによって時系列データ、クロスセクションデータ、パネルデータに分類されます。

　クロスセクションデータとは、時点を固定して様々な対象から取得したデータのことです。ある日時のサービスごとの売上データなどが例として挙げられます。クロスセクションデータがあれば対象ごとの比較をすることが可能です。

　時系列データとは、時間の流れに沿って収集が行われたデータのことです。日付ごとの売上データや、毎年柱に刻んだ身長などが例として挙げられます。時系列データは時間の並びが重要な意味をもちます。注意していただきたいのは、データ内に時間要素があれば時系列データというわけではないということです。たとえば、表形式のデータに日時の列があったとしても、それがすべて同一日時であれば時間の流れを取り入れていないので時系列データとは言いません。時系列データの場合、時系列変化の程度や急激な変化の発生時期などを特定することが重要であって、各データ点から平均値を算出してもほとんど意味はありません。

　パネルデータとは、クロスセクションデータと時系列データを組み合わせたものです。複数のサービスに対して時系列データを取得することにより、複数のサービス間の時系列変化を比較することができます。

■テキストデータ、画像データ、地理情報データ

　Webからテキストデータ、画像データ、地理情報データを取得することが可能です。twitterやFacebookなどのSNSであればそれらすべてが手に入ります。地理情報からは、ある現象の発生源やその波及状況を調べることができます。地理情報の有効活用例として、インフルくんとクックパッドのたべみるがあります。インフルくん◆1は、twitterのインフルエンザに関するツイートを収集し、それを地理情報と紐付けることによって地域ごとのインフルエンザの流行を可視化します。たべみるには、クックパッドで検索された際のキーワードを地理情報と紐付ける機能があります。それを利用してどの地域がお鍋の季節に入ったかを知ることにより、各地域の小売店でのお鍋用商品の取り扱いを最適化することなどができます。画像データは類似画像検索などでよく用いられます。画像をアップロードして似たような画像を検索する、たとえばある映画の登場人物の名前や出演作品がわからない場合でも、その人の写真をもっていれば画像検索にかけることによってその人物が誰でどの映画に出演しているかを調べるなどが可能となり、出演作品を推薦

◆1　http://mednlp.jp/influ/

するなどの商機につなげることができます。テキストデータは、SNSだけではなくAmazonや楽天のようなショッピングサイトの口コミや商品情報など多岐に渡る媒体に存在しています。これらのデータは何らかの手法によって数値化することによって分析可能になります。とくにテキストデータの分析に関しては第6章で詳しく取り扱います。

3.11 データ形式

データは再利用や確認のため、何らかの形式でファイルやデータベースに保存されます。よく使われるのがCSVやJSON、XMLなどの形式です。他にもTSVやLTSV、また、Excelで扱うための.xls/.xlsxなどのようなアプリごとの専用形式もあります。これらのデータ形式は単なる表記の違いというだけではなく、**メタデータ**や**構造化データ**としての取り扱いが可能かどうかによって、運用方法含めて大きく異なります。メタデータとは、対象がもつデータそのものではなく、データに対する注釈的なデータのことです。構造化データとは、データの階層やグループを明示できる形式のデータのことです。抽象的な説明ではわかりづらいと思いますので、メタデータや構造化データがどのようなものなのか、それの有無がどう影響するのかについて説明します。例として、あなたがRPG系のソーシャルゲームで各ユーザのログを取るとしましょう。データの中身として、ユーザID、武器2個、防具2個、手持ちアイテム3個があるとします。これを表形式で表現すると**表**3.3のようになります。

表 3.3 1データの表形式による表現

列番号	1	2	3	4	5	6	7	8
項目名	ユーザID	武器1	武器2	防具1	防具2	アイテム1	アイテム2	アイテム3
データ	AAA	鋼の剣	大薙刀	手甲	御大将の兜	薬草	薬草	薬草

■ CSV形式

CSV形式は先ほどのような表形式のデータ、つまり各対象に関するデータを1行ずつひとまとめにし、各項目をカンマ区切りでつなぐ形式です。

上記の表形式のデータをCSVで表現すると次のようになります。

```
AAA,鋼の剣,大薙刀,手甲,御大将の兜,薬草,薬草,薬草
```

CSVは頻繁に用いられる形式であり、Excelやメモ帳などで開くことも簡単です。ただし、データに階層構造をもたせたりメタデータを付与したりができないため、何列目に何が入っているのかを見ただけではわかりませんし、複雑な構造をもつデータを表現するのには向きません。また、何列目にどのデータを格納するかが固定されているため、途中で列を挿入する際に面倒なことになる可能性があります。

> **コラム　メタデータ・構造化データの利便性**
>
> 表 3.3 のデータ表現は、実際に筆者が関わったソーシャルゲームで用いられていたものです。当初は、2列目から3列目までを武器、4列目から5列目までを防具という装備品ジャンルに割り当て、6列目以降を手持ちアイテムの列として設定していました[1]。ゲームをリリースしてしばらく経つと、ゲーム内にアクセサリという装備品の新しいジャンルを設けることになりました。アクセサリはジャンルとしては装備品であるため、既存の装備品を格納している列の直後に挿入できれば便利です。ところが、すでに集計・分析プログラムは6列目以降をアイテムであると設定していたため、アクセサリを6列目に挿入するとそれ以降のすべての列に対して変更処理が必要になりました。しかも、このデータを参照している処理があちこちにあったため、変更しようとすると改修箇所があまりに多くなってしまいます。そこで、このときは仕方なくアクセサリは最後尾列へ挿入することにしました。しかし、その後も同じような変更処理が生じてしまい、その度に最後尾列に追加していくという対応をせざるを得ませんでした。そうなると、データの並び方には規則性がなくなり、装備品一覧を見るためにはあちこちの列を飛び飛びに参照せざるを得なくなりました。「○○の剣」のように見ただけで「おそらくこれは武器だろう」と解釈できるものばかりならよいのですが、実際はそうではありません。とくに数値データになると、「この1ばかり並んでいてたまに0が入る列は何だろう？」というのが全くわからず、常にログの仕様書を片手にデータを見なければなりません。しばしば、列番号を取り違えて混乱することもありました（**表 3.4**）。

図 3.4　ごちゃごちゃしてしまったデータ定義

ゲームリリース直後

列番号	1	2	3	4	5	6	7	8
項目名	ユーザID	武器1	武器2	防具1	防具2	アイテム1	アイテム2	アイテム3
データ	AAA	鋼の剣	大薙刀	手甲	御大将の兜	薬草	薬草	薬草

ゲームリリース1年後

列番号	1	2	3	4	5	6	7	8	9	10	11	12	13
項目名	ユーザID	武器1	武器2	防具1	防具2	アイテム1	アイテム2	アイテム3	アクセサリー	アイテム4	アイテム5	ペット	宝石
データ	AAA	鋼の剣	大薙刀	手甲	御大将の兜	薬草	薬草	薬草	月の腕輪	毒消し草	気付け薬	ファイヤアント	アメジスト

---

[1] この例は説明を簡単にするために6列にしていますが、実際はもっと複雑です。本当に一桁列数程度に収まるのであればそれほど大きな問題にならず、CSVやTSVの方がJSONなどに比べて処理が簡単で速いのでCSV形式を選ぶことは十分にあり得ます。

> この例からもわかるように、同じジャンルや何らかの意味的なつながりがある列は近くに寄せておいた方が理解しやすくなります。しかしCSVや後述するTSV形式ではそれは困難です。これがメタデータや構造化データをもてないデータ形式の弱点です。この事例から得られる教訓は、簡易なデータや暫定的なデータならばCSVやTSV形式でもよいが、ゲームのような仕様変更が頻繁に起こるケースでは変更に弱いCSVやTSV形式を取るのは得策ではないということです。また、CSVはカンマでデータを区切るわけですが、データ内にカンマや改行コードが含まれる場合にエラーが発生することもあるので、注意が必要です。

■ TSV、LTSV

TSVはデータの区切りをCSVのカンマではなくタブで区切った形式です。これも非常によく使われる形式です。利点も弱点もCSVとほぼ同じです。

LTSVはTSV形式にメタデータを付与したものです。CSVやTSVでは何組の列のデータがどの情報を表しているのかを覚えておく必要がありますが、メタデータを付与することによって、各データが何を示しているのか一目瞭然になります。また、そのメタデータをもとに集計するようプログラムを組めば、データの列順番を自由に設定できるため、後から挿入したいデータ項目が増えても対応可能です。CSVの項でTSVやCSVは列番でどのデータかを示しているため列順番の変更に弱いと説明しましたが、LTSVはタブ区切りの各データの先頭（あるいは末尾）に何らかの区切り文字を入れてメタデータを付与します。TSVとLTSVの違いは実際に見てみるとわかりやすいでしょう。

- TSV（わかりやすいようにtabを [tab] と表示しています）

    AAA [tab] 鋼の剣 [tab] 大薙刀 [tab] 手甲 [tab] 御大将の兜 [tab] 薬草

- LTSV

    ユーザID：AAA [tab] 武器1：鋼の剣 [tab] 武器2：大薙刀 [tab] 防具1：手甲 [tab] 防具2：御大将の兜 [tab] アイテム1：薬草

LTSVのようにメタデータを付与している場合は、一見してどれが何のデータかわかりますし、「武器だけを取得したい」、「武器とアクセサリを取得したい」というような場合も、何らかのプログラムやシステムを利用すればメタデータを用いてデータを抽出することが可能です。

■ JSON

JSONやXML[1]は構造化データを可能にする形式です。先ほどのCSVやTSVはメタデータをもちませんでした。LTSVはメタデータをもてますが、構造化データはもてません。先ほどのRPGデータの例で言えば、装備品というカテゴリを作り、その下に武器や防具とアクセサリ、アイテムカテゴリにアイテム1～3、補助アイテムカテゴリにペット・宝石をもつという構造を表現できます。

```
1   {
2       ID: "AAA",
3       装備品: {
4           武器 1: "鋼の剣",
5           武器 2: "大薙刀",
6           防具 1: "手甲",
7           防具 2: "御大将の兜",
8           アクセサリ: "月の腕輪"
9       },
10      アイテム: {
11          アイテム 1: "薬草",
12          アイテム 2: "薬草",
13          アイテム 3: "薬草"
14      },
15      補助: {
16          ペット: "ファイヤアント",
17          宝石: "アメジスト"
18      }
19  }
```

このように各項目を別の階層で管理することで、よりデータ全体の見通しをよくします。これは複雑なデータになるほど、ありがたみがわかります。最近のAPIを利用することで得られるデータの多くはこのJSON形式です。たとえば、twitter APIを利用すると以下のようなデータを取得できます。

```
1   array(2) {
2     ["statuses"]=>
3     array(1) {
4       [0]=>
5       array(23) {
6         ["metadata"]=>
7         array(2) {
8           ["iso_language_code"]=>
9           string(2) "ja"
10          ["result_type"]=>
11          string(6) "recent"
```

---

[1] 性質としてJSONと同様の部分が多いため、XMLの説明は割愛します。私見ではデータの取り出しやすさや記述しやすさからXMLよりJSONを使うケースが多いように思われます。

```
12        }
13        ["created_at"]=>
14        string(30) "Sun Dec 28 06:38:19 +0000 2014"
15        ["id"]=>
16        float(XXXXX)
17        ["id_str"]=>
18        string(18) "XXXXX"
19        // (省略)
20        ["user"]=>
21        array(41) {
22          ["id"]=>
23          int(XXXXX)
24          ["id_str"]=>
25          string(7) "XXXXX"
26          ["name"]=>
27          string(12) "XXXXX"
28          ["screen_name"]=>
29          string(8) "XXXXX"
30        // (省略)
31          ["created_at"]=>
32          string(30) "Wed Apr 18 11:34:04 +0000 2011"
33        // (省略)
```

たとえば、ここでのcreated_atが「ユーザがアカウントを作った日時」なのか、それとも「そのツイートをした日時」なのかは、すべての項目をフラット（階層構造をもたせず）に扱っていると非常にわかりづらくなります。user_create_at、tweet_create_atなどのように項目名を工夫してもよいのですが、ユーザのデータを管理する階層とツイート内容のデータを管理する階層で分けた方が、わかりやすいでしょう。このように、複雑な階層構造をもたせた方が管理しやすい場合はJSON形式を利用するとよいでしょう。

表3.5　各データ形式のメリット・デメリット

形式	メリット	デメリット
CSV, TSV	シンプルで高速に処理できる。Excelやテキストエディタで簡単にデータを閲覧・編集できる。	メタデータや構造化データをもてない。
LTSV	メタデータがもてる。比較的シンプルで高速に処理できる。	構造化されたデータはもてない。
JSON, XML	メタデータ・構造化データをもてるため複雑なデータを表現できる。	処理に時間がかかる。Excelやテキストエディタで閲覧・編集するのは難しいため、扱いがやや面倒。

3.12　データの取得方式

Webから取得するデータの取得方式にもいろいろあり、主だったものだけでも、

プログラミング技術が必要のないファイルダウンロード形式から、プログラミング技術の求められるAPI方式、対象サービスへ詳細にログを仕込めるロギング、最近は無料でできるものも増えたWebアンケートなどがあります。本節では各々を簡単に説明し、その利点・欠点を紹介します。

■ファイルダウンロード

サービスがデータ取得用の機能を提供しているケースです。CSVファイルやExcel用のファイルが多く、稀にXML形式で配布しているところもあります。クリックするだけでデータを取得できて簡単ですが、この形式で取得できるデータはまだまだ少なく、これだけで十分なデータが揃うことはあまりないと思われます。政府統計データはこの形式で取得できるものが多く、e-Stat[1]などのサイトで公開されています。プログラミングが不得手な方でもデータが簡単に入手できるため、まず分析を始めるのによい形式です。その他、**表3.6**のサイトから様々なデータが取得可能です。

表3.6　ファイルダウンロードできるサイト一覧

分類	説明
国立情報学研究所　情報学研究データリポジトリ	http://www.nii.ac.jp/cscenter/idr/datalist.html
Wikipedia: データベースダウンロード	http://dumps.wikimedia.org/jawiki
DoDStat@d　データ指向統計データベース	http://mo161.soci.ous.ac.jp/@d/DoDStat/DataList/indexj.html
調査のチカラ	http://chosa.itmedia.co.jp/
UC Irvine Machine Learning Repository	http://archive.ics.uci.edu/ml/index.html

（※2015年4月時点）

■ API（Application Programming Interface）

何らかのWebサービスなどで提供されているWeb APIを利用する方式です。Web APIとは、対象サービスの機能を外部から利用するためのプログラムであり、様々なものが公開されています。公開されているAPI操作の指定に従って、ブラウザのURL欄に文字列を打ち込んだりプログラムからAPIを利用してデータを取得します。

ここではAPIを利用するイメージをつかんでいただくため、試しにGoogle Chartsというグラフを描画するAPIを利用してみることにします。次のURLを

[1] http://www.e-stat.go.jp/SG1/estat/eStatTopPortal.do

ブラウザの URL 欄に打ち込むと、**図 3.2** のような棒グラフが表示されます。

http://chart.apis.google.com/chart?chs=300x300&chd=t:20,60,50,70&cht=bhs

図 3.2　Google Charts による棒グラフ

このように、サービス側が提供する API を利用すれば、ユーザ自身が一からプログラムを書く必要がなく、指定要件を打ち込むだけで便利な処理ができるようになります。API の利用にはユーザ登録が必要なものも多く、また、実際に利用するには何らかのプログラムを利用したほうがよいものもあります。具体的にプログラミングをして API を利用することについてはサポートページの付録に掲載しました。API があるとデータ取得が楽になるので、取得したいデータがあればまずはその API が提供されていないかそのサービスのサイトで確認するとよいでしょう。

2015 年 4 月現在で利用できる API には**表 3.7** に示すものがあります。

表 3.7　API 一覧

分類	サービス	URL
政府統計	次世代統計利用システム	http://statdb.nstac.go.jp/
SNS	twitter	https://dev.twitter.com/
	Facebook	https://developers.facebook.com/
	Google+	https://developers.google.com/+/?hl=ja
	LinkedIn	https://developer.linkedin.com/
	はてな	http://developer.hatena.ne.jp/
動画	YouTube	https://developers.google.com/youtube/?hl=ja
	ニコニコ動画	http://dic.nicovideo.jp/a/%E3%83%8B%E3%82%B3%E3%83%8B%E3%82%B3%E5%8B%95%E7%94%BBapi
	TwitCasting	http://twitcasting.tv/indexapi.php
	USTREAM	http://ustream.github.io/api-docs/
画像	instagram	http://instagram.com/developer/
	flickr	https://www.flickr.com/services/api/
	Picasa Web Albums Data API	https://developers.google.com/picasa-web/?hl=ja
	TINAMI	http://www.tinami.com/api/
総合	楽天	http://webservice.rakuten.co.jp/document/
	Yahoo!	http://developer.yahoo.co.jp/
	Bing	http://www.bing.com/dev/en-us/dev-center
その他	slideshare	http://apiexplorer.slideshare.net/
	Google Maps API	https://developers.google.com/maps/?hl=ja
	livedoor 天気情報	http://weather.livedoor.com/weather_hacks/

■クローリング、スクレイピング

データのダウンロード機能や API が公開されていないサイトがほとんどです。その場合はクローリングやスクレイピングを行うことがあります。クローリングとは、プログラムを用いて Web サイトから HTML を取得し、取得した HTML からリンクを抽出して、そのリンクを辿ってさらにその先の HTML を取得して回る技術です。スクレイピングは、取得した HTML のなかからデータとして得たい要素を取り出す技術です。極端な話、うまいクローリングのやり方を駆使すれば、公開されている Web の情報を自由に取り出すことが可能です。ただしこれは不適切な方法で行うとサービスに過大な負荷を掛けることもありますし、プログラムを書くのもそれなりの技術が必要であるため、本書では取り扱いません[1]。

■ロギング

Web サービス利用者のログ（行動・履歴のデータ）を取得する方式です。ここで言う行動とは、どのページからどのページに移動したかの遷移情報や、どのボタンや画像をクリックしたか、どのページに何秒滞在したかなどです。これは自前の Web サービスをもっていない場合は実現が難しい方式ですが、もし Web サービスをもっているならば、これほど柔軟に利用者データが得られる方式はありません。Web サービス利用者にユーザ ID を付与して先週と今週の行動の違いを追跡調査するなど、他の方式ではまず不可能なことが実現できます。ただ、ロギングする場合は、どのようなログをどのタイミングでどのような形式で出力し、どう集積し、集計するかなどを決めなくてはならず、その作業も膨大になります。残念ながら、本書では自前の Web サービスをもち自由にログを埋め込めるようなケースを念頭に置いていないため、ロギングについては扱いません。簡単にログを仕込みたい場合は「Google Analytics」などを導入するとよいでしょう。Google Analytics はサイトにちょっとしたタグを埋め込むだけで、遷移情報や滞在時間などのデータを簡単に収集・集計・可視化できる便利なサービスです。Google Analytics については詳細に書かれた良書が多数あるため、そちらをご覧ください。

　　小川卓：『現場のプロがやさしく書いた Web サイトの分析・改善の教科書』、マイナビ（2014）

これは、単に Google Analytics の利用法を解説するだけではなく、データ解析の

---

[1] 下記が参考になるでしょう。
　　Ruby によるクローラー開発技法：http://www.sbcr.jp/products/4797380354.html
　　Web スクレイピングの注意事項一覧：http://qiita.com/nezuq/items/c5e827e1827e7cb29011

ノウハウが詰まった良書です。

■アンケート

　アンケートを設置して回答者からデータを取得する方式です。アンケート調査方法は郵送法や個別面接法など多様な方法がありますが、それらは類書で詳しく説明されていることが多いため、本書ではWebアンケートに話を絞ります。現在は無料でWebアンケートを設置できる様々なサービス（QuestantやGoogle Driveアンケートフォーム）があり、気軽に始められるようになっています。ただし、「回答者をどう集めるか」、「アンケート項目をどのように設定するか」など様々な課題があり、適当にアンケートサービスを用いればよいというものではありません。

　アンケート調査の効果については、「アンケートはアンケートにわざわざ回答するような人であるというバイアスがかかるから分析データとして不適切である」という主張も見受けられますが、そもそもバイアスのないデータは存在しません。大切なのはどのようなバイアスがあるのかを認識した上で利用することです。当然ながらクローリングやAPI利用で取得できるデータはインターネットに出力されているものに限られますし、前述のロギングも、結局はサービス利用者だけからしかデータを取れないため、非利用者・離脱者からのデータは取れません。アンケートでしか取れないデータは少なくないのです。「顧客が満足しているか」、「どのような点に不満を抱いているか」を定量的なデータだけで示すのは困難であり、アンケートを用いた定性的な調査を取り入れることによって、定性面・定量面両方からアプローチしていくことが非常に重要です。次の節でアンケートの取り方について学びます。アンケート調査の入門書としては

　安藤明之：『初めてでもできる社会調査・アンケート調査とデータ解析（第2版）』、日本評論社（2013）

などがよいでしょう。

3.13　アンケート調査

　この節では、Webアンケート調査を適切に行うために何をすればよいのか、どういう点に気をつければよいのかについて説明します。

■Webアンケート調査の二つのメリット

　Webアンケート調査を行うことで

1. データ収集範囲が広がる
2. 定性的な情報を収集できる

という二つのメリットを得られます。

1. は、Web から必要とするデータを不足なく取ることはそもそも困難ですが、Web アンケートがその改善策となり得ることを意味します。データの不足は回避することが難しい問題[1] です。自社サービスをもつ場合であれば、必要なログを仕込むことでデータ不足を解消できますが、自由にログを仕込める自社サービスをもたない場合は、公開されているデータや API を利用する以外ありません。公開されているデータや API から取得できるデータが果たしてあなたの分析計画に沿うものかどうかはわかりませんし、沿わなかった場合手の打ちようもないことがよくあります。それに対し、アンケートではデータ解析者が主体的にどのようなデータをどこからどの程度取るかを決めることが可能です。

2. は、心情や感想を把握できるということ、また、「なぜ？」という疑問に答える手段を得られるということです。数値データからも「購入・利用した人の特徴や傾向」は得られますが、一方「なぜ購入・利用したのか」、「購入・利用してどのような感想を抱いたのか」について窺い知ることは非常に困難です。アンケート調査では、そのような定量化することが困難な定性面についても、直接質問することが可能です。

■ Web アンケート調査への懸念

Web アンケートが果たして役に立つのかについて、懐疑的な意見もあります。Web アンケート調査の結果は一切信用しないという人もいます。2000 年初頭においては、他の調査（郵送法や個別面接法）に比べてインターネット調査は「高学歴、専門・技術職が多い[2]」、「IT やコンピュータに対する信頼が高く、終身雇用にこだわらず、経済生活にややゆとりがある、進歩的な意識の持ち主が多い[3]」などの偏りが報告されていました。確かにその当時はインターネット利用者は特定の一部に限られていましたが、「総務省 インターネットの利用状況[4]」を参照するとわかるように、現在は携帯電話の普及を通じインターネットを常用する人の割合が

◆1 これはデータサイズの話ではなく、データの種類の話です。
◆2 社会調査へのインターネット調査の導入をめぐる論点―比較実験調査の結果から― 本多則惠 2005
http://www.jil.go.jp/institute/reports/2005/documents/017_geppo.pdf
◆3 自記式調査における実査方式間の比較研究― ウェブ調査の特徴を調べるための実験的検討 ―前田忠彦、大隅昇　ESTRELA 2006 年 2 月（No.143）
◆4 http://www.soumu.go.jp/johotsusintokei/whitepaper/ja/h26/html/nc253120.html

増えてきています。最近では、ニコニコ動画上で行われたアンケートの結果[1]による選挙の当選予測にて95%程度の的中率を実現しているなど、Web調査が社会実態に即した優良なデータとして機能するケースもあります[2]。とは言え、あくまでWebアンケート調査はWeb利用者に限られるということは念頭に置かねばなりません。また、性別や年代などの回答者の属性情報について確認する手段が乏しいことも問題点として挙げられます。そもそも（後に述べる理由により）属性情報を細かに取ること自体に筆者は否定的ですが、どうしても取る場合には、集計の結果をたとえば「男女比率がXであった」と解釈するのではなく、「男性・女性と回答した人の比率がXであった」と解釈すべきであることに注意してください。

■アンケート調査手順

アンケート調査を行うには次のようなプロセスがあります。

- 調査目的の決定
- 調査対象の決定
- 調査方法の選定
- 質問項目の洗い出し
- 質問文の作成
- 調査票の作成
- アンケートの実施
- データ回収
- 集計・分析
- 解釈

概ね第2章の内容と同じですが、調査方法の選定については説明が必要でしょう。調査方法については郵送法や個別面接法など様々な方法がありますが、本書ではWebアンケートに限定します。Webに絞ってもまだまだ検討する事柄はあります。まずはアンケートを実際にどのように取るかです。大きく分けると自社サービスのサイトにアンケートを設置する方式と、調査会社に依頼する方式とがあります。また、最近はSNSを利用して回答依頼するケースもあります。ただしSNSでの回答依頼にはかなり厄介な点があるため、本書では扱いません[3]。調査会社に依頼する場合の料金は、会社やプランによってピンキリで相場が読みづらいものです。楽

---

[1] http://info.dwango.co.jp/pi/ns/2014/1215/index.html
[2] 厳密に言うならば、95%が優良な的中率かどうかは他の予測と比較しなければなりません。Yahoo!の予測結果と読み比べると面白いでしょう。http://docs.yahoo.co.jp/info/bigdata/election/2014/03/
[3] 詳しく知りたい場合は"スノーボールサンプリング"でWeb検索してください。

天リサーチ[1]は明快に価格設定を公開しているので参考にするとよいでしょう。

　Webアンケート調査で注意すべきなのは、調査票の中身や集計の仕方だけではありません。必要な数の回答者をどうやって集めるのか、回答者の属性をどう調整するか、まともに回答しているかなどをどう担保するかが重要です。これらは非常に難しく、回答者数が増えれば増えるほど属性の不透明さや回答率の低下などが発生します。複数の調査会社から回答を得ることも考えられますが、調査会社に回答者登録している方は複数の調査会社に登録している可能性も考えられ、本当に回答数分だけの回答者数がいるのかどうかはわかりません。回答結果に不信感がある場合、集計や統計処理でごまかすのではなく、どの程度信頼のおけるデータなのかについて率直に付記しておくべきでしょう。アンケート調査を行う場合、できる限り予算を抑えたいという考えで格安の調査会社に依頼をする場合もあると思います。しかし、想定を遥かに下回る予算で回答を集められるというオファーを受けた際、なぜそこまで安いのか、どのようにして回答者を集めたのかについては確認が必要でしょう。アンケート調査者はできる限り明快簡潔で不快感のない調査票を作成し、有効回答率（分析に利用可能なアンケート結果を回収できる率）を上げるよう工夫しましょう。

■アンケート票に盛り込むべき表記

　アンケート票には質問項目だけを並べればよいわけではありません。皆さんにも突然アンケート協力を呼びかけるメールが舞い込んできたことがあるかもしれません。それには、回答すると粗品を提供するなどと書かれているのですが、回答者の回答や個人情報やメールアドレスが誰にどのように利用されるのか不明なものが多い印象です。もしかするとこのアンケートに回答した個人情報は悪徳業者に売られるのかもしれません。そのような不信感を回答者に抱かせてしまっては、真っ当な回答を期待できません。回答者に安心感をもって回答していただけるよう、アンケート実施者は誠実に振る舞わねばなりません。そのためには最低限以下の内容をアンケート票に記載しましょう。

- ■調査タイトル
  何に対する何に関する調査なのかを一目でわかるようなタイトルをつけましょう。これは回答者への配慮というだけではなく、後でデータ整理する際にも便利です。

- ■実施者
  どの企業・団体・大学によるアンケートなのかを明示します。また、アンケート

---

[1] http://research.rakuten.co.jp/service/internet/price.html

を外部委託している場合は、依頼側と実施側の両方を書きます。

■ 連絡先と担当者の明示
回答者が不信感を抱いたり不明点があったりした場合の質問先を記述しましょう。担当者は個人名でなく、窓口を設けた場合は部署名などでも構いません。

■ 目的、趣旨
誰が何のためにどのような意図でアンケートを実施しているのかを記述します。意図不明なまま質問を投げかけても不信感を抱かせてしまいます。

■ 取り扱いの規範
情報をどのように管理するのか、得た回答や個人情報をどこまで活用するのか、結果を誰にどこまで提供するのか、利用後のデータの廃棄についてを明示する必要があります。

●質問項目の作り方・よくある質問項目
アンケートで良く用いられる質問は大別すると

- 属性情報
- 認知情報（どれくらい知られているか、どのようにして知ったのか。純粋想起・助成想起）
- 満足度（どれくらい満足しているか）
- 利用度（どの程度利用・購入しているのか）
- 利点（何に満足やメリットを感じて利用・購入しているのか）
- 自由記述：感想や意見

になります。ここから具体的な質問文を作っていきましょう。また、Questant では目的別のアンケートテンプレート（雛形）◆1 が用意されています。これを参考にするのもよいでしょう。

認知情報にある「純粋想起・助成想起」とは、サービスや商品の認知度を測るためのマーケティング手法です。純粋想起は、回答者に何のヒントや選択肢も提示せずに「有名な SNS といえば？」などと尋ね、知っているサービスや商品を挙げてもらう方法です。助成想起は具体的なサービスや商品を提示して知っているかどうかを尋ねる方法です。純粋想起されるようなサービスや商品は非常に認知度が高いと言えます。そのため、認知度を表す重要指標として純粋想起率を用いるケースもよく耳にします。あるサービスの認知度を質問する際に純粋想起と助成想起を併用

◆1 https://questant.jp/template.html

する場合は、純粋想起→助成想起の順で提示する必要があります。逆ではヒントを前もって与えてしまうため、純粋想起になりません。

■**質問形式**

アンケートの質問形式には次の表にあるように、大まかに分けて**単項選択式**と**多項選択式**があります。

単項質問において重要なのは、各選択肢が重複も漏れもないよう作成することです。重複があるとどの選択肢を取ってよいのか判断できませんし、漏れがある場合は、選択肢にない回答をしたい回答者が回答できなくなってしまいます。

表3.8 単項選択の方式一覧

選択方式	内容
選択式	複数の選択肢のうち一つだけを選ぶ
二者択一式	「yes、no」などのどちらか一方を選ぶ

多項選択は一般的に避けた方が無難です。回答ミスが非常に増えます[1]し、分析する際も困難がついて回ります。単項選択であれば「A～DのうちBを選んだ方が何割いるか」は簡単な集計で出せますが、多項選択ではBだけを選択した方もいればA～Dすべてを選択した方もいる可能性があり、割合すら集計するのが困難になりますし、前者の回答と後者の回答を同じ重みにしてよいのかについても議論があります。単項選択ではどうしても回答できないケースだけ多項選択にしてください。

表3.9 多項選択の方式一覧

選択方式	内容
固定式	N個選択する
範囲制限式	N個まで（N個以下）選択する
無制限式	何個でも回答してよい
順序式－完全順序付式	選択肢のすべてに順位をつける
順序式－部分順位付式	部分順位式は上位N番目まで順位をつける
順序式－格付式	選択肢を上位・中位・下位などの順序づけられたグループに分ける

---

[1] 筆者の実務上の経験から申し上げますが、多項選択式にした場合の回答ミスの多さはおそらく皆さんの想像を大きく上回ります。とくに恐ろしいのは「多項選択である」と明言しても回答者が単項選択であると誤解して一つだけ回答するパターンです。これは、該当する選択肢が一つしかなかった場合と見分けがつきません。どうしても多項選択をせざるを得ない場合は、多項選択であることをできる限り強調（太字にする、赤字にする、斜体にする、下線をつける、またはその組み合わせでもよい）することです。

■アンケート調査に関する諸注意

質問・回答項目に不備があって回答者を混乱させてしまったり、意図的かどうかにかかわらず回答を誘導してしまうケースがあります。アンケート調査をする際には、そうしたことは避けるよう心掛けねばなりません。ここでは、アンケート調査を行う際に頻出する失敗や注意点について説明します。

■ダブルバーレル

「あなたは配偶者がたばこを吸ったりお酒を飲んだりするのを不快に思いますか？（yes、noで回答）」という質問に対し、回答者が「恋人がたばこを吸うのは不快に思うが、お酒を飲むことについてはとくに不快ではない」と考えている場合、その回答者はこの質問にyesと回答すればよいのでしょうか、それともnoと回答すればよいのでしょうか。

このように、一つの質問文に複数の問いを込めてしまうことを「ダブルバーレル」と呼びます。回答者によって「質問のうち一つでも当てはまっているからyes」と考える人もいれば「すべて当てはまっていなければyesではない」と考える人もいるため、回答結果に信憑性がなくなってしまいます。この質問をするのであれば、たばことお酒について別々に質問すべきでしょう。

■言い回し

同じ内容・意味ではあるが、表記上与える印象が異なる言い回しがあります。「あなたは公務員の民間再就職を支援しますか？」という質問を「あなたは天下りを支援しますか？」と表現すれば、回答者に悪印象を与え、否定的な回答を引き出しやすくするでしょう。また、「一般的には原発再稼働に反対ですが、あなたも反対ですか？」などという世論や権威を用いた質問の仕方は、回答を一方向に偏らせる恐れがあります。

実際の例として、内閣府が毎年行っている全国世論調査「社会意識に関する世論調査」◆1 を取り上げます。この調査では、昭和46年以降継続的に回答者の「愛国心」に関する質問項目が盛り込まれています。

平成2年調査では

Q8 あなたは、今後、国民の間に愛国心をもっと育てる必要があると思いますか、それとも、そうは思いませんか。
（62.4）そう思う
（18.9）そうは思わない
（18.8）わからない

となっています（カッコ内は回答割合）。昭和46年〜平成2年まで、ほぼ60%

◆1 http://survey.gov-online.go.jp/index-sha.html

台前半で推移しています。ところが平成 3 年から質問文が「愛国心」から「国を愛する気持ち」に変更されました。

> Q8 あなたは、今後、国民の間に「国を愛する」という気持ちをもっと育てる必要があると思いますか、それとも、そうは思いませんか。
> （77.0）そう思う
> （11.8）そうは思わない
> （11.3）わからない

本書執筆時点で最新の平成 26 年 1 月の調査では、次の結果になっています。

> （76.3）そう思う
> （13.2）そうは思わない
> （10.6）わからない

　平成 3 年以降は 70% 台後半で推移しています。平成 3 年以降、愛国心が突然 15% も向上したのでしょうか。そうではなく、おそらくこれは「愛国心」と「国を愛するという気持ち」という質問文の表記の違いにより発生した差でしょう。しかし、この調査結果は平成 2 年までと同じ質問に対するものだと解釈される危険性があります。言い回しの差による影響の大きさと、解釈の難しさを窺い知ることのできる実例です。

■ 曖昧な表現

「あなたは最近の若者の凶悪犯罪が増加していると感じますか？」という質問は、「若者」と「凶悪犯罪」が何を指すのかが明確でないため、質問者と回答者との解釈にズレが生じてしまう可能性があります。大学の学部生が街頭アンケートにて上記の質問をした際に、これが問題となりました。学部生（多くは 20 歳前後）の考える若者とは 10 代後半から 20 代前半までを指していましたが、そのアンケート結果を読んだ企業の 40 代の方は 20 代から 30 代前半のことだと解釈したため齟齬が発生したのです。質問文の「若者」のような曖昧な表現を使うのは避け、「20 代」など具体的な表現にしましょう。

■ 難解な専門用語

「人工多能性幹細胞（iPS 細胞）を利用することに賛成ですか？」という質問をする場合、回答者が iPS 細胞について知っていることが前提となります。そこで、回答項目に「知らない」を加えることが考えられます。しかし、とくに対面式のアンケートは回答者の「こんなことも知らないと恥ずかしいと思われるのでは」という思いを引き起こしてしまう可能性があるため、実際には知らないにもかかわらず賛成か反対と回答してしまうケースもあります。簡単な代替の言葉があるならそれを使いましょう。そうでないならば、iPS 細胞がどういったものかを説

明する必要があります。

■ 個人的質問と社会的質問

同じ質問であっても、社会としてどうあるべきかを問う場合と個人としてどうするかを問う場合とでは異なる回答が得られる可能性があります。たとえば、「優先座席では足の不自由な方に席を譲るべきだと思いますか？」は、一般論として社会を構成する人がどう振る舞うべきかを問う質問です。対して、「あなたは優先座席で足の不自由な方に席を譲りますか？」は、個人としてどうするかの質問です。前者を社会的質問、後者を個人的質問と言います。社会的質問をしているのか個人的質問をしているのかが明確でない場合は、回答者が独自に判断することになり、どちらとして回答されたのか質問者にはわかりません。

■ 「良い」と「行う」の違い

あるハンバーガー店が、どのような新作ハンバーガーがよいかについてアンケートを取ったところ、「もっとヘルシーなものを」という意見が多く集まりました。ところが、実際にサラダを挟み込んだヘルシーなハンバーガーを販売してみてもほとんど売れず、それどころかパティ◆1 を3段にした肉汁滴るこってりしたハンバーガーが飛ぶように売れたため、アンケート結果を信用しなくなったという話があります。

「良いと思っている」ことと「行うこと」、ここでは「欲しいと感じ、実際に購入する」こととは違います。「日々勉強に励み、運動し、お酒や塩分を控えめにし、早寝早起きして健全に過ごす」のは大抵の人は良いことだと考えるでしょうが、実際にそのように生活するわけではありません。ハンバーガー店のアンケートは「良いハンバーガー」とは何かを問うたのであって、「欲しい、実際に購入するハンバーガー」を問うたのではありません。このアンケートの結果から「ヘルシーであることが望まれている」ことは引き出せても、そこから「ヘルシーなハンバーガーが売れる」ということを引き出すのは話に飛躍があります。

■ キャリーオーバー効果

アンケート調査の質問項目は各々独立ではなく、何らかの関連をもつことがあります。その結果、ある質問を単体で行った場合とその質問に関連する質問を事前に行った場合とで、同じ回答者でも回答が異なる場合があります。この、直前の質問が直後の回答に及ぼす効果をキャリーオーバー効果といいます。例として、喫煙者に対し「喫煙は体に悪いと思いますか？」という質問の直後に「自分は喫煙をやめたいと思いますか？」という質問を配置すると、単体で後者の質問をするよりも yes と回答する可能性が高まることが想定されます。キャリーオーバー効果は質問の順番を見直すことで低減できます。ただし、キャリーオーバー効果

◆1　ハンバーガーに挟まっている肉。

を完全にゼロにすることは難しく、また、どの程度生じているか見積もることも簡単ではありません。

> **コラム　キャリーオーバー効果の実例**
>
> キャリーオーバー効果の代表的かつ面白い例として、米国で 1970 年代〜 1980 年代に行われた調査があります[1]。「妊娠した女性は、結婚していてこれ以上子供が欲しくない場合、合法的に中絶できるべきだと思いますか？」という質問を単独で行った場合よりも、この質問の直前に「妊娠した女性は、赤ちゃんに深刻な障害がある可能性が高い場合、合法的に中絶できるべきだと思いますか？」という質問を行った場合の方が、全く同じ質問文であるにもかかわらず肯定的な回答率が著しく下がったというケースです。もとの質問は子供一般についての質問ですが、直前の質問のせいで「先ほどの質問は障害がある場合の話だった。だから次のこれは子供に傷害がない場合の話なのだろう」と受け取られたからではないかと解釈されています。

■順序効果

質問文内や選択肢の順序によって回答に影響を及ぼすことが考えられます。順序効果の実例として『事例でよむ社会調査入門』(平松貞実、新曜社、2011) に面白い事例があります。統計数理研究所による「日本人の国民性調査[2]」にて、次のような調査を行いました。

「どちらの課長の下で働きたいか[3]」というタイトルの質問で、具体的な質問文と選択肢が次のようになっています。

> 問　A、B 二つのタイプの課長がいたとします。あなたはどちらの課長の下で働きたいと思いますか。
> A　規則を曲げてまで無理な仕事をさせることはありませんが、仕事以外のことでは人の面倒は見ません。
> B　ときには規則を曲げて無理な仕事をさせることもありますが、仕事以外のことでも面倒をよく見ます。

これに A と回答した割合が 12%、B と回答した割合が 81% と記載されています[4]。この結果だけを見ると、日本人は面倒見のよい課長を好むと言ってもよさそうですが、また別の調査では次のような調査結果が出ました。

◆1　Weisberg, Herbert F.（2005）The Total Survey Error Approach: A Guide To The New Science Of Survey Research, University of Chicago Press.
◆2　http://www.ism.ac.jp/kokuminsei/
◆3　http://survey.ism.ac.jp/ks/table/data/html/ss5/5_6/5_6_all.htm
◆4　無回答を含むため合計が 100% になりません。

問　A、B 二つのタイプの課長がいたとします。あなたはどちらの課長の下で働きたいと思いますか。
A　仕事以外のことでは人の面倒は見ませんが規則を曲げてまで無理な仕事をさせることはありません。
B　仕事以外のことでも人の面倒をよく見ますが、時には規則を曲げてまで無理な仕事をさせることがあります。

これは先ほどの選択肢の文章の内容の順番を変えただけです。意味的には同じなのですから、ほぼ同じ結果が出ると想定されるでしょう。しかし実際はAと回答した割合が48%、Bと回答した割合が47%と、先ほどとは全く違う結果になりました。このように、意味的には同じでも質問文や選択肢の順番を変えるだけで結果を大きく左右してしまう可能性があることに注意が必要です。とくに、最後にもってくる要素に回答は引きずられがちです。できるなら順番を変えた全パターンで回答結果がぶれないことを確かめたいところです。それが無理であるならば、順序効果によるバイアスが掛かっていることを想定した上で解析せざるを得ません。

　また、選択肢の順序については、自記式◆1 では最初に挙げられた選択肢が目につきやすいためそこを選択しがちになる「冒頭効果」、他記式◆2 では最後に挙げられた選択肢が回答者の記憶に残っているのでそれを選択しがちになる「新近性効果」があります。Web アンケートではもっぱら自記式が用いられるため、冒頭効果に注意が必要でしょう。冒頭効果は、回答者がとくに強い意見をもっていない事柄について回答をする場合や選択肢が多い場合によく見られます。これらを克服するため、Web アンケートの場合は選択肢の順序をランダムで表示するなどの方式もあります。しかし、これらの効果を完全にゼロにすることはできません。事前テストを行ってどの程度の影響があるのかを把握しておくこと、これらの効果を織り込んで結果を解釈することが重要です。

■ 程度質問の順序

「どれくらいこの商品が好きか嫌いか」などの程度についての質問をすることがあります。その際、必ず順序が誰の目にも明らかになっているようにしなければなりません。次のような選択肢は誰の目にも程度の順序が明らかです。

「1. とても好き、2. 好き、3. どちらでもない、4. 嫌い、5. とても嫌い」

さらに選択肢を増やして細かいデータを取ろうとして

「1. とても好き、2. かなり好き、3. 大好き、4. 結構好き、5. どちらでもない、…」

◆1　回答者自らが質問文・選択肢を読み取り、自身で回答を記述する方式。
◆2　調査員が質問文・選択肢を読み上げ、回答者から得た回答を記述する方式。

としてしまうと、1〜4までの順序が明確ではありません。このような選択肢を設けたアンケートはときどき見られます。程度に関して細かい目盛で質問したい場合は、次のような質問の仕方をしてください。

```
   好き       どちらでもない       嫌い
    |---------------------|---------------------|
    9  8  7  6  5  4  3  2  1
```

■ 事実と評価の区別

事実と評価は異なる可能性があります。「あなたは外食をどれくらいしますか？」という質問に対し「あまりしない」と回答した方が、具体的に「週何回外食していますか」という質問に対し「7回」と答えたケースがあります。この人にとっては週7回の外食は少ないのかもしれませんが、私なら「頻繁にしている」と回答します。このように評価は人によってそれぞれです。評価を尋ねたいのか事実を尋ねたいのかを明確にし、それを取り違えた解釈をしないよう心掛けてください。

■ できる限り選択式にする

アンケート票はできる限り回答者に記述式ではなく選択式で回答していただくようにした方がよいでしょう。たとえば、「性別を記入してください」という項目があった場合、記述式だと「男、男性、man、male」など表記が統一されず、集計が困難になることが予想されます。その場合、「男性、女性、その他、回答しない」などの選択肢を設けることによって集計が容易になります。また、「年間の書籍購入代金」のような数量的な質問をする場合は、具体的な額を記述していただくのではなく、「1. 0円、2. 1円以上〜5千円未満、3. 5千円以上1万円未満、4. 1万円以上5万円未満、5. 5万円以上」のように選択式にした方が回答しやすいでしょう。具体的な数量を記憶してないことがほとんどですし、記述式では「3万円」などのキリの良い数値が回答されることがありますが、これは概算であって正確な値ではないでしょう。

■ フェイスシートを作るべきか

フェイスシートとは、回答者の属性（性別や年齢、住所など）を知るための質問（するためのページ）です。回答者属性と回答を紐付けることによって「40代女性の8割が質問に対して回答Bを選んでいる。30代男性はAが9割を占めている」などの結果を得ることができます。フェイスシートから得られるこうした情報はデータ解析をするにあたって大変有用ではありますが、Webアンケートでは、1. 回答拒否の増加、2. 虚偽の回答を誘発しやすいこと、また、3. 情報の保護の観点からの問題があります。フェイスシートの項目はどうしても調査の都合上質問せざるを得ないものに絞る必要があります。属性情報として年収や宗教、犯罪歴

などのセンシティブ[◆1]な情報を扱うのは極力避けた方がよいでしょう。性別に関しても質問すべきかどうか、質問する際も「男性、女性」の選択肢だけでよいのかは微妙な問題です。性別に関する質問に配慮が見られる例として、ニコ割アンケート[◆2]が挙げられます。ここでは性別についての質問を「戸籍上の性別」について質問したところです。これであれば性自認と関係なく答えられます。ただし、だからといってすべての問題が解決したわけではありません。

　筆者の経験上、フェイスシートを設けると極端に回答拒否率が上がるという点も考慮すべきだと思われます。セキュリティやプライバシー保護に関してはまだ議論が続いている状況です。単に実名や年齢、住所だけが個人情報であり、それさえ聞かなければよいというものではありません。結論として、筆者がアンケート調査をする際はフェイスシートをできる限り設けないようにしています。設ける場合でも回答必須ではないようにします。できる限り回答者に不快な思いをさせないよう努めてください。これは調査を行う人の調査倫理に託すしかありませんしフェイスシートに限った話でもありませんが、過去の学術調査でも企業による調査でも回答者が不快になるような事例が存在しています。倫理的問題もありますし、回答者に不快感を与える調査を行うと回答率の低下や回答に虚偽が混じる可能性もあるため、実利の面でも問題が発生します。

■**セレクションバイアス**

回答者にはアンケートを拒否する権利があります（アンケートに回答しないとサービスを利用できないなどの仕組みを取り入れるのは止めましょう。ほとんどの場合、適当な回答が増えてデータが使い物にならなくなりますし、筆者も一利用者として不快に感じることがあります）。得られたアンケート結果はたまたま我慢強く回答してくださった方から得られたものであることに注意が必要です。センシティブな質問をした場合、虚偽の回答をするケースもありますが、そもそも回答を拒否するケースがあります。たとえば犯罪行為をしたことがあるか、浮気をしたことがあるか、いじめをしたことがあるか、などの質問をした際、該当する方は回答を拒否し、結局必要な情報を集めきれないということがあり得ます。このように、得られた回答結果はあくまで回答してくださった方からのみしか得られません。この理由で生じる、実態との乖離のことを**セレクションバイアス**と言います。事前テストを行うことなどにより、実際にセンシティブな質問に該当する方に不快に思われないかなどを確認し、セレクションバイアスをできる限り避けるよう努めましょう。

[◆1] アンケート調査では、とくに慎重に取り扱うべきものを意味します。何がセンシティブに当たるかは状況によって異なります。
[◆2] http://www.nicovideo.jp/enquete/

■ 回答者の疲労

質問数の多いアンケートは、回答者を疲弊させます。疲弊した回答者は適当な回答をしたり回答を途中で拒否したりします。Web アンケートを行う場合は質問項目は多くても 20 以下に絞りましょう。途中で回答拒否されるのはまだよい方で、適当に回答された場合は有効な回答との見分けがつかず、結果が大きく実情と歪んでしまうケースがあります。たとえば健康情報について詳細に尋ねる質問は、入院中であるなどの必要性のある場合を除いて、回答者は正しく回答する動機が非常に薄いということは念頭に置いてください。

■ 無回答やわからない・知らない、どちらもでもないという回答について

アンケートを取った際、無回答やわからない・知らない、どちらもでもないという回答を無効データとして除去するケースもありますが、それらの回答が無効かどうかはケースバイケースです。そのような回答の数は、質問が有効に機能しているかどうかの指標になります。

質問が有効に機能していないと考えられる場合は、次のような対処を取ります。

- 「どちらでもない」が多い場合は、回答者にとって興味・関心のない質問をしている可能性があります。そのような質問は弁別的妥当性が低いので、質問を他の項目に変更します。
- 「わからない」が多い場合は、質問文に解説をつけ加えます。
- 「無回答」が多い場合は、センシティブな質問である可能性があります。質問の仕方に配慮すると回答を引き出せる場合があります。あるいはその質問を取り下げるのもよいでしょう。
- 「知らない」は、質問文に解説を加えた方がよいケースと、対象の認知度を把握できるケースとがあります。たとえば「この商品のどこが好きですか」という質問に対し「知らない」が多い場合は、そもそもその商品の認知度が低いと考えることができます。この「知らない」という回答の多さを商品ごとに比較することによって各商品の認知度を、また、時系列で比較することによって認知度の増減を計測することができます。

■ 回答者のバイアス

回答者の選出には必ず何らかのバイアスが掛かります。自サイトで募集を掛けた場合は、すでに自サイトを利用している方からしかデータを集められません。Web 調査モニターではモニター登録するような方だけです。SNS で回答依頼を呼びかけるのも同様です。結局どのような収集方法を取ってもバイアスは掛かります。これはデータサイズを増やせば解決する問題ではありません。バイアスはデータ解析において逃れられない問題です。時系列でデータを取得し変遷を追うことで時系列の傾向（結果の絶対値ではなく増減程度）だけを利用するにとどめる、

そのバイアスを正しく把握して、そのなかでだけの結論であることを意識することが大切です。また、分析時にはバイアスをできる限り固定し、どのようなバイアスなのかを正しく把握し、報告書には想定されるバイアスを明記するようにしましょう。

■ 調査票数と回収率

アンケートには、回答を途中で打ち切られたり、そもそも回答を断られたりするのがつきものです。アンケート結果を解釈する場合、単に回答結果だけを見るのではなく、調査票を何人に送付したかを表す調査票数と、回収できた回答数を調査票数で割った値である回収率も把握しなければなりません。

調査票数が少なすぎたり回収率が悪すぎたりした場合、回答結果を鵜呑みにしてはいけません。Webアンケートの回収率は郵送法などと比較しても低く、郵送法では20％台の回収率の調査項目内容であっても、Webアンケートにすると10％を切ることがあるそうです[◆1]。もちろんアンケートの話題や中身によっても回収率は変わりますが、10％を切る場合、また、10％を超えていても他で実施したアンケートより著しく回収率が悪い場合は、得られた結果を慎重に扱うべきでしょう。はっきり言ってしまえば、利用しない方がよいでしょう。アンケートには多額の金銭と期間を要することが多いため、結果を捨てるなんてとんでもないと言われがちですが、実際に不備のあるアンケート結果を捨てるケースもありますし、ごく少数のサンプルから、偏った声を過大に反映した結果を導くよりはマシだとも言えます。アンケート調査計画時には事前に想定回収率を設定し、それを下回った場合は結果を捨てるという取り決めを行うべきでしょう。

■ 事前テスト

作成したばかりのアンケート票を用いていきなり大勢から回答を募るのはやめましょう。必ず身近な同僚や小規模な回答者群（5、6人程度で結構です）にアンケートを実施して、質問内容にわかりづらいところや回答しづらいところがなかったか調べましょう。このように調査の本番前に予行演習として行うテストを「事前テスト」と言います。どんなに注意深く質問項目を作ったつもりでも、回答者に誤解されることは避けがたいものです。事前テストを行うことによって、大規模な回答を無駄にすることを回避しやすくなります。実施してみないと作成者では気づかない様々な問題点が発生するものです。小規模なテストでよいので、最低1回は行い、できれば質問を改善しながら3回程度繰り返したいところです。アンケート調査を行う場合は必ず事前テストを行いましょう。事前テストの重要性は繰り返し述べるだけの価値があります。

◆1 社会科学系の研究者が書いた社会調査系の本では、郵送法で40％程度の回収率が普通であると書いてあるものもありますが、それはあくまで学術的な依頼による回収率であって、筆者の経験からすると一般企業のアンケートに対し40％もご回答いただくのは並大抵ではありません。

> **コラム** 定量的データとアンケートで得られた定性データ、どちらを使うべきか
>
> 「顧客の声そのものより、顧客の行動から心情を推察する方がよいケースもある」という主張があります。それは実際そのとおりで、前述のように、アンケートでは回答者自身の行動が伴わない、「べき論」に基づく回答や美化された回答がつきものです。そのため、必ずしもアンケートで得られた顧客の声＝顧客の真意でないということには注意が必要です。ただ、定量的データに基づいた分析ならば顧客の真意を100%推し量られるというものでもありません。あるサービスに1万円払った人と1,000円払った人とで前者の方が必ずしも満足したかどうかはわかりませんし、長く利用した利用者がそのサービスに好意的であったかどうかもわかりません。他に代替がないからそのサービスを嫌々使っていただけであって、不満を抱えていた可能性もあります。結局、定性・定量データのどちらも万全ではありません。それぞれの強み・弱みを理解し、適切に組み合わせて使うことが大切です。

3.14 データのチェック

本節では、アンケートやその他の方法で得たデータのチェックについて説明します。目的設定や分析計画を綿密に立て、データ設計もできる限り抜け漏れなく行ったとしましょう。そこまでしてもデータ解析がうまくいくとは限りません。現実のデータには様々な落とし穴があるからです。たとえば、「データ取得ミスや入力ミスによる値の欠損や異常な値の入力」、「比較するデータの単位や測定方法、取得期間のズレなどによる不整合」、「データ収集プログラムのバグや設定ミス」、「データを格納しているデータベースやファイルの破損」などがあります。これらの落とし穴への対処をしなければ、設計どおりのデータを得られません。頻出するデータの落とし穴とその対処法を学び、ご自身の手元のデータをチェックしてみましょう。

■欠損値はないか？

データに欠損がないかどうか[1]は最初に調べるべきことでしょう。とくにアンケートなど手入力するものに関してはよく欠損（無回答）が生じます。欠損には大きく二つのパターンがあり、一つは単なるミスとしての欠損、もう一つが何らかの理由があっての欠損です。とくに後者の場合はその理由が何なのかを調べて解決することに努めましょう。筆者が以前行ったアンケート調査で、質問項目に性別と年代を含む場合、ある特定の性別年代層は年代をご回答いただけないということがしばしばありました。どの性別年代層も年代について多少の欠損が見られたのですが、

◆1 たとえば、各行10列ずつあるはずのデータファイルなのにある行だけ9列しかないなど。

この層は飛び抜けて無回答が多かったのです。これが偶然によるミスなのか、それとも回答に拒否感を与えてしまうような質問だったのかは判断が難しいものです。センシティブな情報になればなるほど無回答は増えます。学術的な社会調査ではセンシティブ情報の取り扱いについて非常に慎重な取り組みを行います。一番簡単な対応策はセンシティブであるかもしれない質問はそもそもしないということです。

単なる記入漏れや見落としによる欠損である場合の対処方法として、

1. 「無回答」というデータを入れる
2. 平均値や中央値などの値を入れる
3. 周辺情報から回帰分析を行って欠損部分の値を埋める
4. 欠損を含んだデータ（アンケートの場合は、無回答がある回答者の答えを利用しないなど）は取り扱わない
5. 欠損を含む質問項目を除外する（性別について無回答とする人が全体の5%以上いるのであれば、その質問はそもそも不適切であったとして性別情報を一切取り扱わないとするなど）

などの方法があります。**1. 2. 4.** は簡単にできますが、欠損が何らかのパターンによって生じている可能性がある場合は適切な方法ではなく、**3.** を利用した方がよいでしょう。しかし **3.** は回帰分析という手法を用いる必要があり、これを正確に使いこなすのはなかなか困難でもあります。**4. 5.** はこれを厳密に適用するとアンケート結果のうちごく一部しか利用できず、必要最低限の回答件数を下回ることもあります。方針として、欠損がデータ全体のごく一部でしかないのであれば **4. 5.** を利用する、回帰分析などの統計手法に長けた人がいる場合は **3.** を利用する、どうしようもない場合は **1. 2.** を利用する（あるいは調査を質問項目作りからやり直す）というのがおすすめです。

> **コラム　欠損値への対処**
>
> データ解析の専門書などでは **3.** が推奨されることも多いのですが、筆者の私見では **3.** を適用するのは難しいと思われます。回帰分析は、取り扱う変数が独立であることや残差が正規分布していることを求めるなど様々な制約があります。たとえばアンケートでは、前節でも取り上げたように、各質問が独立ではなく何らかの構造をもっていることがほとんどです。そのため、回帰分析で適切な値を推定するのはなかなか難しいタスクなのです。回帰分析は頻繁に使われる手法ですが、その意味するところや利用可能な条件についてきちんと学び出すと、思いのほか難しい手法だということがわかります。筆者はあまりおすすめしませんが、適切に推定できるという自信がある場合のみ行ってください。

■単位は揃っているか？

　値を比較する際、単位が揃っていなければなりません。1999年、NASAの火星探査機がメートル法とヤード・ポンド法を取り違えたために事故が発生しました。NASAですら単位の混在に悩まされています。また、単位は何かの率を出すときにも問題となります。比較するために率を出す際は、分母と分子の単位を揃えなくてはなりませんが、往々にして分母が揃っていない資料を見ることがあります。健康食品の成分表示にmg（ミリグラム）とg（グラム）が混在していて誤解してしまった経験をお持ちの方も多いでしょう。単位が揃っているかどうかは値だけを見てもわからないことが多いです。少しでも疑問に感じたときは、必ずデータ取得者に意図した単位なのか確認しましょう。

■外れ値や異常値はないか？

　外れ値とは、あるデータにおいて他の値から大きく外れた値のことです。外れ値があると、あるデータの典型像を知りたいという目的で平均などを算出する際に不都合が生じます。たとえば、10人の平均年収を算出するとき、9人が年収500万円で1人だけ年収1億円ですと平均年収は1450万円となり、たった一人の極端に大きい年収によって、典型的な年収像が上振れてしまいます。外れ値は散布図を描いたりデータを昇順や降順で並べてみたり、あるいは統計的手法を用いたりすることによって見つけることができます。

　異常値は、何らかのデータ取得時や記入時のミスにより出力された値のことです。紙で得られたアンケート結果をコンピュータに打ち込むときに0を多くつけてしまったり、データ測定用のプログラムにバグがあり正常な値が出なかったりするときに発生します。

> **コラム　外れ値と異常値の扱いの違い**
>
> 　よく混同されがちですが、外れ値と異常値は全く異なる概念です。外れ値はあくまで正常に取得されたデータのなかに飛び抜けたものがあるという、もともとのデータ特定の性質から生まれるものです。異常値はデータそのものではなく、測定や入力時にデータ外部から与えられてしまったものです。データ解析をする場合、一般的に異常値はすべて除去すべきですが、外れ値を除去すべきかどうかは問題によります。データのなかに並外れた値がある場合、まずはそれが異常値なのか外れ値なのかの区別をつけましょう。また、異常値は必ずしも他の値と比べて特段に大きい、あるいは小さいというわけではありません。筆者はとあるデータのなかに5〜12までの値が入っているのを確認し、その中で5を異常値として除外したことがあります。なぜならば、そのデータは日本の小学生の身体測定データであり、通常日本において何らかの事情がない限り5歳の小学生は存在しないから

> です。ここでは、データだけではなく日本の小学校の制度というデータ外の知識をもとに異常値であると判定したわけです。このように、異常値の判定はデータだけ見ればできるというものではありません。外れ値に対しては、外れ値を何らかの手法で除去する以外に、分析の段階で「頑健な手法」[◆1]を用いるという選択肢もあります。これは第4章で学びます。

■エディティング

アンケート調査票の誤記入・記入漏れなどを見つけて修正する処理のことです。欠損値や異常値を検出し対処するのはアンケートに限らず必要な作業ですが、アンケートには特有の「多項選択ミス」、「論理的エラー」が存在します。

- 多項選択ミスは、「このなかから当てはまるものを三つ回答してください」という質問に対し二つ以下、あるいは四つ以上回答された場合などです。
- 論理的エラーは、「喫煙しますか？」という質問に「いいえ」と回答しておきながら、次の「1日何本程度吸いますか？」に対して「3本」と回答するというような、各回答に整合性がないというエラーです。

これらに注意してエディティングする必要があります。その他、回答を手書きでいただく場合は読み取りエラーや書き損じなどへの対応も必要になります。

エディティング時に重要なことは、エディティングの基準や規則を定めた手引書を作成し、それに従って処理することです。たとえば多項選択ミスを発見した場合、回答をすべて捨てるのか、それとも部分的にでも利用するのか。論理的エラーがある場合、先ほどの喫煙の例で言えば、その後の回答内容がどう見ても喫煙者を示すものであれば、「喫煙しますか？」に対して「いいえ」と回答したのは単なる入力ミスかもしれないと解釈してそのデータを利用した方がよいのかもしれません。その場合も、どのような条件を満たせば「これは単なる入力ミスで喫煙者に違いない」と判断するのかを集計者が独断で判断するのでは、集計者によって集計結果が変わってしまう危険性があります。必ず手引書を用意し、それを遵守するようにしましょう。

■システムエラー、収集失敗はないか？

先ほどの異常値に関わる問題です。あるサービスの利用頻度を1時間ごとに計測していたとしましょう。もしバグ修正のメンテナンスなどのために、そのサービスが利用できない時間帯が生じたとすると、そもそも頻度データを取れなくなりま

◆1 外れ値に左右されにくい手法。

す。また、データ収集のプログラムに何かの問題があり、正常にデータを取得できないケースがあります。筆者があるサービスのサーバからデータ取得し、そのデータを日時で集計するシステムを作った際、ある日から突然ユーザ数が4/5に落ち込んでしまったことがあります。何かユーザを離脱させてしまう要因があるのかと首を捻っていたのですが、その後よく調べてみると、集計上ユーザ数が減少したその日に、サービス側で負荷対策としてデータ出力サーバを4台から5台に追加したということがわかりました。つまり、5台のサーバすべてからデータを取得するよう設定しなければならなかったにもかかわらず、4台からのみ集計してしまったがためにユーザ数が減少したかのように見えていたのでした。このように、システム上のトラブルはバグや高負荷だけではなく、各種設定ミスや不十分な意思疎通によって発生することもあり得ます。

■調査員は信用できるのか？

データ取得者とそのデータやデータ解析との間に何らかの利害関係があるとき、そのデータを信じるべきか疑念が生じます。データを取得する際は信頼のおける・利害関係のない第三者機関を用いましょう。

3.15　データクレンジング

前節で説明したように、取得したデータをそのまま分析ツールに投げ込めばよいのではなく、欠損値や異常値、外れ値への対処をしなければなりません。これらをまとめて**データクレンジング**、あるいはデータクリーニングと呼びます。しかし、データサイズが大きければそれらを目視で探すのは困難です。そのため、何らかのツールを使う必要があります。Excelはマウス操作だけで使えるたくさんの機能が詰まった素晴らしいツールですが、数百万行以上に及ぶ巨大なデータやLinuxなどのサーバ上で集計をする場合などには不適切です。また、データクレンジングをマウス操作で行うと、手順を再現しづらく、作業を自動化するのも困難です。そこで、本節ではAWKというテキスト処理用のプログラミング言語を使ってデータクレンジングを行う手順を説明します。なぜ数あるツールの中でAWKを選んだかと言うと、非常に簡単に使える上に面倒なインストール作業や環境構築が不要だからです◆[1]。AWKはWindows環境でも、実行ファイル（exe）を一つもってくるだけ

◆[1]　本書はプログラミング経験が全くない読者を想定しているため、処理速度や機能の充実度よりも学習コストが低いことを重要視した選択です。何らかのプログラミング言語をすでに習得している、あるいは習得する予定であるならばそれをご利用いただいて構いません。

で利用可能です。それでいながらAWKは非常に強力なツールでもあります。「プログラミングなんて難しいのでは？」と思われるで方も、論より証拠で次のコードを見てください。

```
awk /setosa/ iris.csv
```

これはAWKを起動し、iris.csvというファイルのなかから"setosa"という文字列を含んだ行を出力するというコードです。たったこれだけで指定したファイルから指定した文字列を含む行を抽出してくれます。これを利用するだけで、異常を表す文字列や欠損を表す文字列を含む行を抽出することができます。目で探し回る必要がなくなります。さらにAWKでは、問題のある行を見つけるだけではなく、欠損値があればそこに対して値を埋めたり、データを整形（列の順番を変えたり指定した行や列だけを抽出したり）したりすることも簡単にできます。

■ AWKの入手と準備

LinuxやMacをお使いの場合は標準でAWKが利用可能です。Windowsの場合は、下記からダウンロードする必要があります。

https://code.google.com/p/gnu-on-windows/downloads/list

2015年4月の時点では下記の gawk-4.1.0-bin.zip が最新です。

https://code.google.com/p/gnu-on-windows/downloads/detail?name=gawk-4.1.0-bin.zip

こちらをダウンロードし、zipファイルを展開すると、gawk.exeというファイルが出てきます。そのgawk.exeを用意したテストデータと同じフォルダに入れます。説明の便宜のため、用意したフォルダをawkに改名し、C:¥に置いてください。コマンドプロンプトを起動し[1]、gawk.exeを置いたフォルダであるC:¥awkまで移動するために

```
cd C:\awk
```

と打ち込んでEnterキーを押してください。

次に、コマンドプロンプトにgawkと打ち込んで図3.3の画像のようにgawkに関する説明文が表示されれば準備完了です。

---

[1] Windows7の場合、スタート→すべてのプログラム→アクセサリ→コマンドプロンプトの手順でコマンドプロンプトを起動できます。他の環境の場合は「コマンドプロンプト　起動」でWeb検索してください。

```
C:¥Users>cd c:¥awk

c:¥awk>gawk
Usage: gawk [POSIX or GNU style options] -f progfile [--] file ...
Usage: gawk [POSIX or GNU style options] [--] 'program' file ...
POSIX options:          GNU long options: (standard)
        -f progfile             --file=progfile
        -F fs                   --field-separator=fs
        -v var=val              --assign=var=val
Short options:          GNU long options: (extensions)
```

図 **3.3**　AWK の説明文

■基本的な使い方

AWK は多彩な表現力をもつ力強いプログラミング言語ですが、そのすべての機能を理解するのはそれ相応の時間がかかります。しかし、AWK はほんの 5 分学ぶだけでも様々なことができるようになります。ここでは、その 5 分で学べる AWK の基本的な使い方について説明します。最初に目的ごとのコマンドの雛形を紹介し、その中身について説明します。

事前にサポートサイトから取得したサンプルデータ `dirty_iris.csv`◆1 の中身を確認してください。アイリスデータはあやめのがくと花びらの長さと幅、あやめの品種を記述したデータファイルです。これはよく統計処理を学ぶ際に用いられるものです。本節ではこの `dirty_iris.csv` を利用して様々な処理を行います。ここでは外れ値検出などを行うため、データの内容を一部変更（異常値や欠損値を混入）しています。

■指定したキーワードを含む行だけを抽出する

コマンド雛形　`gawk /`**キーワード**`/` **ファイル名**

指定したファイルのなかからキーワードに指定した文字列を含む行だけを抽出します。

```
gawk /setosa/ dirty_iris.csv
```

とすれば、setosa を含む行だけを抽出します。

```
c:¥awk>gawk /setosa/ dirty_iris.csv
5.1,3.5,1.4,0.2,setosa
4.9,3.0,1.4,0.2,setosa
4.7,3.2,1.3,0.2,setosa
```

図 **3.4**　setosa を含む行の抽出

文字列だけではなく数字でも抽出できます。

◆1　https://github.com/AntiBayesian/DataAnalysisForPracticesample_data/dirty_iris.csv

```
gawk /5.8/ dirty_iris.csv
```

図 3.5 指定数字を含む行の抽出

よく出力結果を見てみると、キーワードの 5.8 が 1 列目にある行に加えて、3 列目にある行も抽出されています。実際は 1 列目の値がキーワードに該当するときのみ抽出したいということが多いでしょう。その場合は、次のコマンドを使います。

■ 指定した列に指定したキーワードを含む行だけを抽出する

```
gawk -F 区切り文字 $ 列番号 ~/ キーワード / ファイル名
```

列を指定してキーワード抽出する場合は、

```
$ 列番号 ~/ キーワード /
```

とします。ここで -F は区切り文字を指定する設定です。-F , とすることでカンマ区切りになります。

1 列目が 5.8 の行だけを抽出したい場合は次のコマンドを入力します。

```
gawk -F , $1~/5.8/ dirty_iris.csv
```

図 3.6 列指定抽出

■ 抽出結果をファイルに出力する

```
gawk / キーワード / 入力ファイル名 > 出力ファイル名
```

先ほどまでのデータ抽出コマンドに続けて

```
> 出力ファイル名
```

とすると、指定したファイル名で抽出結果を保存することができます。この > を

利用して出力結果を保存することをリダイレクトと言い、出力結果をコマンドプロンプトではなく指定したファイルに行うという意味です。

たったこれだけで様々な条件を指定したデータ抽出が可能になりました。この基本を踏まえて実際的な処理について学びましょう。

■欠損値のある行への対処

AWK には最初から便利な機能が豊富に用意されています。そのうちの一つ、NF という変数には各行が何列で構成されているかが格納されています。これを抽出すれば、指定した列数と異なる行、つまり欠損値のある行を簡単に抽出できます。dirty_iris.csv は 5 列で構成されているデータファイルであるため、5 列未満の行は欠損が発生していると考えられます。欠損を起こしている行を抽出するコマンドは下記となります。

```
gawk -F , "NF<5" dirty_iris.csv
```

```
c:\awk>gawk -F , "NF<5" dirty_iris.csv
6.2,5.4,2.3,virginica
```

図 3.7　欠損値を含む行の抽出

■異常値・外れ値を含む行の抽出

異常値や外れ値を目で探すのは、データサイズが大きくなれば至難の業です。AWK で簡単に外れ値や異常値を検出しましょう。2 列目（sepalwidth）が 0 以下の値を異常値とする場合は、次のコマンドを入力します。

```
gawk -F , "$2<0" dirty_iris.csv
```

```
c:\awk>gawk -F , "$2<0" dirty_iris.csv
6.5,-1.5,2,2.0,virginica
```

図 3.8　異常値を含む行の抽出

これに追加して 1 列目（sepallength）が 10 以上であれば外れ値であるとする場合は次のコマンドを入力します。

```
gawk -F , "$1>10 || $2<0" dirty_iris.csv
```

```
c:\awk>gawk -F , "$1>10 || $2<0" dirty_iris.csv
sepallength,sepalwidth,petallength,petalwidth,class
6.5,-1.5,2,2.0,virginica
99,3.0,5.1,1.8,virginica
```

図 3.9　異常値・外れ値を含む行の抽出

このように、条件は複数指定することができます。条件を AND（両方の条件を満たすことを要求する）でつなぐ場合は &&、条件を OR（どちらかの条件を満たしさえすればよい）でつなぐ場合は || と入力します。

■データの整形、print の利用

指定した列だけを出力したい場合や、あるいは列を入れ替えて出力したい場合があります。その場合は print を利用します。print を利用する場合はどこからどこまでが print の範囲なのかを gawk に正しく伝えるため、""（ダブルクォーテーション）と｛ ｝（波括弧）で囲う必要があります（mac や Linux の場合、ダブルクォーテーションではなくシングルクォーテーションのケースもあります）。

```
gawk -F , "{print $5, $1, $2}" dirty_iris.csv
```

このようにすると指定した列だけを出力します。また、print に指定した順に指定列を出力します。

```
c:¥awk>gawk -F , "{print $5, $1, $2}" dirty_iris.csv
class sepallength sepalwidth
setosa 5.1 3.5
setosa 4.9 3.0
setosa 4.7 3.2
setosa 4.6 3.1
```

図 **3.10**　データ整形

■データの加工・計算

データを加工したり計算することも簡単にできます。dirty_iris.csv の数値データは小数点を含んでいるので、これを整数値にしたいとします。その場合は値を整数値に変換[◆1]する int 関数という機能を使います[◆2]。

```
gawk -F , "{print int($1)}" dirty_iris.csv
```

```
c:¥awk>gawk -F , "{print int($1)}" dirty_iris.csv
0
5
4
4
```

図 **3.11**　関数適用

列同士の計算も可能です。

◆1　切り上げ。小数点以下は捨てる。

◆2　列タイトルは文字列だったため、int 関数を適用すると 0 に変換されることに注意してください。

```
gawk -F , "{print $1*$2}" dirty_iris.csv
```

```
c:\awk>gawk -F , "{print $1*$2}" dirty_iris.csv
0
17.85
14.7
15.04
```

図 3.12 列同士の計算

紙面の都合上ごく簡単な例しか掲載していませんが、ごく簡単なコマンドを実行するだけで様々な処理ができることが実感できたと思います。

サポートサイトではより詳細なコマンドと活用事例を掲載しているため、AWK についてもっと学びたい場合はそちらをご覧ください。

3.16 管理

データはただ収集すればよいわけではなく、いつでも（利用権限のある人であれば）誰でも簡単に使えるように整備されていなければなりません。よくある失敗話は、社内に大量のデータがあるはずなのに、どこに何があり誰にどう申請すれば利用できるのか誰も把握していないケースがあります。このようにデータが死蔵されているにもかかわらずデータ取得と管理のコストだけが毎月計上されていきます。利用できないデータはないも同然です。どれだけ素晴らしいデータ収集計画や設計を立てて収集に励んでも、管理を怠っては元も子もありません。

また、適切な権限管理も必要です。病歴や出身に関わるようなセンシティブな個人情報を含むデータは、誰でも閲覧可能な状態にしてはいけません。データは収集した元データだけではなく作業中のデータや成果物としてのデータもあり、また、ドキュメントや統計処理を行うソースコードなども含めて適切に管理する必要があります。それらを踏まえて以下では、名前管理、構成管理、バージョン管理、権限管理、そして管理システムについて説明します。

■名前管理

データファイルや各データの項目に適切な名前をつけることによって、データの詳細な定義を追わなくても一目で何のデータなのか概要がわかる◆[1] ようになりま

◆[1] 書籍『リーダブルコード』(Boswell 他、オライリージャパン、2012) の第 2 章「名前に情報を詰め込む」に良い例が掲載されているので参照してください。たとえばビンに「毒薬」とラベルが貼っていれば、それがどのような毒薬で致死性なのか成分は何なのかなどの詳細はわからなくても、少なくとも「飲んではならない」という最も重要な情報は伝わります。この例のように、名前だけで詳細まで把握することは難しいですが、最重要な情報を伝えることができます。これはたくさんのデータがある場合非常に役立ちます。

す。たとえばデータファイルに data.txt と名づけて保存するのは最悪です。様々なデータが増えてくるとそれに伴いデータファイルも増え、一体何のデータが格納されているのかわからなくなっていきます。データ解析は1度きりで終わりではなく反復するものですし、二つ以上のプロジェクトを同時に回すこともあります。複数のプロジェクトの複数のデータやドキュメントやソースコードなどのファイル群、同じプロジェクトの各サイクルのファイル群、新規に着手するプロジェクトのファイル群……これらが混在すると、もはやデータを参照してどのファイルに目的のデータが格納されているのかを確かめることすら不可能になってしまいます。ファイル名には日付、プロジェクト名、データの内容を簡潔に表したキーワードをつけるとよいでしょう◆1。また、ファイル名やデータの値に日付を用いる場合は、2014年12月1日であれば "20141201" というように表記するのがおすすめです。"2014年12月1日" というように英数字以外を混ぜると、読み込めなかったり文字化けしたりすることがあります。月や日は2桁表記にし、1桁の値の場合は "01" のように 0 で埋めます。このようにすると文字数が揃うため扱いやすくなります。必ず命名規則を作成し、徹底してください。バラバラな表記は混乱のもととなります。

■構成管理

構成管理とは、どのファイルをどのフォルダに格納するか、各フォルダをどのような階層に置くかを決めて管理することです。プロジェクトごとに、データはこのフォルダに入れておく、プレゼン資料はこのフォルダに入れておく、というような規約をまとめておきましょう。とくに、どのデータがどこにあるかを一目でわかるように整備することで、必要なデータへのアクセスが容易に行えます。構成管理をするには規約を決めてフォルダを手作業で管理するのも一つの手ですが、それでは全体像をつかみにくいのと、後述するバージョン管理やコメント付与などがしづらいため、できる限り管理システムを利用することをおすすめします。

構成管理をする際、元データファイルを保存するフォルダと作業用フォルダ、成果物のフォルダは必ず分離すべきです。作業中に誤って元データファイルや成果物のデータを書き換えたり破損させたり削除してしまうと大変なことになる可能性があります。最上位階層のフォルダに Excel や HTML ファイルなどでフォルダ構成を記入した構成管理ファイルを用意しておくとわかりやすいでしょう。

◆1　このうち、日付は後述するバージョン管理システムを使う方がよく、プロジェクト名も同じくバージョン管理システムを使うなり後述する適切な構成管理をすることによってファイル名に盛り込まなくて済みます。バージョン管理システムを利用するなど適切な構成管理を行うことが原則であり、ファイル名に日付やプロジェクト名をつけて管理するのはそれができない場合の次善の策です。

参考までに、筆者がデータ解析を行う場合のフォルダ構成は**図3.13**です。

```
親フォルダ
├── project_A          > プロジェクトごとにフォルダを切り分けます
│   ├── data           > 加工済みのデータファイル用フォルダ
│   ├── document       > 処理手順や打ち合わせ資料などのドキュメント用フォルダ
│   │   └── img       > ドキュメント画像用フォルダ
│   ├── log            > 元データファイル用フォルダ
│   ├── main           > 作業用フォルダ
│   ├── output         > 成果物用フォルダ
│   ├── script         > スクリプト用フォルダ
│   └── tmp            > 一時的に退避させておくフォルダ
└── project_B          > project_A と同じく
    ├── ...
    ├── ...
    └── ...
```

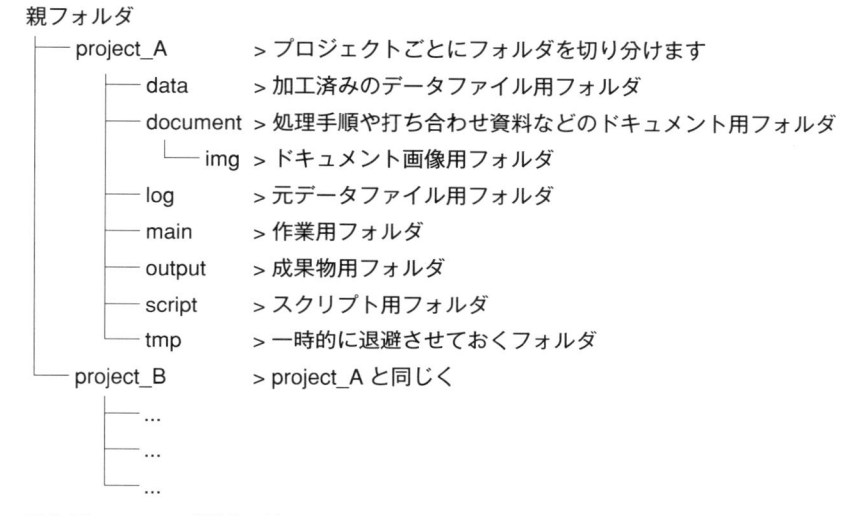

図**3.13**　フォルダ構成の例

　作業用のフォルダの下に成果物や元データファイルを置くのはやめましょう。作業時に、作業用フォルダ以下すべてのファイルに変更を加える処理を誤ってしてしまうことがよくあるためです。作業用フォルダと同じかより高い階層に成果物や元データファイル用のフォルダを設置しましょう。log フォルダからデータファイルをコピーして作業用のフォルダにペーストし、Excel や script フォルダ内のスクリプトを用いてデータ解析を行います。まだ利用するかもしれないがしばらくは利用しないファイルは、main（作業用フォルダ）に置いておくと邪魔になることもあるため、適宜 tmp フォルダに置くとよいでしょう。どのようなフォルダ構成がよいかは検討してから明文化すべきであり、とくに複数人でデータ解析をする際は、相談の上、プロセス **2. 分析計画** の時点で決めておくとよいでしょう。

■バージョン管理

　バージョン（版）管理とは、ドキュメントやソースコードなどのファイルの変更履歴を管理することです。ドキュメントやソースコードは改修されていくものです。どのバージョンを参照したのかわからないと、「ドキュメントどおりの処理をしたはずなのに結果が異なる、プログラムが動かない」などの事態が生じます。また、いつ誰が何のどの箇所をなぜどのように改修したのかを明記しないと、のちに何のための改修なのかがわからず混乱を招くことがあります。

以上を踏まえ、バージョン管理する場合は最低限「変更日時、変更者、変更ファイル」、できるならばさらに「変更コメント、変更箇所（行単位）」の情報を記載してください。ほとんどのバージョン管理システムではこれらが実現できます。バージョン管理システムを利用できない場合は、これらの情報を記載した変更履歴ファイルを、プロジェクトの最上階層（先ほどの「構成管理」の例で言えばproject_Aフォルダ直下）に置きましょう。

　バージョン管理をシステム的にできない場合は、フォルダを編集した日付ごとに切り分け、全ファイルをコピーするか差分を取るという対応を取ります。全ファイルをコピーする場合、データファイルのサイズが大きいとすぐにコンピュータのハードディスク容量を使い切ってしまう危険性があります。差分の管理をするのは相当面倒なので、本来は手作業ですべきではありません。フルバックアップなら手動でもある程度可能ですが、差分バックアップは手作業でするのは困難です。

■権限管理

　誰がどのデータにアクセスできるかを管理する必要があります。たとえば、企業の全従業員が利用者の全データやその分析結果を見られるようにする必要はありませんし、漏えいリスクを軽減するためにも権限管理は行うべきです。一度決めた権限設定も、社員が部署移動したり権限規約が変更されたりすることによって設定変更されることがあるため、常任の権限管理者が必要です。

　また、権限管理をすべてのファイルとフォルダ・すべての関係者について人手で行うことは非常に負担の大きな作業となります。データがある程度多様になると、問い合わせ対応に時間を大きく取られることすらあります。これもシステム管理すべきでしょう。

■管理システム

　ここまで管理システムを使うことの重要さを繰り返し述べてきましたが、ここではpukiwikiとgitについて簡単に紹介します。

- wikiシステム：pukiwiki
  wikiはブラウザ上でドキュメントやファイルを管理できるシステムです。代表的なものとしてWikipediaがあります。wikiを利用するメリットとして、構成管理、バージョン管理（誰がいつどのページ・ファイルを編集したかの情報）、ユーザ管理（各ユーザに権限を割り振る＋ページごとに閲覧権限設定ができるなど）、コメント付与（wikiに投稿されたページやファイルについて補足説明などを入れられる）などが低コストでできることが挙げられます。デメリットはシステム構築と

メンテ、また、利用者のシステム習得に対してコストがかかる点です。wiki シ
ステムは無料・有料のもの含め様々あり、各々大きく機能や使い勝手が異なります。
広く使われているものとしてたとえば pukiwiki[◆1] があります。pukiwiki はサー
バを用意すれば比較的簡単に設置でき、多様な拡張機能が用意されているのが魅
力です。

■ バージョン管理システム：git

バージョン管理システムのなかでは git が主流です。ただし、コマンド体系や概
念が複雑なので、習得にはそれなりの時間がかかります。利用法は次のサイトを
参考にしてください。

Pro Git : http://git-scm.com/book/ja/v1

■管理の重要性

　筆者はデータ解析を始めようとしている企業やチームにコンサルティングをする
ことがあります。その際、先方から高価な統計解析ソフトを導入すべきかを尋ねら
れることがあります。先方はそれに相当の予算も見込まれるのですが、それよりも
適切にデータを管理するためのシステムやバージョン管理をするために予算を割い
た方がよいと進言することにしています。しつこいようですが、良きデータ解析に
は良きデータが必要です。そして良きデータを用いるには適切な管理が必要です。
リソースに限りがあるのは仕方ないことですが、データの管理にコストを配分しな
いのは後々の後悔のもとです。そして困ったことに、データが管理されていない状
態に一度陥ると、そこから復旧するのはかなり困難です。管理しようにも、誰が何
のためにいつどうやって何を収集してきたのか、どのように加工・編集されたのか
がわからないデータは、後からその素性を調べようとしても、たまたま実行者に
状況をヒアリングができる場合でもない限り不明なまま終わってしまうでしょう。
データ解析に取り組むのであれば、データを管理するコストについても考慮してく
ださい。

コラム　データに対する名前管理

　適切な名前や ID をつけることは、ファイルに対してだけではなく、データにも適用すべ
きです。実例を一つ紹介しますと、筆者は以前、複数のソーシャルゲーム運営者からアイ
テム別売上のデータ解析を依頼されたことがありました。内容は「新しいアイテムを出す
場合、たとえば武器と回復アイテムならどちらの方が売れそうなのかを調べて欲しい」と

[◆1] http://pukiwiki.sourceforge.jp/

いうものでした。

　どのゲームも、各アイテムをアイテム名（たとえば「薬草」や「鋼の剣」など）とIDで管理していました。しかし、ゲームによってIDの命名規則が全く異なっていました。あるゲームは各アイテムを設定した順に採番したものをIDとして設定しており、具体的には「薬草:0001」、「鋼の剣:0002」としていました。一方、別のゲームは各アイテムの種別ごとにID体系を作り、その種別に応じて採番したものをIDとして設定していました。具体的には「薬草:medicine_0001」、「鋼の剣:weapon_0001」という状況でした。前者の場合、アイテムの種類はアイテム名を見なければわからず、アイテム名とIDの紐付表を見ながらプログラムを書かざるを得ませんでした。しかも、アイテム名によっては武器なのか回復アイテムなのか判断がつかないものすら多くありました。一方、後者の場合、回復アイテム系はIDがmedicineで始まるアイテム、武器系はweaponで始まるアイテムと簡単に判別できましたし、プログラムで集計を行う場合も、ワイルドカードや正規表現という便利な機能を使うことによって簡単に処理することができました。ワイルドカードとは、文字列の一部が一致したデータを取り出すことのできる機能であり、たとえば、"medicine_*"というように書くと*（アスタリスク）以降はどの文字列が来ても一致したと見なされます。つまり、"medicine_*"は"medicine_0001"でも"medicine_XXXXX"でも一致したと見なして取り出してくれます。これを利用すれば、medicine_*で一致したアイテムを集計するだけで回復アイテム系の売上がわかります。これは、IDを体系立てて設定するかどうかでどれほど作業負荷が変わるかという一例です。

　さらに細かい分析が必要になることもあります。先ほどの例で言えば、回復アイテムといっても体力（HP:Hit Point）を回復するものなのか魔法力（MP:Magic Point）を回復するものなのか、あるいは毒や麻痺などから回復するためのものなのかでさらに細分化すべきだと思います。その場合、体力を回復するものなのか魔法力を回復するものなのかでHP_*、MP_*とIDを完全に切り分けるのではなく、medicine_HP_*、medicine_MP_*というようにID体系を構成すると、「回復アイテムであり、回復対象はHPである」ということが容易にわかります。このように、ID体系は大分類/中分類/小分類という形で構成するのがよいでしょう。これは必ずしも一つの列に格納する必要はなく、A列に大分類、B列に中分類、C列に小分類というように列を分けるのも効果的です。できれば分類ごとに列を分けた方が指定しやすいのでよいでしょう。筆者は先ほど依頼を受けた際、武器や防具のIDを"weapon_*"、"protecter_*"と設定していたのを、equipment（装備）を大分類項目として設定し、武器や防具はその下の中分類項目として"equipment_weapon_*"、"equipment_protecter_*"のように設定し直しました。それによって、装備品としての括りでの集計、武器・防具としての括りでの集計というように、集計の粒度を簡単に変更できるようになりました。結果、集計のみならず、既存アイテムの種別ごとに今どれくらい存在しているのかなどを管理するのにも役立ち、依頼者に喜んでいただくことができました。ここではIDの体系についてのみ説明しましたが、適切な名前をつけることの重要性は意識すべきでしょう。

　この辺りの話については『リーダブルコード』というプログラマ向けの読み物がおすすめです。これはデータ解析の本ではありませんが、良き名前やコメントをつけることの重要性を詳細に説明し、のみならず具体的にどのような規則で命名すればよいのかをわかり

やすく説明しています。プログラマ向けの本であるためソースコードが所々出てきますが、ソースコード部分を読み飛ばしても得るものは大きいので一読を勧めます。

3.17 データ目録

分析する際、対象となるデータが「存在するかどうか」、「どこにあるか」、「どのようにすれば取得・利用できるか」について明らかになっていればすぐ分析に取り掛かることができます。逆に、それらの情報がないと、目当てのデータを探すことに時間を費やしたり、ないものを探し回ったり、ないと諦めたものの実は存在しておりデータ取得コストが二重にかかったり……、などの非効率が発生してしまいます。上記のような問題を解消するため、誰でも簡単にデータを利用できるよう各データの名前とその内容をまとめたドキュメント（ここでは**データ目録**と呼びます）を作るとよいでしょう。データ目録にはデータの具体的な内容に加え、後述する「データの詳細」と「データの取得方法」についても記述するとなお便利です。データ目録は一度作って終わりではなく、変更の度に更新し続ける必要があることに注意してください。

■データの詳細

データの具体的な中身に加え、1. データ名（データ目録の名前とデータ詳細とを紐付ける名前、あるいはID）、2. データの取得方法、3. データの生成タイミング（どのような条件やユーザアクションが発生したときに出力されるデータなのか）、4. データ属性、5. データ詳細（備考）、6. データ分類（「顧客管理用のデータ」や「商品管理用のデータ」であるなど）を記載すると大変役立ちます。

「2. データの取得方法」にはデータを取得して実際に利用できるようにするため、次のような情報を記載します。

- データが格納されているデータファイルやデータベースがどこに配置されているのか
- データへアクセスするのにパスワードや権限は必要なのか
- パスワードや権限が必要な場合は、どのような条件を満たせばそれらが付与されるのか
- パスワードや権限の付与をどの担当者（どの部署）に申請すればよいのか

これらの情報をデータ目録に記載しておくと、スムーズにデータが利用できます。「4. データ属性」には型情報と各種制約条件（NULL、UNIQUE、CHECK）を

記載します。型情報には「数値」、「文字列」、「日付」、「フラグ（0か1、yesかnoなどの二つの値だけを取るデータ）」、「カテゴリ（指定されたデータのうち何か一つを選択するデータ。たとえばサービス利用者の都道府県や職業など）」のうちどれが当てはまるのかを記載します。各種制約条件については、「NULL」はデータが入ってないことを表し、NULLが許可されるか（NULLがあり得るなら○、あり得ないなら×などと表記するとよいでしょう）、「UNIQUE」は重複した値が許可されるか、「CHECK」は取り得る値に何か制限があるか（日本における飲酒者の年齢欄には20歳以上しか登録できない、など）、という制約情報のうち当てはまるものを記載します。

「5. データ詳細（備考）」には、データそのものを確認しただけではわからない付随的な情報を記載します。たとえば「データを取得した目的」、「利用ライセンス（「何人まで利用可能であるか」や「どのような利用方法であれば利用可能なのか」など）」、「誰が取得・設計したのか」、「倫理面や取得コストに懸念はないか」などがあります。

3.18 終わりに

データ解析は試行錯誤を繰り返すものです。データが十分に揃い、なおかつ簡単に扱えるよう整備されていると、試行錯誤がやりやすくなり、成果につなげやすくなります。良きデータは、この後の章で説明する分析手法を適用したりデータをもとに意思決定したりするための礎になります。以降の章で学んだことを実践してうまくいかなかった場合、分析手法のテクニックに頼って改善しようとするのではなく、データ自体や分析計画を見直すようにしましょう。

良いデータが良い分析に繋がる！

第4章 探索的データ解析

　第 4 章では探索的データ解析について学びます。これは、データから分布の特徴を把握したり比較対象との差異を見出したりすることによって有益な仮説を見出すアプローチです。これにより、真に取り組むべき問題は何かを明らかにすることが可能となります。

4.1 探索データ解析とは

> 正しい疑問に近似的な解をもつほうが、間違った疑問に対する正確な解をもつよりもよほどマシである。
>
> ——テューキー

　データ解析のアプローチには「仮説検証型」と「探索型」の二つがあります。前者は何らかの仮説をデータによって裏づけるというアプローチ、後者はデータから何らかの仮説を得るためのアプローチです。実際のデータ解析はどちらか一方のアプローチだけを取るというものではなく、二つを行き来しつつ、データから仮説を生み出し、生み出された仮説をデータから検証し、検証の結果得られた知見からまた新たな仮説を生み出す……という反復を行うものです。後者の探索型のアプローチを体系化したものが、**探索的データ解析**です。

　データ解析には検証すべき仮説という目的を設定することが必要で、仮説をもたずにデータを分析しても得るものはありません。とは言え、しばしば仮説を得られないときもあります。分析者が分析対象の知識をもっていないときや分析対象の変化が激しいときなどです。その場合、まず仮説を作るという目的のもとにデータ解析をする必要があり、それに応えるのが探索的データ解析です。たとえば、データ解析を製品のマーケティングに活かしたいと考えている人にとっては、年々商品や人の嗜好が複雑化・多様化している昨今ですので、明確な仮説を得ることが困難なこともあるでしょう。そのような読者にとって、探索的データ解析は強い武器になります。良い本があればなるべく紹介するというのが本書のスタンスですが、残念ながら探索的データ解析に関する書籍はほとんどありません。絶版本を除くと、拙著『エンジニアのためのデータ可視化[実践]入門』にわずかに書いてある程度です。そのため、本章で探索データ解析に関する説明を行い、データから仮説を得る手法について学びます。注意点として、データを様々な側面から見ることによって仮説を導き出すことが探索的データ解析の基本ではありますが、これはあくまでも仮説を得るためのプロセスであることは忘れないでください。それは闇雲に統計手法を適用すれば価値を見出せるということを意味しているわけではないので、注意してください。

　本章の内容は第2章で説明したプロセスの **6. 分析手法選択と適用** に対応します。

4.2 探索的データ解析の基礎概念

探索的データ解析でよく用いられる概念として可視化、再表現、抵抗性[◆1]があります。本節ではその三つの概念を紹介します。これらの概念を用いて探索的データ解析に取り組みます。

■可視化

データが膨大にあるとき、どの値がどの程度大きいのか、時間に沿ってどのように増減しているのかなどを読み取るのは至難の業です。また、人間が大量のデータを見ただけでその全体像や特徴を把握することは不可能です。そこで図やグラフを用いてデータを視覚的にわかりやすく表現するのが可視化です。

また、データの性質や特徴によって適用できる統計処理が異なるため、統計処理を行う前にある程度データの様々な性質や特徴を把握している必要があります。しかし、実務ではデータの性質や特徴が事前に明らかではないケースも多々あります。そこで探索的データ解析では、まずデータの性質や傾向はそもそも不明であるという前提に立ち、データの性質や傾向を明らかにするための可視化に重点を置きます。よく使われる手法としては、分布を表現するヒストグラム（比較対象が少ない場合）と箱ひげ図（比較対象が多い場合）、変数の関係を表す散布図が挙げられます。

■再表現

データに何らかの変換や計算を用いてより理解しやすくする、あるいは違った側面から見られるようにすることです。たとえば、時系列のデータを時間軸に沿って並べるだけではなく、各時点とその前の時点との差や比を取ることによってどの程度変化したのかを把握するなどを行います。他にも、学校の試験でよく用いられる「偏差値」も再表現の一種と言えます。学生の英語と数学の試験の点数を比較する際、各々の教科で平均点やそのばらつきの度合いが異なるため、単純に英語の点数が高かったからこの学生は英語の方が数学より得意であると言うことはできません。各教科の平均点やばらつきを考慮した偏差値にすることで、適切に比較することができるようになります。再表現の方法は多岐に渡り、また、データや目的によっては不適切な手法適用も多々あるため、どのような再表現を行うのかについては注意が必要です。

◆1 本来ならこれに加えて**残差**もありますが、抽象的な諸概念の学習が必要になってくるため本書では省略します。

■抵抗性

統計量（平均のような統計的手法で算出される値）などが外れ値に影響されにくい性質のことです。前章で説明したように、平均のような抵抗性の低い統計量は外れ値があるとそれに大きく引き寄せられてしまいます。探索的にデータを解析している場合はデータに外れ値があることも念頭に置かないといけないため、外れ値があっても大きく問題にならないような統計量（中央値やトリム平均など）を用いることが大切です。また、抵抗性と似た概念として**頑健性**があります。統計量はデータの背後に何らかの統計的な性質を想定していることがよくあります。データが想定している性質に沿わないときに、どれくらい影響されにくいかを示す統計量の性質を頑健性と言います◆1。

4.3　探索的データ解析の基本的な取り組み方

探索的データ解析では前述の基礎概念をもとに、データに対し次のような六つのアプローチを行います。

■ 1. データの分布を見る

分布を把握することによって、正しい現状認識が可能になり、ターゲット層を明確にしたり想定とのズレを修正したりすることができます。分布を把握することによって「なぜこのような分布になっているのだろう？　なぜ想定とずれたのだろう？」などの問いが得られます。また、複数の対象から得た分布を比較することもよくあります。何らかの対象AとBについて、どのような変数で比較しても両者の分析が全く同じということはまずありません。たとえば二つのサービスA、Bの年齢分布を比較したところ、Aは若年層、Bは高齢層が多いと判明したとき、「なぜそのような分布の違いが発生したのか」という問いが生まれます。この問いから「AがBと比較して若年層に利用されているのはこのような要素があるためではないだろうか。では若年層に提供するサービスとしてこの要素を盛り込めばいいのでは」というように思考を巡らせ、新たなサービス案や改善案を生みだす一歩につなげることができます。データの分布を見るには、4.4節で紹介するヒストグラムや箱ひげ図を利用します。

◆1　ただし、抵抗性と頑健性両方まとめて頑健性と呼ぶことがよくあります。これは誤解かというとそうも断定しづらく、外れ値のために想定していた分布に沿わなくなるというケースがあるため、区別がつきづらいのです。よほど抵抗性と頑健性を明確に区別しなければ問題になるとき以外は、それほど気にしなくても構わないでしょう。

■ 2. データの関係を見る

　変数間の関係を把握することで、目的とする変数（売上や会員数など）に一体どの変数がどの程度影響を及ぼしているかを知ることができます。それにより、売上につながると思っていた変数が実はそれほど売上アップに影響せず他の思わぬ変数が影響していた、あるいはともに売上向上につながる変数ではあるが優先順位としてaよりもbの方が上だった、などの関係を把握することが可能です。変数間の関係をつかむのは非常に重要なことです。データの関係を見るには、後述する散布図を用いたり相関分析を行ったりします。

■ 3. データを縮約する

　目視だけで大量のデータから特徴や傾向を把握することは困難です。一目でデータの特徴・傾向を読み取れるよう、平均や合計を出すなど何らかの処理を施してデータをまとめることを**データ縮約**と言います。

■ 4. データを層別にする

　データを様々な軸の様々な水準で区切り、層別にすることによって、全体をぼんやりと見るのではなく意味づけした各層ごとにデータの特徴を把握することができます。これを**スライシング**と言います。スライシングによって、全体をぼんやりと見るのではなく、意味づけされた各層ごとにデータの特徴を把握することができます。

　ヒストグラムなどでデータの分布を見ることとの違いは、ヒストグラムが一つの変数について把握に役立つのに対し、スライシングでは一つの変数を軸にして切り取った結果他の変数がどうなるかを把握できることです。たとえば顧客単価をヒストグラムにすれば顧客単価の分布を見ることができます。一方、顧客単価によるスライシングは、顧客単価を軸としてサービス利用者を高単価顧客や低単価顧客などに切り分けたときに、各々の層別でそのサービスの利用時間や利用パターンなどに差異があるのかを把握するために用います。

■ 5. データを詳細化する

　データを様々な軸で詳細化していくアプローチであり、**ドリルダウン**と言います。たとえば2015年のデータからとくに4月を抜き出し、さらに月初1週目を取り出すなどして、通年・各月・各週と異なる時間幅のデータの傾向を比較する手法です。スライシングは各層の比較、ドリルダウンは全体と部分との比較に焦点を当てているところが異なります。

■ 6. データを時系列で見る

データを時間軸で並べて、その変化を見るアプローチです。折れ線グラフを用いて可視化することで、時系列の変化を把握します。

これらを実践するために先ほどの可視化や再表現を積極的に用います。次の節ではその具体的な手法を学びましょう。探索的データ解析を行うには何らかのツールを用います。Excel のピボットテーブルは探索的データ解析に適したツールであり、様々な計算と可視化を元データを眺めながらリアルタイムに行えるだけでなく、レポート作成にも役立ちます。Excel を用いた分析には

> 末吉正成：『EXCEL ビジネス統計分析（第 2 版）』、翔泳社（2014）

がおすすめです。

4.4　可視化

可視化ツールとして基本的に Excel を用います。Excel でグラフを描画するのは多くの場合（ヒストグラムと箱ひげ図を例外として）簡単です。Excel2010 の場合は、描画したいデータのセルを選択状態にしたまま画面上部のツールバーから「挿入」タブを左クリックで選択し、「グラフ」と書かれたブロックからグラフの種類を選択するだけで様々なグラフを描画できます。[10, 20, 30] というデータを先ほど説明した手順で棒グラフとして描画したのが**図 4.1** となります。

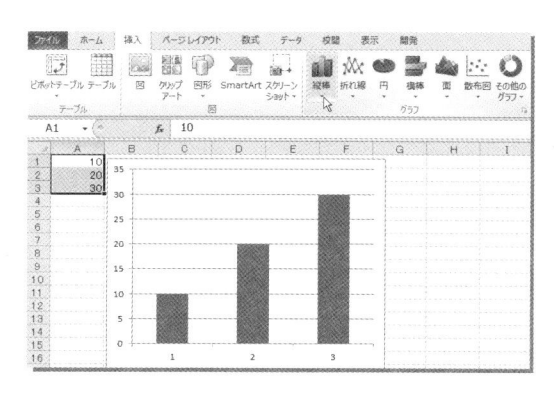

図 **4.1**　Excel での作図

その他にも様々な方法で描画できます。実際に Excel でグラフを描画する詳細については様々な本が出ていますので、本屋で自分に合う本を探してください。こ

こでは一例として

早坂清志、きたみあきこ：『EXCEL グラフ作成』、翔泳社（2015）

を挙げておきます。可視化の理論について書かれた書籍としては

森藤大地、あんちべ：『エンジニアのためのデータ可視化実践入門』、技術評論社（2014）
上田尚一：『統計グラフのウラ・オモテ』、講談社（2005）
日経ビッグデータ編：『データプレゼンテーションの教科書』、日経 BP 社（2014）

がおすすめです。

■大きさの比を見る：棒グラフ

各項目の大きさを比べるのに適した可視化が棒グラフです。棒グラフは各項目の値の大きさを四角形の棒の長さで表す可視化手法です。注意点として、各項目の比を知るための可視化であるため、縦軸の値の一部を省略してはなりません。縦軸を省略してしまうと比の関係が崩れてしまうからです。

図 4.2 のグラフは同じデータ [10,15,20] から描画された棒グラフですが、右側は縦軸が 8 の水準で省略されているため、比の関係が崩れています。左側のグラフでは、最も左の棒と比較して真ん中の棒が 1.5 倍、右の棒が 2 倍の長さになっており、正しく比の関係が取られています。右側のグラフでは真ん中の棒が 3.5 倍、右の棒が 6 倍に見えます。これは縦軸が 8 の水準で省略されているため、グラフに表示されている部分が [10,15,20] ではなく各々から 8 を引いた [2,7,12] の棒グラフとして描画されているからです。

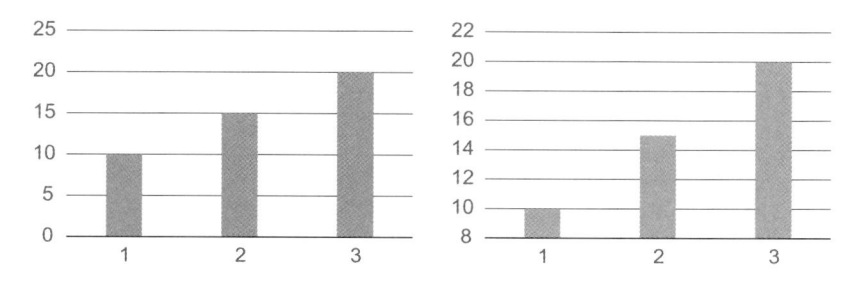

図 4.2　元のグラフ（左）と縦軸の値の一部を省略したダメな棒グラフ（右）

■分布を見る：ヒストグラムと箱ひげ図[◆1]

データの特徴を把握するのには「分布を見る」のが一番です。データにどの程度のばらつきがあるのか、どの範囲にデータが集まっているのか、ある範囲のデータの個数はどの程度かなど、分布の形には押さえるべきデータの特徴が詰まっています。分布を見るのに適した可視化手法として、ヒストグラムと箱ひげ図があります。

ヒストグラム（図 4.3）は横軸に階級（データの範囲）を取り、縦軸にその階級に入るデータの個数を棒グラフで表現する可視化手法です。分布を確認することでどのように偏っているかや裾が広がっているかなどの特徴、各層のボリューム、バラツキがわかります。また、分布を比較することでその差異もわかります。図 4.4 のヒストグラムは先月（左側）と今月（右側）の顧客単価の分布を比較したものです。これを見れば今月の顧客単価分布は山が右側に寄り、裾が広がっていることがわかります。もし今月高単価商品を出すなどして顧客単価を全体的にアップさせる施策を打っていたとすれば、狙いどおり成功したと言えます。

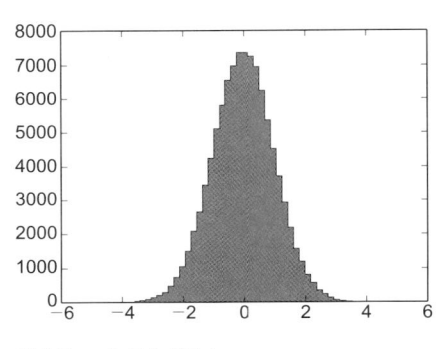

図 4.3　ヒストグラム　　　　図 4.4　ヒストグラムの比較

箱ひげ図には様々な亜種がありますが、基本的にはデータを五数要約と呼ばれる可視化手法です（図 4.5）。五数とは「データの最小値、下位 25% に位置する値、中央値（下位、あるいは上位から 50% に位置する値）、上位 25% に位置する値、最大値」という五つの値のことです。箱ひげ図の箱の上・下の辺が上位 25%・下位 25% の値、中央の線が中央値、箱から伸びている線分（これをひげと呼ぶことから箱ひげ図という名前になりました）の上・下端が最大値・最小値を表します。

ヒストグラムは分布を詳細に把握したい場合に威力を発揮しますが、比較すべきデータが多くなると見づらくなってしまいます。一方、箱ひげ図はヒストグラムに比べると大雑把な把握しかできませんが、比較すべきデータが多いときに見やすく

[◆1] 大変残念ながら Excel でヒストグラムと箱ひげ図を描画するのは面倒です。ここでは Python/matplotlib というツールを利用しています。

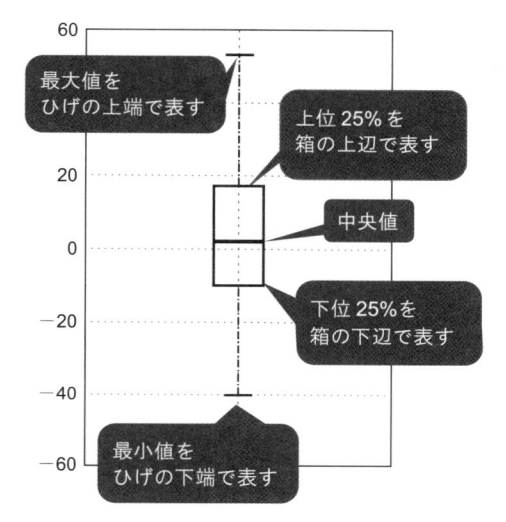

図 4.5　箱ひげ図

比較しやすいという特徴があります。具体的には、比較するデータが三つ以上あるときは箱ひげ図を利用するとよいでしょう[1]。

　ヒストグラムの見方として重要なのが「単峰か多峰か」の確認です。単峰とはヒストグラムを描いたときに山になっている部分が一つしかないケース、多峰とは山になっている部分が複数あるケースです（**図 4.6**）。

　多峰になっている場合は、そこにいくつかのクラスタ（何らかの共通点をもつデータの集まり、顧客層など）が存在している可能性があります。クラスタが複数ある場合は、クラスタごとに分析した方がよいケースが多いでしょう。たとえば、RPG系のソーシャルゲームのレベルの分布をヒストグラムで見てみると多峰

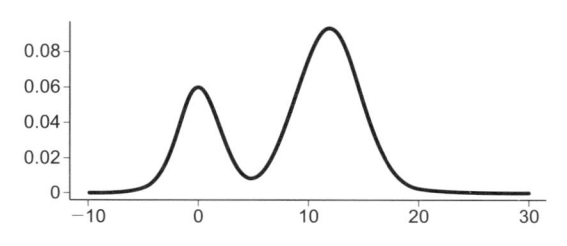

図 4.6　多峰のヒストグラム

---

[1] ただし、箱ひげ図はヒストグラムに比べて一般の方に認知されていないことが多いため、資料の閲覧者が箱ひげ図を理解しているかどうかの確認が必要です。箱ひげ図の定義の詳細は多様なため、グラフの近くに説明を付記しておいた方がよいでしょう。

になっていることがよくあります。ソーシャルゲームでは一般的に、初心者が集まる低レベルクラスタ、のんびり無課金◆1で継続してプレイしている中級者クラスタ、毎日プレイし課金もしている上級者クラスタ、というように、プレイスタイルによってクラスタがくっきりと分かれる傾向にあります。このようにクラスタが分かれている場合は各々のクラスタで特有のレベル分布をもつため、各々に峰ができて多峰になりやすくなります。このことから逆に、多峰になっている場合はその各々の山に応じてクラスタを分けられることがわかります。それにより、クラスタごとに最適な施策を考えることができます。

■量的変数の関係を見る：散布図

二つの量的（数値で表される）変数の関係を見るのに適しているのが散布図です。散布図は縦軸と横軸に別々の変数を取り、各データが当てはまるところに点を打って示す可視化手法です。**図4.7**は横軸にアヤメの花びら、縦軸にがくの長さをプロットしたものです。花びらが長いほどがくも長く、逆にがくが長いほど花びらも長いことがわかります。このように、一方の変数がもう一方の変数と何らかの関係があることを相関があると言い、とくに一方が増えれば（減れば）もう一方も増える（減る）ことを正の相関、逆に、一方が増えれば（減れば）もう一方は減る（増える）ことを負の相関と言います。これを利用し、売上や販売数などの目的変数と相関のある変数を見つけ、その変数を操作することによって目的変数を改善するための分析をするのが相関分析です。4.7節で相関分析について詳細に説明します。

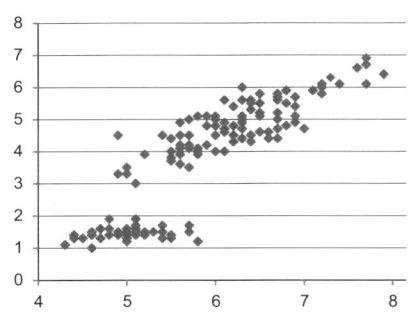

図4.7　散布図

■時系列データを見る：折れ線グラフ

主に時系列変化を見るの用いられる可視化手法です。横軸に時間、縦軸に時間経

◆1　ソーシャルゲームでプレーヤーがアイテムを入手するなどの目的で料金を支払うこと。「課金」という用語の誤用であるという説もありますが、本書では慣行に従って上記の意味で用いることにします。

過により変化する値をプロットします。折れ線の傾きによって増減の有無とその度合いを一覧することができます。

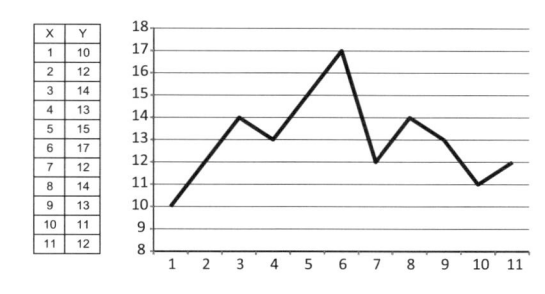

X	Y
1	10
2	12
3	14
4	13
5	15
6	17
7	12
8	14
9	13
10	11
11	12

図 4.8　折れ線グラフ

> **コラム**　**折れ線グラフの縦軸の値は省略してよいか？**
>
> 　折れ線グラフは変化の程度を見ることが目的であり、棒グラフとは異なり縦軸の値を省略しても壊れる関係がないため、省略しても構いません。
> 　具体例を挙げて説明します。時系列順に［時点A:100、時点B:120、時点C:130］というデータがあったとき、時点A:100→時点B:120 の増分は 20、時点B:120→時点C:130 の増分は 10 なので、時点A→Bの増分は時点B→Cの増分の2倍であると言えます。この増分の比の関係は折れ線グラフの縦軸を省略しても変わりません。縦軸を0から始めても省略して100から始めても、「時点A→Bの増分は時点B→Cの増分の2倍である」ことは変わりません。
> 　折れ線グラフで表現したいことは、基本的にこの変化の程度、言い換えると、増分（変化分）の比です。各時点での 100 や 120 という値そのものの比を表現することが主眼ではありません。縦軸を省略すると、棒グラフの箇所で説明したように値そのものの比の関係は崩れてしまいます。ですが、例で見たように増分の比には影響を与えません。これが、棒グラフと違って折れ線グラフでは縦軸を省略しても構わない理由です。ただし、これはあくまで原則的な話です。折れ線グラフを棒グラフの代替にするなどして値そのものの比を扱う利用法を見かけることがあります。その場合は、値の比の関係が崩れるため縦軸を省略してはなりません。

■**時系列のデータの変化と分布を見る：ロウソク足チャート**

　主に金融業界で使われるグラフであり、本来は株価の4本値（始値・高値・安値・終値）を時系列に沿って描画するために用いられます。
　これは、見方を変えれば箱ひげ図を時系列に並べたものとして[1]利用することも

◆1　あくまで「ように」であって、中央値がないため厳密には五数要約ではありません。

できます。一つひとつのロウソク足（上のグラフの長方形の上下に線が加えられたもの）を箱ひげと見なすことで、時系列に沿って分布を表現することが可能です。ロウソク足では、箱ひげ図でいうところの下のひげの先端に当たる部分が安値、上のひげの先端に当たる部分が高値、箱の底か天井に始値か終値が来ます。始値の方が終値より小さければ箱を白抜きで表し、逆に始値の方が終値より大きければ箱を黒塗潰しで表すことによって箱の底・天井の値が始値か終値かを表します。ロウソク足を箱ひげの代わりに利用する場合は、箱を白抜き（あるいは黒塗潰し）だけにすればよいでしょう。図 4.9 のロウソク足チャートは、ロウソク足の始値・高値・安値・終値の部分に 25%、最大、最小、75% の値を割り当てたものです。

日時	25%	最大	最小	75%
2014/12/1	92	180	78	162
2014/12/2	98	189	84	167
2014/12/3	104	178	97	168
2014/12/4	112	195	101	166
2014/12/5	113	199	98	167
2014/12/6	124	198	103	165
2014/12/7	137	178	111	168
2014/12/8	148	182	122	164
2014/12/9	149	184	123	154
2014/12/10	144	188	116	153

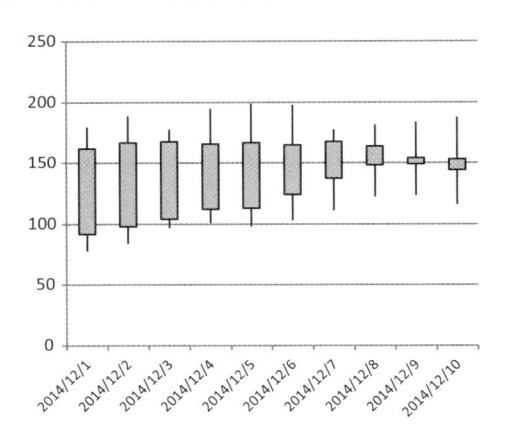

図 4.9　ロウソク足チャート

■割合を見る：帯グラフ

割合を見るのに適した可視化が帯グラフです。帯グラフは帯全体を 100% とし、帯を分割する四角形の長さで要素の内訳の比を表します。

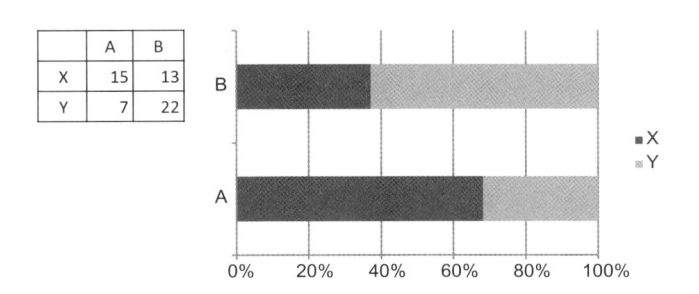

	A	B
X	15	13
Y	7	22

図 4.10　帯グラフ

■大きさの比とその内訳を見る：積み上げ棒グラフ

棒グラフと帯グラフを合体させたグラフで、棒グラフのように棒の長さで各項目の大きさを表し、帯グラフのように各棒の内訳を棒を分割する四角形の長さで表します。複数のデータの大きさの比とその内訳とを同時に表現できます。

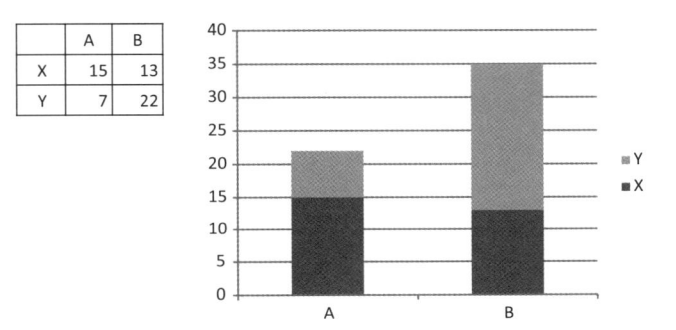

	A	B
X	15	13
Y	7	22

図 4.11　積み上げ棒グラフ

■質的変数の関係を見る：クロス集計とヒートマップ

散布図は二つの変数が量的変数の場合しか利用できません。一方、あるいは両方ともに質的変数[1]を含む場合の変数同士の関係を見たい場合は、クロス集計やヒートマップを利用します。クロス集計とは、二つの質的・量的変数[2]を組み合わせて表形式で表示する可視化手法です。次の表は縦軸に年代、横軸に性別を組み合わせ、各セルにその年代と性別に合致した人数を記入したクロス集計結果です。

このように可視化すると、どの年代・性別の組み合わせが多いのかなどが一目瞭然になります。さらに、このクロス集計結果をもとにヒートマップを作成すること

年代	性別
20	女性
10	男性
10	男性
20	男性
10	男性
20	女性
10	男性

年代	性別
10	男性
10	男性
20	女性
10	男性
20	男性
10	女性
10	男性
10	男性

データの個数/性別	列ラベル		
行ラベル	女性	男性	総計
10	1	9	10
20	3	2	5
総計	4	11	15

図 4.12　クロス集計表

---

[1] 性別や血液型など数値ではない変数。
[2] クロス集計を利用する場合は、間隔尺度以上の変数を順序尺度以下に落とし込んで利用することもよくあります。たとえば課金額をそのまま変数として利用するのではなく、適当な水準で「低課金・中課金・高課金」と分けるなどです。量的変数では表が大きくなりすぎる場合によく利用される工夫です。

ができます。ヒートマップは各セルの値に応じて色の濃淡をつける可視化手法です。**図 4.13** の二つの表は縦軸に年代、横軸に課金額層を取ったヒートマップです。左のヒートマップは全セルを対象にして濃淡をつけ、右は各課金額層別に濃淡をつけたものです。これを見ると、全体的なボリュームは無課金の 10 代が最も多く、また、高額課金層では 30 代が最も多く、さらにはより上位の課金額層になるほど年代も上がってきていることが一目でわかります（ただし、そもそも年代別の人数が全く異なることに注意してください）。

	無課金	低課金	中課金	高課金
10	202	102	67	12
20	123	89	84	23
30	87	56	62	48
40	42	7	23	17
50	13	4	2	7

	無課金	低課金	中課金	高課金
10	202	102	67	12
20	123	89	84	23
30	87	56	62	48
40	42	7	23	17
50	13	4	2	7

図 4.13　ヒートマップ

　ヒートマップはとくにクロス集計のセル数が多いときに威力を発揮します。表形式のデータの場合、各セルの値を把握しないと大小関係がつかめませんが、ヒートマップであれば大体どの部位の値が大きいかが容易に把握できます。

■使うべきではない可視化手法

　データを理解しやすくするのが可視化の目的であり、誤解させてしまう可能性がある可視化手法は使うべきではありません。これは探索的データ解析に限らず、可視化一般に通じる話です。とくに円グラフや 3D グラフには注意が必要です。

■円グラフ

　円グラフは内訳の構成比を円の弧・面積で表すグラフです。線の長さに比べて扇形の面積や弧の長さを人間が正しく比較するのは困難です。また、比較する際、各要素が円状に並んでいるため大きさを比較しづらいという問題もあります。とくに、複数のグラフを比較する場合、帯グラフであれば各要素に対し補助線を引いて要素ごとの大小比較をすることも容易ですが、円グラフの場合補助線を引くことすら困難です。さらに、円グラフで割合だけではなく積み上げ棒グラフのように大きさ全体を表す場合、規模を半径で表すのか面積で表すのかにあいまいさがある上に、円の面積の比較を正しく行うのは困難です。割合を表したいのであれば帯グラフや積み上げ棒グラフを使うべきであり、積極的に円グラフを使うべき理由はありません。使わざるを得ないケースとしては、相手が円グラフは知っ

ているが帯グラフや積み上げ棒グラフを知らない、利用している可視化ツールに
円グラフはあるが帯グラフはないときなどがあります。しかし、どちらのケースも、
帯グラフ・積み上げ棒グラフの説明をするなりそれらを描画できるツールを使う
なりの改善をすべきです。

図4.14のグラフは同じデータを円グラフと棒グラフで表現したものです。左側
のグラフのデータは[15,17,19,21,23]、右側のグラフのデータは[19,20,19,21,19]
です。棒グラフであれば左側のデータは1〜5と番号順にデータが大きくなって
いること、右側のグラフはごくわずかな差ですが4番のデータが最も大きいこと
が容易に把握できます。対して円グラフでは把握しづらくなっています。

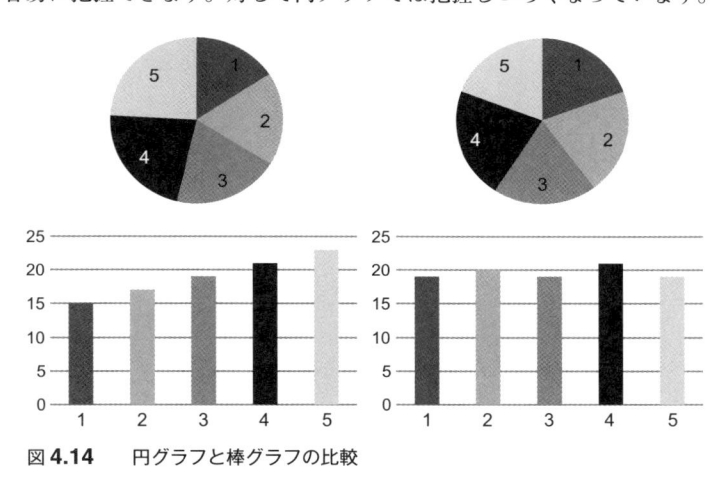

図4.14 円グラフと棒グラフの比較

■ 3Dグラフ

3次元のデータを立体で描画する3Dグラフは見た目のインパクトが大きいため
よく使われていますが、立体であるため手前のオブジェクトのために後ろのオブ
ジェクトが隠れてしまう、角度によって受ける印象が大きく変わるなどの問題が
あります。

図4.15の各グラフはすべて同じデータから描画されたものです。しかし受ける
印象や読み取りやすさは全く違うものでしょう。

■ 目盛のないグラフ

最後に、棒グラフや折れ線グラフなど目盛を描くべきグラフには必ず軸に目盛を
描いてください。たとえば折れ線グラフでは目盛の幅を変えることでいくらでも
印象を変えることができてしまいます。**図4.16**の折れ線グラフは同じデータで目
盛の幅を変えたものです。

同じデータにもかかわらず、左は急激な変化があるように、右はあまり変化が
ないように見えます。それでも、まだ目盛がついているため、注意深く読み取れ

図 4.15　3D グラフ

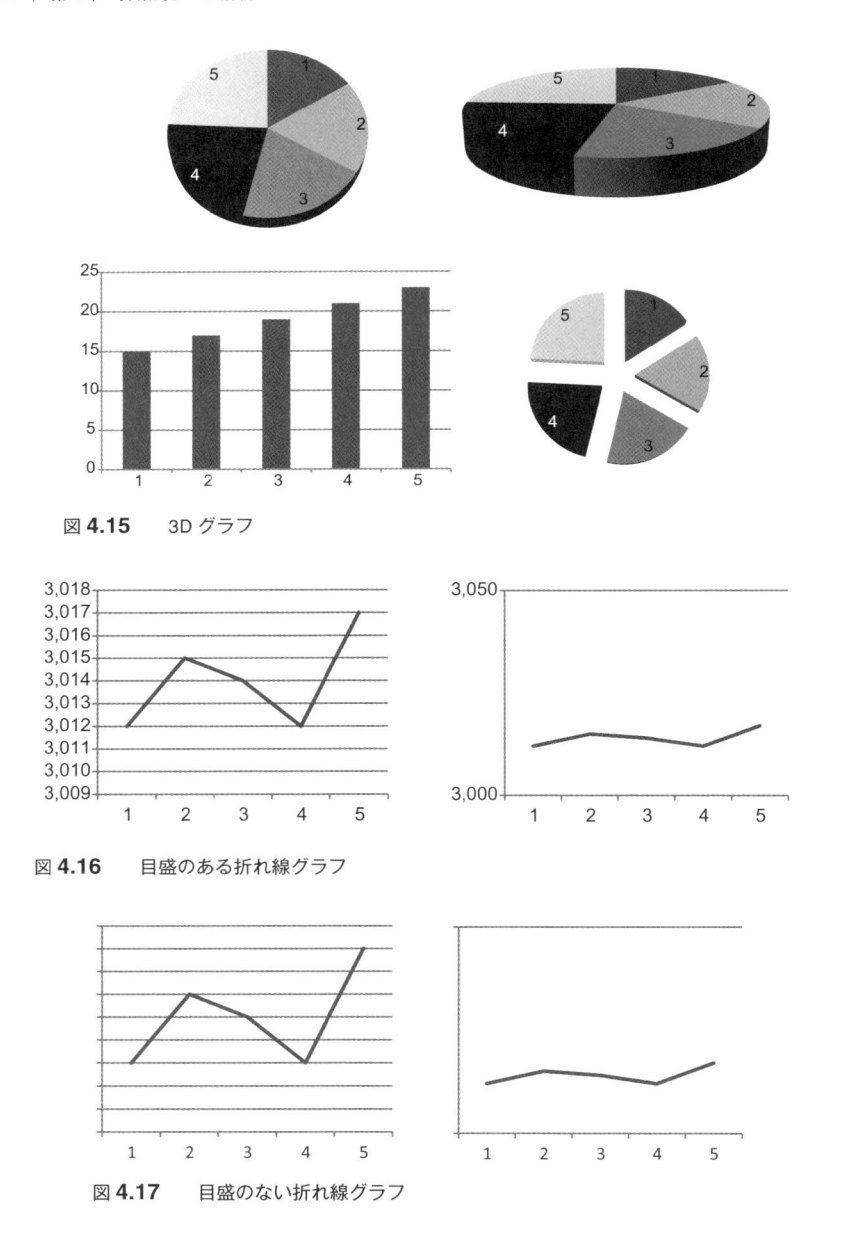

図 4.16　目盛のある折れ線グラフ

図 4.17　目盛のない折れ線グラフ

ば対応は取れます[◆1]が、**図 4.17** の目盛を省いた折れ線グラフはどうでしょうか。もはや読み手の努力ではこれが同じデータを表現していると確証を得ることは不可能です。

◆1　そもそも読み手に注意深さを求めるような可視化をすべきではありません。

目盛は必ず付与してください。目盛を省略してよいのは下の図のような全体の傾向を知るためだけに用いる簡易的な表現（スパークラインなど）だけです。

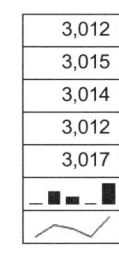

| 3,012 |
| 3,015 |
| 3,014 |
| 3,012 |
| 3,017 |

図 4.18　スパークライン

コラム　時系列・複数対象の割合比較

ある対象について時系列での割合変化の推移を可視化したり、複数対象の割合を比較したりすることがあります。その場合、帯グラフや積み上げ棒グラフであれば補助線（区分線）を引くことによって容易に各項目の比較が可能です。それに対し、円グラフを縦や横に並べる方式では比較しづらいでしょう。

図 4.19、図 4.20 は同じ時系列データの割合の推移を帯グラフと円グラフで可視化したものです。このように、かなり複雑なデータであっても、帯グラフはわかりやすく表現できています。複数の割合を比較する場合は帯グラフや積み上げ棒グラフを用いるようにしましょう。

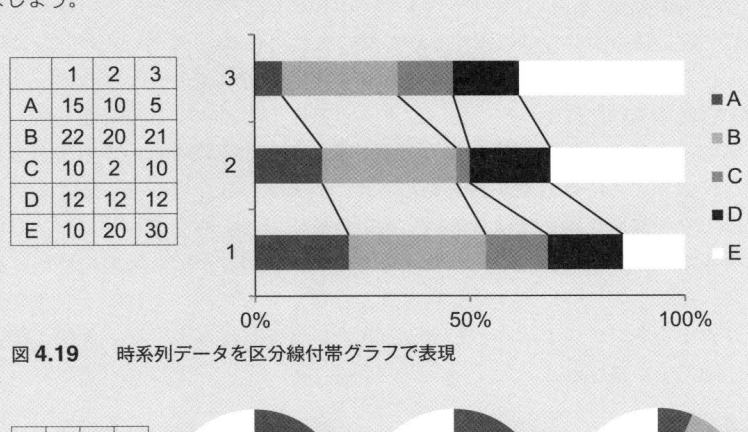

	1	2	3
A	15	10	5
B	22	20	21
C	10	2	10
D	12	12	12
E	10	20	30

図 4.19　時系列データを区分線付帯グラフで表現

	1	2	3
A	15	10	5
B	22	20	21
C	10	2	10
D	12	12	12
E	10	20	30

図 4.20　時系列データを複数の円グラフで表現

4.5 再表現

　再表現には様々な手法があり、平均や中央値などの要約統計量を用いてデータを要約すること、比較のために差や比を取ること、内訳を知るために率や割合を取ることなどがあります。可視化と同じく、再表現も適切な手法を用いなければかえってデータについての間違った印象を導いてしまうことがあります。本節では再表現の各手法を紹介し、各々の注意点とどのようなときに何を用いるべきかを説明します。

■要約統計量

　統計量とは、データに何らかの統計的な処理を適用して得られる値のことです。とくにデータを要約するために用いられる統計量を要約統計量と言います。日常的によく使う平均や合計も要約統計量の一種です。可視化の節でも説明したように、膨大な生のデータを見ただけで特徴や傾向をつかむことは困難であり、何らかの要約を施すことによってそれらをつかみやすくすることがデータを理解する上で重要です。ここではよく使われる要約統計量を紹介します。

■ 算術平均

　データの各要素を足し合わせ、それをデータの個数で割った値です。これまでは一般的な用語に合わせて単に平均と呼んでいましたが、統計で用いる平均には様々なものがあるため、今後は算術平均と呼びます。[1,2,3,4,5,6]というデータがあれば、合計の 21 を個数の 6 で割った 3.5 が算術平均です。この変種として、**トリム平均**というデータの上下数 % だけ取り除いて算術平均を求める方法もあります。これはデータに外れ値があってもそれに引きずられないようにと考え出されたものです。算術平均には統計学的に良い性質がいろいろ詰まっており、その定義も簡明なため理解されやすく、数ある要約統計量のなかでも頻繁に使われるものです。ただし外れ値に大きく影響される性質があるため、それが不都合な場合はトリム平均を用いるとよいでしょう。また、間隔尺度以上でないと使えないことに注意してください。

■ 中央値

　データの各要素を大きさ順で並べて中央に位置する値です。[1,2,3,4,5]のようにデータが奇数個の場合は、中央にある 3 を、[1,2,3,4,5,6]のように偶数個ある場合は中央にある 3 と 4 を足して 2 で割るのが一般的です◆1。順序尺度以上（尺度

◆1　その他にも重み付けをする方法などがあります。使うツールによって定義が異なる可能性があるため注意してください。

の序列については第3章参照）で用いることができます。

■ 最頻値

データのなかで最も頻繁に出てくる値です。データが[1,2,2,2,3,3,4,5,5]である場合、2が3個と他の数値より頻繁に出てきているため最頻値は2になります。最頻値はデータに複数存在することもあります。また、データの分布形状によって値がころころ変わること（これを安定性がないと表現します）があり得ます。たとえば1〜100の間でランダムに様々な値を一様（どの値も同じ確率で出てくる）に取る100面さいころからデータを取ることを考えましょう。これを何度か振った結果、たまたま3が最頻値になるかもしれませんし、さらにもう何度か振ると最頻値が急に87になるかもしれません。これが算術平均や中央値であれば、値がそれほど大きく変わりませんし、ある程度の回数振れば大体一定の値（期待値という値です）に収まります。ですが最頻値の場合はさいころを振る度に最頻値が変わる可能性もありますし、今回の例で言えば1から100になるなど大きく変わる場合もあり得ます。用いる場合はこの性質に注意しましょう。端的に言って、他の要約統計量が使える場合はそちらを使った方がよいでしょう。一方で、最頻値は名義尺度以上、つまりすべての尺度で使えるというメリットがあります。

■ 幾何平均

データの各要素を乗算し、要素の個数でN乗根[◆1]を取った値です。データが[1,2,3]であった場合、$\sqrt[3]{1 \times 2 \times 3}$で約1.82となります。これは主に成長率や変化率を求める際に用います。たとえばWebサービスをリリースして会員数が初日：1,000人、2日目：2,000人、3日目：3,000人と増加したとしましょう。この場合各日の成長率は2日目が200%、3日目が150%です。そのため、（算術）平均成長率は（200% + 150%）/ 2 = 175%として求められそうです。しかし1,000人に175%の成長率を2回掛け合わせると3,062.5と本来の値より大きくなってしまい、整合性が取れません。ここで幾何平均を用いると$\sqrt{200\% \times 150\%}$で約173.2%となり、$1,000 \times (\sqrt{200\% \times 150\%})^2 = 3,000$[◆2]と本来の結果と一致します。一般的な性質として、算術平均 ≧ 幾何平均となるため、算術平均で平均的な成長率を出そうとすると過剰に算出してしまうことに注意してください。一般的に、中央値や最頻値に比べて馴染みの薄い統計量だとは思いますが、成長率を算出することは実務でもよくあるため、覚えておいてください。

■ 移動平均

時系列データに対して大まかな傾向をつかむために用いる、各時点の前後N個の

◆1 N乗してxとなる数をxのN乗根と言います。たとえばNが2の場合、10の2乗は100なので100の2乗根は10となります。N乗根を求める場合は関数電卓やExcel、あるいはその他のプログラミング言語を利用します。

◆2 x^2はxを2回掛けるという意味です。

要素の算術平均を取った値です。時系列データの場合、ある日の値が他の日に比べて大きく変化することもあり、それを単純に折れ線グラフで表すとギザギザとした形状になり時系列変化の大まかな傾向がつかみにくいことがあります。そういったときに、移動平均を取れば各時点の値だけではなく周辺の値を含めてどれほど変化したかがわかります。このように、ギザギザした曲線を滑らかにして傾向をつかむ手法を**平滑化**と言います。具体的な算出方法を説明します。データが[1日目:10, 2日目:20, 3日目:25, 4日目:25, 5日目:30]であった場合、3点で移動平均を取るとは、3日目の移動平均の値は1日目の10、2日目の20、3日目の25の三つを足し合わせて3で割った値 $65/3 \fallingdotseq 21.7$、4日目の移動平均の値は2日目の20、3日目の25、4日目の28の三つを足し合わせて3で割った値 $75/3=25$ となります。移動平均は各時点で直近 N 個の要素の算術平均を取る（つまり過去の要素だけ用いる）、あるいは、直近になればなるほど重み付けるなど、いろいろな手法があります。

要約統計量は分析だけではなく、サービスの日々の運用・改善にも利用します。しかし、本節で見たようにいろいろな要約統計量があります。どのような状況ならばどの要約統計量を用いるべきか、実際の運用の場合でどう判断するかについては、第5章で学びましょう。

■合成データ

データ同士を組み合わせて作られる新しいデータです。多くはデータ同士を四則演算で組み合わせます。有名な合成データとしてBMIが挙げられます。過度な肥満・痩せは様々な病気の危険因子であるため、肥満・痩せの度合いを日々把握することは健康管理において重要なことではありますが、正しくその度合いを評価するためには体脂肪率や体組成などの一般家庭では困難な計測が必要になってきます。そこで、体の総脂肪量と相関が高く簡単に算出可能な指標としてBMIが広く使われています。BMIは体重（kg）を「身長（m）の2乗」で割ることで算出される値であり、この工夫によって単なる体重よりも総脂肪量との相関が高い指標となっています。このように、合成データをうまく使うことによって、各データ単体では把握しづらかった事実を明らかにしたり直接的には取得しがたいデータを代替したりすることが可能です。

データ同士を四則演算で結びつける場合、足し算と掛け算は可換（どちらのデータを先にもってきても変わりない）であり、引き算と割算はそうではないことに注意してください。また、割算は分子においたデータを分母に指定したデータの単位の値に変換する操作であり、引き算はデータとデータのバランスを見るための操作

だと解釈してください。割算で得られるデータの例としては、売上を顧客数で割った「顧客単価」が、引き算の例としては売上から費用を引いて得られる「利益」があります。合成データを作成する際、尺度水準が異なるデータ同士を組み合わせる場合は注意が必要です。解釈も困難になるため、避けたほうが無難でしょう。

■尺度変換

　データの尺度をより低位の尺度に変換することによって、データを扱いやすくすることができます。比尺度のデータである顧客単価の例で考えてみましょう。設定した水準ごとに高単価・中単価・低単価という順序尺度に落とし込むこんでクラスタとして扱うことによって、各々のクラスタの利用者ボリュームやそのクラスタが売上全体に対してどれだけ寄与しているのかなどをつかむことができます。ここで、「低単価」という順位尺度だけからでは具体的な顧客単価の幅がわからないように、データをより高位の尺度に変換することは基本的にはできない◆1 ことに注意してください。

■無名数化

　データを無名数という単位をもたない値、たとえば比や率、偏差値などに変換することで、単位や値の大きさが異なるデータ間の比較を可能にします。ただし、無名数化は単位や値の大きさという情報を捨てることを意味するため、それにより見えにくくなる面もあることに注意が必要です。よくWeb広告の評価指標として用いられるCTR（Click Through Rate）はクリック数を広告表示数で割った値です。CTRが高いほど閲覧者から反応を得られていると見なすことができます。しかしCTRがたとえば2%であったとして、それが20/1,000なのか1,600/80,000なのかは無名数であるCTRだけ見てもわかりません。

4.6　スライシング

　スライシングは低コストで非常に強力な手法です。たとえば先月と今月で売上が落ちた場合、なぜ落ちたのかの理由を考察することを考えましょう。その手がかりを得るための第一歩の行動として、スライシングを用いるのが効果的です。まずはとくに問題となる軸、この問題設定の場合は売上という軸でスライシングをすることによって、どの層がどの程度落ちたのかを明らかにします。大抵の場合、全体が

◆1　厳密には、手法自体としては存在します。ただ、扱いが大変難しいので本書では取り扱いませんし、筆者としてはやらないことを勧めします。

等しく落ちるということはまずありません。何らかの原因で落ちたのであればその原因の影響を受けやすい層があるはずです。そこを見つけ出し、その層の特徴を把握することによって関係ありそうな原因を特定し、改善策につなげていくことができます。

スライシングも Excel で実現可能です。とくにピボットテーブルの機能は非常に強力です。ピボットテーブルの詳細については

> 住中光夫：『知識ゼロからの Excel ビジネスデータ分析入門』、講談社（2012）

を参照してください。

コラム　スライシングの活用事例

とあるソーシャルゲームにて、前の月に比べて、利用者の顧客単価や課金総額には大きな変化はないのに、課金率（課金者数を全利用者数で割った値）が非常に下がったという問題が発生し、その原因解明と改善策について依頼を受けたことがあります。そこで課金額別でスライシングを行うと、低額課金層の課金率が他の層に比べて非常に落ち込んでいることが発覚しました。さらに、低額課金層が一体どのような課金をしているのかを調べたところ、多くは回復アイテムを購入していることがわかりました。そのゲームでは、上級者になると経験値が溜まりにくく LV がなかなか上がらないため、高価な装備品を購入することでパワーアップするのが常でした。逆に、まだゲーム序盤の初心者層はどんどん戦闘すれば LV が上がっていくため、下手に高価な装備品を購入するよりも安い回復アイテムを購入して LV 上げに勤しんだ方がパワーアップ効率がよかったのです。クロス集計をすることで、低額課金者層はほぼ初心者層であることも確認しました。だとすると、解明すべき問題は、より明確には「なぜ先月に比べて今月になって初心者 = 低額課金者層が回復アイテムを買わなくなってしまったのか？」ということだとわかりました。

その問題点を資料に落とし込み開発チームの方にヒアリングしてみると、先月は回復アイテムの大変お得なセット販売を始めたという事実が明らかになりました。そこで初心者層のセット販売購入率と回復アイテム保有数を調べてみると、セット販売購入率が非常に高く、また、回復アイテムも先々月以前と比べてかなり多く保有されていることが判明しました。つまり、ストックが大量にあるので新規で購入する必要がなくなったため、今月は回復アイテムが売れなくなってしまったのでした。たくさんの初心者層が回復アイテムを購入しなくなったため課金率は低下しつつ、一方では回復アイテムは低額であったため、課金総額にそれほど大きな影響をもたらさないということで、最初の現象も説明できます。ここまで明らかになったことで、ようやく具体的な対策が立てられる状況になりました。

このように、問題とその原因が明らかになると様々な対策が考えられます。単に課金率が下がったことしか捉えられていないと、課金率を上げるような施策や課金アイテム販売を促すことしかできません。スライシングを行いユーザを層別にすることで、なぜ課金率が下がったのかが明確になった今、より具体的な対策を考えることが可能です。このケースでは、回復アイテムが今月売れなくなったのはストックが一時的に豊富だからという一

過性の問題でしかない上に、課金総額には大した影響をあえていないため、抜本的な施策を入れる必要はありません。その後の分析により、むしろ回復アイテムのセット販売が非常にお得だったため先々月まで無課金だった利用者まで課金するようになったり、回復アイテムが豊富にあるため今まで以上に熱心にプレイしてくださる利用者が増え、回復アイテムセット購入者は継続率が高まるというプラスの効果が明らかになりました。そこで、回復アイテムのセット販売によってもたらされる課金率の低下というわずかなデメリットよりも、前述のメリットの方が将来的に望ましいと判断し、その後も回復アイテムのセット販売を継続することになりました。それが継続率の底上げにつながり、ゲームの成長に一役買いました。

コラム スライシングの注意点

前述のように、スライシングは簡単かつ強力なツールではありますが、一つ注意点があります。スライシングを用いて無理やりたくさんの層を作り出すと、本質的な意味をもたない層に、何らかの見かけ上の特徴が出てしまうこともあるということです。層に何らかの意味が付与できて、なおかつそれが一時的なものではないときにのみ有意義なスライシングであると捉えた方がよいでしょう。データ解析の目的は、最終的に何らかの改善施策を生み出し実行することです。他の比較対象と比べて値が遥かに大きかったり小さかったり分布の形状が違っていたりという点では特徴的だが、全く意味づけできない層を抽出しても、利用できないのでは意味がありません。しかし、意味づけできなかった層が果たして本質的に意味のない層なのか、それともドメイン知識の不足によって意味づけできなかっただけなのかを見分けるのが困難であることも事実です。そのドメインに関する知識が浅いデータ解析者にとっては意味のない層であっても、その分野のベテランからしてみれば十分な根拠とストーリーを結びつけられる層である可能性は多々あります。データ解析はデータだけを眺めていれば完結するのではなく、探索的データ解析を切り口として当たりをつけることによって、ドメイン知識を活かしやすいようお膳立てするという側面もあります。

スライシングの注意点として、ここでは**ユール・シンプソンのパラドックス**という統計学でよく知られた問題について説明します。

表 4.1 ユール・シンプソンのパラドックス例 (1)

	男性		女性			男女で併合	
	生存	死亡	生存	死亡		生存	死亡
処理なし	4	3	2	3	処理なし	6	6
処理あり	8	5	12	15	処理あり	20	20

表 4.1 はユールによる 1903 年の論文[1]で与えらえた例です。これは、ある致死性の病気に対し、医療的処理を行った場合と行わなかった場合での生存者数と死亡者数を表にしたものです。左側がその結果を男女で分離し、右側は分離していません。ここから

◆1 Yule, G. U. (1903). Notes on the theory of association of attributes in statistics. Biometrika, 2(2), 121-134.

処理を行った場合と行わなかった場合とで生存率が変化するかどうかを見てみましょう。処理を行った場合生存率が高まるのであれば、その処理は有効であると考えられます。生存者数を全体（生存者数と死亡者数の合計）で割ることで算出した生存率が**表4.2**になります。

表4.2　ユール・シンプソンのパラドックス例（2）

	男性	女性
処理なし生存率	0.57	0.40
処理あり生存率	0.62	0.44

	男女で併合
処理なし生存率	0.5
処理あり生存率	0.5

　右側の表を見ると、処理の有無は生存率に全く影響を与えていないようです。しかし性別で分離した左の表はどうでしょうか。男女とも生存率が1割程度高まっています。この結果を見てわかるように、スライシングを行うかどうか、また、どのように行うかによって、本来同じデータであるにもかかわらず、違った解釈が可能となるのです。もしデータ解析者がこの処理の権利者であれば、「この処理を行うことによって生存率は10%上がる！」と男女別にした表を見せるでしょうし、逆に何らかの事情でこの処理に反対なのであれば「この処理は全く無意味である、証拠はこれだ！」と全体の表を見せるでしょう。この場合、果たしてどちらが正しいと結論づけることができるのでしょうか。この例では男女別にした表を取り上げるのが正しそうに思えます。なぜこのようなことが発生したのかについて、「処理の有無にかかわらず、全体の集計結果は女性の生存率の低さと割合の多さに引きずられてしまったからである」というような解釈が可能だからです。

　ですがこれにも疑問が残ります。統計学者シンプソンは問題設定を「乳児がトランプで遊んだ場合」とし、先ほどの医療例と全く同じ数値データで、単にラベルを置き換えた下のような表を作りました。

表4.3　ユール・シンプソンのパラドックス例（3）

	汚れあり		汚れなし	
	赤札	黒札	赤札	黒札
絵札	4	3	2	3
数札	8	5	12	15

	外観で併合	
	赤札	黒札
絵札	6	6
数札	20	20

　トランプは当然のことながら絵札が赤黒それぞれ6枚ずつ、数札が赤黒それぞれ20枚ずつです。汚れの有無は乳児がよだれを垂らしたり折り曲げてしまったりしたカードのことを表します。さて、ここから何を読み取れるでしょうか。先ほどの医療例と全く同じように考えてみましょう。汚れがあるかないかでスライシングすると赤札率が高まります。ここから乳児は赤札を汚しやすい傾向にある、赤札には何らかの乳児をひきつけよだれを垂れさせる要因があるに違いないと結論づけていいのでしょうか。先ほどの医療例と全く同じ論理展開ですが、ラベルを変えたことによって説得力が格段に落ちてしまいました。

　結局のところ、そのスライシングに価値があるのか、意味を見出せるのかは文脈次第です。スライシングを行ったことによってある層が他の層より飛び抜けた値だったからと

いって、いつでもそこに必然性があるとは限りません。神ならざる身としては真実を窺い知ることはできないため、スライシング結果を解釈するときにはそのスライシングをした理由を説明できるかどうかを常に確認するようにしましょう。

4.7　相関分析

統計学において、ある変数が変化したとき、他のある変数もそれに関連して変化することを相関があると言います。ある変数が増える（減る）ときもう一方の変数も増える（減る）場合に正の相関があると言い、逆にある変数が増える（減る）ときもう一方の変数は減る（増える）場合は負の相関があると言います。この相関の関係を用いれば、売上と正の相関のある変数を増やしたり、負の相関のある変数を減らしたりすることによって売上増加を狙えます。たとえば、喫茶店の来客数と正の相関をもつ変数には味の良さやメニューの豊富さ、負の相関をもつ変数には値段や駅からの距離などがあるでしょう。相関分析によって売上に相関のある変数はどれか、相関の強さはどの程度かを明らかにすることができます。

■相関分析の手法一覧

相関分析はデータの尺度によって用いる手法が異なります（**表4.4**）。

表4.4　尺度ごとの相関分析手法

尺度水準	分析手法
間隔尺度以上 対 間隔尺度以上	（ピアソンの）積率相関係数、散布図
順序尺度以上 対 順序尺度以上	（スピアマンの）順位相関、散布図
名義尺度以上 対 間隔尺度以上	相関比、（点）双列相関係数
名義尺度 対 名義尺度	クロス集計、オッズ比、クラメルの連関計数

ここでは実務でよく利用される積率相関係数、順位相関係数、クロス集計、オッズ比、クラメルの連関計数について説明します。とは言え、相関係数とは何かやその算出方法はどのような数式なのかなどについては、載ってない統計学の本を探す方が難しいほどですし、Web上にいくらでも解説があります。類書に書かれていることは最低限に絞り、あまり他の本には書いていない注意点について説明したいと思います。

■積率相関係数

積率相関係数は相関の強さを表す指標です。相関係数にはいろいろな指標があるものの、一般的に相関係数と言えばこの積率相関係数のことを指すことがほとんど

です。相関係数には、直線的な関係の強さと関係の向きという二つの情報が含まれています。値としては－1〜1までの値を取り、－1に近いほど強い負の相関、＋1に近いほど強い正の相関になります。ゼロに近いほど相関関係がありません。例として、相関係数が 0.972 と非常に高いときの散布図と相関係数が 0.316 と比較的低い散布図を並べてみました（**図 4.21**）。散布図内の直線はちょうど各データの真ん中を通るような補助線です[◆1]。この補助線上に各点すべてが乗っている場合は相関係数が 1（あるいは－1）となります。見比べてみると、相関係数の高い散布図の方がより補助線に沿う形でデータが描画されていることがわかります。

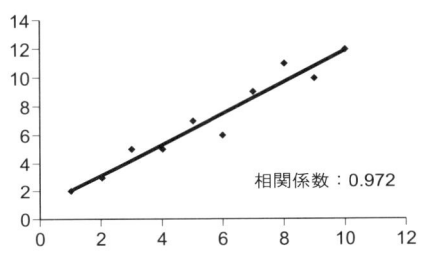

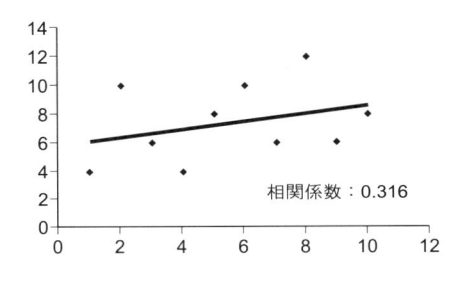

図 4.21　相関係数と散布図

相関係数は直線的な関係を表す指標であるため、非線形（直線的ではない）の関係は表せません。よく例に出されるのが U 字や∩字型の関係ですが、たとえば**図 4.22** のデータから相関係数を求めるとゼロになります。

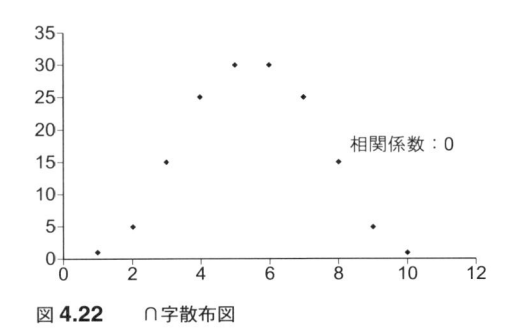

図 4.22　∩字散布図

コラム　非線形の相関係数

非線形の関係であっても相関係数を算出できるとする MIC（Maximal Information Coeffcient）や HSIC（Hilbert-Schmidt Independence Criterion）などもありますが、そ

◆1　これを回帰直線と言います。

もそも非線形な関係で相関係数を出すとはどういう意味なのかを考えてみましょう。波打つ関数のような形やジグザグな形でも、X軸上のY軸の値がぶれなければ相関関係があると見なすということでしょうか。正の相関、負の相関の定義を思い出してください。非線形の相関を求めたいのであれば、非線形の相関とはどのような関係なのかを定義する必要があります。

また、非線形の場合でも何らかの変数変換（対数変換など）を施すことによって相関係数を算出することは可能です。ただ解釈がよくわからなくなります。変数変換の結果、高い相関が見出せたとしても、それはあくまで変数変換後での相関関係であって、変換前の元の変数での相関ではありません。どのような変数変換を行うかによっても値が大きく変わることにも注意してください。

■ 積率相関係数の例

表 4.5 は、用意したデータ（上段）から積率相関係数（下段）を算出した例です。

表 4.5　相関係数一覧

X	a	b	c	d	e	f	g
1	1	10	10	1	2	2	5
2	2	9	20	5	3	5	5
3	3	8	30	15	5	3	5
4	4	7	40	25	5	2	5
5	5	6	50	30	7	4	5
6	6	5	60	30	6	5	5
7	7	4	70	25	9	3	5
8	8	3	80	15	11	6	5
9	9	2	90	5	10	3	5
10	10	1	100	1	12	4	5
相関係数	1	-1	1	0	0.972	0.316	error

これはX列とa～g列のデータとの相関係数を求めた結果です。各列の結果を見ていきましょう。

- a列はX列と全く同じデータですから、当然強い相関関係があり、相関係数は1となっています。
- b列はX列と真逆のデータで強い負の相関があるため、相関係数は−1となっています。
- c列はX列を10倍したものであり、各データを定数倍しても相関関係は変わらないため、a列と同じく相関係数は1となっています。
- d列は前述の∩字型のデータで、相関係数は非線形の関係をうまく扱えないため0になっています。
- e列はX列と非常によく似たデータで、強い相関があるため相関係数は0.972と非

常に高くなっています。

- f列はX列とはかなり様子が違うデータで、相関が弱いため相関係数は0.316と比較的低めになっています。
- 最後のg列はすべて5、つまり全くバラツキのない変数になっています。相関係数を算出する式を見るとわかるのですが、各変数のバラツキをもとに計算されています。そのため、一切バラツキのない変数を用いると相関係数は定義上算出されず、プログラムによってはエラーとなります（ExcelやRなど）。ですが相関の意味から考えて、ある変数が変化しても全く変化しない変数には相関関係は一切ないと考えられますので、相関係数はゼロだと解釈すれば問題ありません。

■相関係数と散布図

相関の強さは散布図を見れば大まかにわかりますが、線形の相関の強さを比較したいときは数量に落とし込んだ方が検討しやすいため相関係数を用います。また、大量に変数がある場合、散布図をいくつも見るのではなく、相関係数だけを表形式で並べて見つけやすくすることもあります。ただ、基本的には相関分析はまず散布図から始めるべきでしょう。先ほどの積率相関係数の例で見たように、相関係数だけではU字や∩字型など非線形の関係を見落としてしまったり、外れ値がある場合相関係数が高くなる危険性があるからです。相関について把握する場合は、まず散布図による目視確認を行い、その上で線形の相関関係の強さを算出したいという場合は相関係数を見る、という流れを取るようにしましょう。

■積率相関係数と順位相関係数

（スピアマンの）順位相関係数[1]は、積率相関係数と同じく相関の強さを表す指標です。二つの違いは、対象とする変数の尺度の違いとデータの扱い方にあります。積率相関係数はデータの数値そのものを利用しますが、順位相関係数はその名のとおりデータの順位だけを利用しています。どういうことか具体的な数値を挙げて説明します。

X：[100, 300, 800, 900, 1400]
Y：[200, 120, 300, 180, 400]

---

[1] （この脚注の内容は難しいので読み飛ばして構いません。結論としてスピアマンを利用してくださいという話です。）順位相関係数はケンドールも有名ですが、スピアマンを用いればよいでしょう。ごく簡単に説明すると、ケンドールは変数同士の順位の一致度だけを見て、スピアマンは変数同士の順位の差までデータとして利用しています。言い換えるとスピアマンの方がよりデータを有効活用しているということです。とくにケンドールを選択すべき積極的な理由はないと筆者は考えます。

このようなデータを順位情報（昇順）だけに落とし込むとは

X：[1, 2, 3, 4, 5]
Y：[3, 1, 4, 2, 5]

とするということです。これは、各順位の差がどれほどあるかという情報を削ぎ落すということを意味しています。このように順位だけにデータの情報を絞ることにはメリットとデメリットがあります。順位情報だけを利用するデメリットは、順位の差しか見ていないために値の大きさを反映できない点です。ただし、これが大きな問題になるケースはよほど詳細に相関関係を把握する必要がある場合だけでしょう。順位情報だけを利用するメリットとして、抵抗性が強いことが挙げられます。また、積率相関係数は抵抗性が低く、外れ値を含む可能性がない場合に用います。外れ値を含まないと言いきれない場合は、順位相関係数を利用することをおすすめします。

■ 相関係数の注意点

注意してほしいのは、相関係数は順序尺度だということです。つまり、相関係数の大小は意味をもちますが、その差や比については慎重に解釈してください。相関係数が 0.3 の組み合わせと 0.6 の組み合わせがあったからといって、後者は前者の 2 倍の相関があるとは言えません。

■ 相関係数の捉え方

「相関係数がどの程度であれば強い相関があると言ってよいのか？」は気になるところだと思われます。類書では次のような記述をよく目にします。

- $-1.0 \leq$ 相関係数 $r < -0.7$ 　　強い負の相関がある
- $-0.7 \leq$ 相関係数 $r < -0.4$ 　　中程度の負の相関がある
- $-0.4 \leq$ 相関係数 $r < -0.2$ 　　やや負の相関がある
- $-0.2 \leq$ 相関係数 $r \leq 0.2$ 　　ほとんど相関がない
- $0.2 <$ 相関係数 $r \leq 0.4$ 　　やや正の相関がある
- $0.4 <$ 相関係数 $r \leq 0.7$ 　　中程度の正の相関がある
- $0.7 <$ 相関係数 $r \leq 1$ 　　強い正の相関がある

これはあくまで目安であって絶対的な基準ではありません。比較すべき変数の組み合わせが軒並み相関係数が 0.2 以下の場合、0.4 程度でも（比較的）強い相関があるとするケースもあります。また、本書では触れませんが、相関があるかどうかを判定する検定という統計学の手法もあり、それで相関ありと判定されるかどうか

と相関係数が高いかどうかはまた別の話です。

　実務でのデータ解析において、相関係数の詳細な大小は殊更に大きく取り上げるべきものではなく、変数を取り上げる際の目安として利用するにとどめた方がよいでしょう。わずかでも相関係数が高い変数の方が重要であると解釈するのではなく、比較的高い相関係数（散布図を確認することを忘れずに！）の変数について事業インパクト[◆1]や実現・操作可能性[◆2]などを考慮に入れて検討すべきです。

■クロス集計の応用

　4.4節で学んだクロス集計は名義尺度以上、つまりすべての尺度水準によるデータを表現できる便利な手法です。顧客単価などの比尺度のデータであっても、課金額層に区切って無課金、低課金、中課金、高課金と置くことで順序尺度に変換し、クロス集計表に落とし込むことが可能です。その際、名義尺度にまで落とし込まず、順序尺度にとどめておくと、その後の分析で順序情報が使えるので便利です。

■連関係数

　クロス集計時には、相関分析における相関係数に該当する概念として、**クラメルの連関係数**があります。また、両変数が順序尺度であるならば**グッドマン・クラスカルのγ（ガンマ）**という指標を利用することができます。クラメルの連関係数は順序情報を切り捨てることになるため、両変数が順序尺度であるならばグッドマン・クラスカルのγを利用するのが普通です。このようにクロス集計の相関係数に該当する指標は複数あり、条件や特性がそれぞれ異なります。これをすべて理解することはそれなりの労力を要する上に、クロス集計の相関係数を求めるケースが実務においてそれほどないと思われますので本書では割愛します。興味のある方は『社会調査法入門』（盛山和夫、有斐閣、2004）の12章をおすすめします。クラメルの連関係数が高い・低いをどう解釈すればよいのかにも、難しい点があります。全体の類似傾向があるのかどうかを知りたいのであれば、ヒートマップを用いた方がよいでしょう。

■オッズ比：クロス集計を用いた後ろ向き調査[◆3]

　ECサイトで、ある商品を購入するかどうかを男女で分けた**表4.6**のようなデータがあったとします。

◆1　売上や品質改善にどれだけ貢献するかの度合い。相関係数が非常に高いことと事業インパクトがあることとは一般的には別の話です。
◆2　暑い夏の冷たいビールの売上は気温と高い相関を示すでしょうが、気温を操作することはできません。
◆3　この内容は難易度が高いため読み飛ばして構いません。

表 4.6　性別購入データ 1

	購入	非購入	合計	購入率
男性	60	80	140	43%
女性	40	20	60	67%

これで見ると男性の購入率は 60 / (60 + 80) で 43%、女性の購入率は 40 / (40 + 20) で 67% です。継続率の男女の比を取ってみると、男性より女性の方が 1.6 倍近く購入しやすいという結果になりました。この結果をもとに、この商品は女性の方が 1.6 倍近く購入しやすい傾向があるので、女性を対象にした広告を打つという戦略を立てるのは理にかなっているでしょう。ただし、それはデータが全利用者を反映している、あるいはランダムサンプリング◆1されている場合の話です。よくあるのが、実際の商品の購入率が非常に低いため、データを購入者から A 件、非購入者から B 件取ってきてそれで分析するというものです（A、B には適当な数値が入ります。また、購入・非購入サンプル間の男女比は全体を反映しているとします）。先ほどのクロス集計表は、全利用者への調査やランダムサンプリングの結果得られたデータではなく、そのようにして恣意的に取られたデータだとしましょう。その場合、先ほどとは異なり購入率に意味をもたせることができません。なぜならば、購入・非購入の件数はデータ解析者が恣意的に決定したに過ぎないからです。つまり、表 4.6 では購入・非購入の件数はどちらも合計 100 ずつとなっていますが、データ解析者が勝手に決めたこの数字には必然性はありません。非購入の件数の合計を 300 にしても 1,000 にしても構わないわけです。したがって、先ほどのような購入率を求める計算を行っても、出てきた値はもはや購入率を意味しません。非購入の件数を変えれば値も変わってしまいます。非購入の件数を 500 件に変えた結果（ただし男女比率は変えない）が**表 4.7** です。

表 4.7　性別購入データ 2

	購入	非購入	合計	購入率(?)
男性	60	400	460	13%
女性	40	100	140	29%

さて、この場合どのようにすれば、男女で購入する傾向にどの程度の違いがあるかを計算できるでしょうか。それを可能にするのが**オッズ比**です。

オッズ比とはオッズの比のことであり、オッズとは「ある条件のもとでの、ある

◆1　全データからランダムにサンプルを取得する手法。

事象が発生する確率と発生しない確率の比」です。これを利用すると取得件数によらない比率を計算することができます。具体的な求め方を、先ほどのクロス集計表を用いて説明します。一つ目のクロス集計表のデータから男性のオッズを求めます。男性の購入者数（60）を男性合計数（140）で割った値（約 0.43）と、男性の非購入者数（80）を男性合計数（140）で割った値（約 0.57）とを求め、前者を後者で割ればオッズが 0.75 と求められます。これを式で表現すると次のようになります。

$$\text{オッズ} = \frac{\text{男性の購入者数} / \text{男性合計数}}{\text{男性の非購入者数} / \text{男性合計数}} = \frac{(60/140)}{(80/140)} = 0.75$$

同じく女性のオッズを求めてみると、女性の購入者数（40）を女性合計数（60）で割った値（約 0.67）を、女性の非購入者数（20）を女性合計数（60）で割った値（約 0.33）で割った値である 2 になります。これを式で表現すると次のようになります。

$$\text{オッズ} = \frac{\text{女性の購入者数} / \text{女性合計数}}{\text{女性の非購入者数} / \text{女性合計数}} = \frac{(40/60)}{(20/60)} = 2$$

これより「男性から見て女性は何倍購入しやすいか」のオッズ比は、女性のオッズである 2 を男性のオッズである 0.75 で割って約 2.7 と求まります[1]。

$$\frac{\text{女性のオッズ}}{\text{男性のオッズ}} = \frac{2}{0.75} \approx 2.7$$

このようにして、男女共のオッズ比を求めた結果を表にしたものが下になります。

表 **4.8** オッズ比 1

	購入	非購入	合計	購入率	オッズ	オッズ比
男性	60	80	140	43%	0.75	0.375
女性	40	20	60	67%	2	2.7

この計算手順を、今度は二つ目のクロス集計表のデータにも適用してみると、男性のオッズは 0.15、女性のオッズは 0.4 となり、男性から見た女性のオッズ比は同じく約 2.7 となります。これは偶然ではなく、購入者・非購入者件数をどう変えて

表 **4.9** オッズ比 2

	購入	非購入	合計	購入率(?)	オッズ	オッズ比
男性	60	400	460	13%	0.15	0.375
女性	40	100	140	29%	0.4	2.7

◆1　≈ は「ほぼ等しい」程度の意味の数学記号です。

も同じオッズ比になります。

　このオッズ比の性質を利用して、ある属性が購入・非購入にどの程度影響を与えるのかを評価することができます。オッズ比は0以上の値を取ります。購入・非購入に対してオッズ比を求める際、Bのオッズ比が1より上であるならばBはAよりも購入しやすい傾向がある、逆に1未満であればBはAより購入しにくい傾向がある、ぴったり1ならば購入に対して対象の属性がAであろうがBであろうが関係ないことを意味します。

　このような、すでに出た結果をもとに何らかの因子の影響を及ぼしているのではないかと調べる調査方法を、**後ろ向き調査**といいます。この後ろ向き調査における留意点を知らないまま表4.5、表4.6と同じような計算をするケースが見られますが、ここで説明したように単純に購入率を求めることはできないため注意が必要です。なお、オッズ比の利用は2×2のクロス集計でのみ可能です。

■疑似相関

　相関分析は強力な手法であり、「売上などの目的変数と密接な関係がある変数を見つける」というのは概念としても比較的わかりやすいため、よく用いられます。ただしそんな有力な相関分析も、注意して利用しないと落とし穴が待っています。次の例で考えてみましょう。

　様々な街のデータを比較すると、街にあるゲームセンターの数と少年犯罪者数に強い正の相関が見られたとしましょう。ここから「ゲームセンターが増えるほど少年犯罪者も増える。ゲームセンターは不良少年の溜まり場であり、不良少年同士が集まると容易に犯罪に手を染めやすくなる。治安維持のため、ひいては少年たちの未来のためにゲームセンターを取り潰そう」という一見社会的に有意義な結論に至るのは容易でしょう。ゲームセンター数と少年犯罪者数は強い正の相関があると判明したのですから、ゲームセンターの取り潰し案に反対する根拠は何もなさそうです。ところがさらに相関分析を進めていくと、少年犯罪者数と正の相関が見られる変数として、街にある喫茶店数も候補に挙がってきました。そこで、喫茶店も不良少年の温床になりやすいからであると結論づけましょう。さらに正の相関が見られる変数として書店数が挙げられました。書店には犯罪を唆すような暴力的表現の多い漫画もあるから、少年犯罪と結びつきやすいのかもしれない。と、このように正の相関があるから、また、論理的に破たんせず理由をつけられるということから、上記の論理展開はすべて正しいでしょうか。

　ここで考え方を逆向きにして、少年犯罪が増えるとゲームセンターや喫茶店、書店の数が増える可能性についても考えてみましょう。何かもっともらしい理由が思

い浮かぶでしょうか。あるいはもっと単純に考えて、それらの店舗の数や少年犯罪者数と正の相関がある変数が思い浮かばないでしょうか。たとえば街の人口です。ある町に少年と定義される年齢層が100人しかいない比較的小さな街であれば、少年全員が犯罪に走ったとして100人にしかなりません。ある街に少年と定義される年齢層が10万人いてそのうちの1%だけが犯罪に手を染めたとしても、少年犯罪者数は1,000人に上ります。また、街の人口が大きくなればなるほど必要とされる様々な店舗数も多くなるでしょうし、当然ながらゲームセンターや喫茶店、書店数も同様です。だとすれば、街の人口が大きい都市ほど各店舗数も少年犯罪者数も増えるのは順当な話であり、先ほどの相関分析が示していたのは少年犯罪者数と各店舗数との関係ではなく、単に少年犯罪者数と街の人口との相関だったのかもしれません。

このように、本来二つの変数同士に直接的な相関関係がないにもかかわらず、第3の変数（この例では人口）の影響によって相関があるかのように見えてしまう相関を疑似相関といいます。また、逆に第3の変数の影響によって無相関に見えてしまうことを疑似無相関といい、ユール・シンプソンのパラドックスにも関連します（以降は都合上、疑似相関と言った場合、疑似無相関も含めるとします）。この疑似相関があると誤った推論を導いてしまいます。相関分析を行う際には必ずチェックしなければならない問題です。疑似相関への対処法として、層別相関と偏相関係数、さらに因果ダイアグラムという三つの手法が挙げられます。

■層別相関と偏相関係数

層別相関とは、データを何らかの基準で選択した「第3の変数」で層別にし、各層ごとに相関関係を見る手法です。層別にすることによって相関関係が見えたり、逆に無相関になったりする場合があります。層別相関を見ることで無相関になった場合は、もとの二つの変数は層別に分けるのに用いた第3の変数と相関をもっていたのであって、もとの変数同士に相関があったわけではないと解釈します。

偏相関係数とは、「選択した第3の変数」の影響を統計学的に除去することによって得られる相関係数のことです。

この二つの手法は正しく行えば、疑似相関を見抜き、正しい相関関係を得ることができます。ただし、この手法を正しく用いるということは、第3の変数を正しく選択できるということです。そして残念ながら簡単に第3の変数を選出することはできません。統計ツールを利用して全変数をしらみつぶしに試していけばいつかは選出できそうにも思えますが、そのためにはまず用意したデータにその第3の変数が含まれていなければなりません。それもその第3の変数が他の変数の影

響を受けない状態でです◆1。

結局、層別相関も偏相関係数も、第3の変数候補が正しく挙げられたときに本当にそれが疑似相関を生み出した第3の変数なのかを裏づけるものであって、どこからか第3の変数を抽出してくれるものではありません◆2。

■ 相関なのか疑似相関なのか

さて、統計学の入門書を読むと、前述の少年犯罪件数と街の人口規模のような例で疑似相関の説明がされることが多いですが、ここでもう一歩掘り下げてみましょう。実際は先ほどの話ほど単純ではないかもしれません。果たして街の人口が増えるほど書店数は増えるのでしょうか？　それより大規模な書店ができるという可能性もあるのではないでしょうか。一方、喫茶店については大きな街だからといって100人も200人も入れるような大規模な喫茶店ができるとは考えづらいでしょう。つまり、街の人口が増えたからといって、書店数が増えないか増えたとしても正の相関は弱い可能性もありますし、逆に喫茶店数とは比較的強い相関が出るかもしれません。このように、人口の大きさに影響を受ける程度は店の種類によって異なります。

各々の街の少年犯罪件数とあらゆる種類の店（ゲームセンターや本屋など）の合計数との間に強い正の相関を示していた場合は、「全種類の店の数と少年犯罪件数との間に正の相関があるのはおかしい」と気づき、疑似相関をもたらしているのが「街の人口」であるという結論にたどり着きやすいでしょう。しかし、分析対象として選んだのが書店と喫茶店だけというケースでは、先ほどの人口の大きさ影響を受ける程度についての考察に従うと「少年犯罪件数は喫茶店数と正の相関があり、書店数とはほとんど相関がない」となり、ここから「少年犯罪は喫茶店と何らかの関係がある」などと誤った推論をしてしまう可能性があります。変数はそれこそいくらでもあるため、それらすべてを検証するのは困難です。通常のデータ解析において、相関係数が高く説得力の高い仮説が生み出されたのであれば、時間は有限であるためそこで分析を打ち切ることが多いでしょう。少年犯罪者数と書店数に相関があると言われたらおそらく大抵の人が違和感を覚えるでしょうが、ゲームセンターやカラオケ、クラブなどのある種のイメージをもたれがちな要素をもち出して

◆1 繰り返しになりますが、データは真実でも全情報でもなく、事実の一部分を何らかの規則で切り出した情報に過ぎません。組み合わせがそれほど多くなく計算量爆発（あまりに計算量が多すぎて実際的な時間では計算が終わらないような状況）を起こさないならば総当たりの解法で問題ありませんが、果たしてそのような必要最低限に近い理想的なデータを得られているのかについて、常に懐疑的であろうとすることは忘れないでください。

◆2 そもそも第3の変数にアテがないから疑似相関によって誤った推論を犯すのであって、解釈時に第3の変数があるのかもしれないと解釈するときに十分用心するのであれば、疑似相関が発生していようと即座にその結果に飛びついて誤った施策をとることはないでしょう。

同じことを言えば、納得される可能性があります。さらに、先ほどから街の人口が真の原因であるかのように話をしてきていますが、街の人口が本当に少年犯罪件数と直結しているのでしょうか。もしかすると街の人口ではなく少年人口ではないでしょうか。そして、人口と少年人口は一般に比例するものでしょうか。人口の比較的小さい街では少子高齢化が進んでいて、人口の比較的大きい街より全人口に占める少年人口割合が小さいことも考えられます。つまり、人口と少年犯罪者数との間の正の相関はどれほど強いのでしょうか。疑問は尽きません。

　話が大変長くなりましたが、つまりは疑似相関があるかどうかを統計分析だけで見出すのは非常に困難であるということです。その相関に実質的な意味があるのか[◆1]、疑似相関ではないのかについては、分析対象のドメイン知識と照らし合わせ、論理的整合性に加えその分野の知識とも一致するかどうかを判断する必要があります。しかし、相関係数や散布図だけでその整合性を確認・議論するのは難しいでしょう。そこで、因果ダイアグラムを利用します。

■因果ダイアグラム

　名前からわかるように因果関係を見出すための分析手法であり、正確には相関分析手法には含まれません。ただ、疑似相関の候補を挙げ、それを議論しやすい形に可視化できて有効であるため紹介します。

　因果を考える上で重要なのは、相関は双方向の概念であるのに対し、因果は一方通行の概念だということです。真の相関関係をつかめたとしても、その方向性がわからない以上、どちらが原因でどちらが結果なのかはわかりません。因果ダイアグラムは因果の方向性まで明示します。ちなみに、この因果ダイアグラムは統計的因果推論という分野で用いられるかなり高度な手法の一つであり、その全容を説明するのは完全に本書の範囲を超えます。ここでは因果ダイアグラムの理論を詳細に説明し統計的な結果を算出する方法として利用するのではなく、あくまで因果を議論する際に便利な可視化手法としての利用法の紹介にとどまります。より詳細に知りたい場合は『統計的因果推論』(宮川雅巳、朝倉書店、2004)を参照してください。

　因果ダイアグラムは各変数とその関係を可視化して考察する手法です。ここでは『数字で語る社会統計学入門』(ハンス・ザイゼル、新曜社、2005) の例を利用します。この本のなかでは、次のような二つの仮想の事象とその解釈を取り上げています。

- 既婚女性の方が独身女性と比べて欠勤率が高い（なぜならば結婚すると家事負担が増えるから）

◆1　ランダムな変数同士でも、一部分を切り取れば強い相関を示すことすらあり得ます。

- 既婚女性のキャンディー消費量は独身女性よりも少ない（なぜならば既婚女性の年齢の算術平均は独身女性より上であり、年齢が上がるとキャンディーを食べなくなるから）

前者は既婚かどうかが欠勤率に対して関係している（既婚だと家事負担が増加する、家事負担が増加するから欠勤率が増える）と結論づけ、後者は既婚かどうかではなくキャンディーの消費量と年齢とに相関がある、つまり既婚かどうかはキャンディーの消費量と直接には無関係であると結論づけています。前者では「家事負担」を第3の変数として入れるかどうかにかかわらず、「既婚かどうか」が結論に対する根本的な原因であることは変わりません。一方、後者では既婚かどうかとキャンディー消費量は、年齢という第3の変数がないと結びつきません。これを因果ダイアグラムに落とし込むと**図 4.23** のようになります。

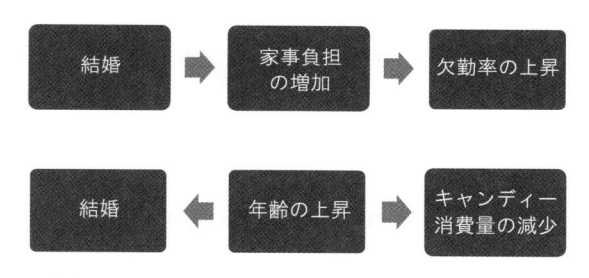

図 4.23 因果ダイアグラム 1

矢印は始点が原因で終点が結果であることを表しています[1]。上と下とで因果ダイアグラム内の結婚の矢印が逆向きであることに注目してください。ある変数とある変数の相関が真の因果関係となるのは、原因から結果への流れが上の方の因果ダイアグラムのように一方向に流れている場合だけです。第3の変数を入れても因果ダイアグラムの流れが変わらないのであれば、原因→結果のステップを細分化しているだけと解釈できます。逆に、第3の変数を入れると下の方の因果ダイアグラムのように流れが変わり、第3の変数を挿入するまで原因としていた変数が第3の変数の結果となる場合は、疑似相関であったと解釈します。

また、矢印は双方向につながる場合もあります。たとえば幸福度の調査で学歴が高いほど幸福度が高いという結果が出たとします。同時に、所得が高いほど幸福度が高いという結果も出たとします。ここで所得と学歴が独立の変数であれば両者の間に因果ダイアグラム上の矢印は引かれませんが、現代の日本においてはそれらが

---

[1] このような作図や変数間の矢印の引き方は分析者が決めます。統計的因果推論では、どの変数を取り上げどの変数からどの変数に矢印を引くかを計算によって求めますが、ここではあくまで分析者が論理的に考察した結果を可視化する手法として手作業で作成する場合について説明しています。

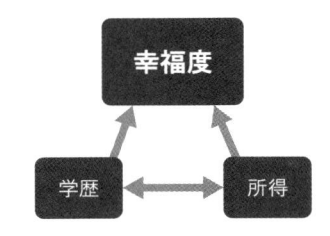

図 4.24　因果ダイアグラム 2

独立であるとは非常に考えづらく、強い相関関係があると考えられます[◆1]。そして所得が高いから学歴が高いのか、学歴が高いから所得が高いのかについては断言できず、どちらも影響を与え合うとします。その場合、因果ダイアグラムでは二つの変数を双方向の矢印でつなぎます（図 4.24）。

　因果ダイアグラムの各変数と矢印は、その関係に応じて追加・除去などの操作が可能であり、操作した結果が論理的・ドメイン知識的に矛盾していないかを議論する際の有効な可視化手段として利用することができます。ただし、因果ダイアグラムを描いたからといって、前述のようにすべての変数を検討したことを保証できるわけではありませんし、結局因果のフローとしての矢印の向き（双方向のケースもあり得ます）をどうするかは恣意的な判断になることもあります。先ほど挙げた『統計的因果推論』に数学的な判定基準も掲載されてはいますが、すべてを解決できる万能の手法ではないため、過信してはなりません。

■切断データ

　ユール・シンプソンのパラドックスの説明で、層別にするかどうかで相関関係が見えたり見えなかったりするケースがあることを紹介しました。これと同じく、真の相関関係が表面上見えなくなってしまうケースは他にもあります。それが切断データです。切断データとは、全体の一部分しかデータが得られていないデータのことで、これは全データを得られた場合と分析結果が異なる可能性があります。切断データの具体例としては、「入社試験の成績と入社後の成績」があります。入社試験の成績と入社後の成績に強い正の相関があれば、企業側が良い候補者を得るため入社試験を厳しく行うことは妥当であると言えるでしょう。しかし実際に調査してみるとほとんど相関が見られなかったとします。このことから入社試験の成績と入社後の成績に関係がないと言ってよいのでしょうか。これには次のような落とし穴があります。入社後の成績をデータとして取得できるのは入社試験に合格した人

[◆1]　「平成 25 年賃金構造基本統計調査（全国）結果の概況」の「学歴別にみた賃金」参照のこと。
http://www.mhlw.go.jp/toukei/itiran/roudou/chingin/kouzou/z2013/dl/03.pdf

だけです。これは全入社試験受験者のデータではなく、切断データになっているのです。

図 4.25 は切断データの様子を表しています。横軸は入社試験の成績、縦軸が入社後の成績です。入社試験は一定水準を満たさないと合格できないため、その水準以下の人の入社後成績は取得できません。図を見ればわかるように、入社前成績と入社後成績に強い正の相関があったとしても、どの水準で切断するかによって相関が見えづらくなる可能性があります。このような全体のデータではなく切断データを用いることによって結論が変わってしまうことを、切断効果（あるいは選抜効果）と言います。入社後のデータだけを見ると相関がなかったとしても入社試験が無駄なのかどうかはすぐにはわからないということです。

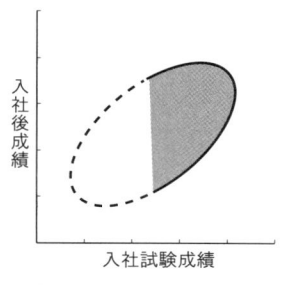

図 **4.25**　切断データ

コラム　因果は推論できるか

相関は因果ではなく、相関係数の大小は因果の強弱を意味しません。と言われても、因果を知りたいケースは多いと思われます。それに関しては前述の統計的因果推論や共分散構造分析などのアプローチがあります。ただし、数学的に扱いが難しく、その解釈についても哲学的な議論がある上に、得られた因果関係の存在について必ず断言できるというわけでもありません。結局のところ、実務においてできるのは相関を見つけ出し、そこから因果を見出すストーリーを対象ドメイン知識に基づいて形成することにとどまると筆者は考えます。因果ダイアグラムはストーリーを整理し、考慮すべき要因を洗い出して検証漏れがないかどうかを確認するにはよいでしょう。筆者は相関分析の際に因果関係の有無や強弱について意見を求められた場合、「それは統計学や数理の外の話である」と断った上で、分野知識に応じた検証をするようにしています。2015 年現時点で因果について断言できるような手法はないというのが筆者のスタンスです。今後望みがあるのが統計的因果推論で、どうしても因果推論を行いたい方は『統計的因果推論』(Judea Pearl、共立出版、2009)、『調査観察データの統計科学』(星野崇宏、岩波書店、2009) などをお読みになるとよいでしょう。ただし、これらの手法は自由度が高すぎてどうとでも設定できる部分が

多いように筆者には感じられ、最終的に扱いきれませんでした。それは計算が難しいという意味ではなく、これを事業計画に活かせるだけの信頼性のあるものとして提出できないと筆者が判断したという意味です。何をもって信頼できると見なすのかもまた判断が難しいところですが、何らかの手法を用いて何か値が出力されたからといって、それをそのままデータ解析依頼者にもっていくべきかどうかについて熟慮してくださいというのはここでお伝えしたいところです。

　データ解析には、一見難しそうでも、実はある手法やツールを用いれば簡単に解決できるような問題もあります。それを大学の教員や実務の先輩から学べるならばよいのですが、そのような恵まれた環境をもたない方も多いので、本書ではそのような手法やツールについて紹介するために書きました。一方、最新の統計学を用いたとしても、数学的問題や応用の問題が解決されていないものもまだまだ数多くあります。それについては統計学以外のアプローチをとるか、解決をあきらめる必要があります。因果の解明については後者に属する問題であり、たちどころに因果関係を明らかにしてくれるような使いやすい手法は筆者の知る限りありません。

専門外のデータは尋問してみよう！

第 5 章

運用

　第 5 章では運用について説明します。データ解析における運用には主に二つの要素があり、一つ目は重要指標を日々確認することで異常や変化を検知すること、二つ目は分析から得られた知見をもとに改善策を提案し実施に結びつけることです。本章ではこの二つの要素に対しどのように取り組めばよいかを学びます。

5.1　運用とは

　データ解析は、ある目的の達成のため集中的に分析を行う場合もありますが、日々重要な指標を監視することによって問題の早期発見や未然解決をするために活用することもあります。人間の健康状態を知るため、不調が表面化したときに精密検査するのが前者だとすれば、後者は体調管理のために毎日体温や血圧を測るのに似ています。データ解析というと華々しい問題解決の面がクローズアップされがちですが、病気でもデータ解析でも同じく、体感できるほど悪化してから処置するのは悪手であり、日々指標を確認することによって問題が発生する前に不穏な気配を察し、表面化する前に問題の芽を潰すことの方が重要です。指標を確認することが重要と言っても、どのような指標を用いるかで確認できる内容も変わりますし、同じ確認内容であってもより適した指標が存在する場合もあります。本章では、日々観測すべきものとしてどのような指標があるか、適切な指標とは何かについて学びます。

　また、指標観測や分析結果はそれ単体で価値を生むものではなく、それらに基づいて何らかの施策提案をし、それを実施することで初めて価値を得られます。本章終盤では価値に結びつけるために必要なミーティングと提案、進捗管理について学びます。

　本章の内容は第 2 章で説明したプロセスの **2. 分析計画**、**7. 解析結果の解釈**、**8. 施策の提案**、**9. 施策実施**、**10. 施策後の効果検証** に対応します。

5.2　KPI 運用

■ KPI とは

　KPI（Key Performance Indicator：最重要経営指標）とは、目標達成の度合いを測るために日々最低限見るべき指標です。似たような概念として売上や総会員数などの **KGI**（Key Goal Indicator：重要目標達成指標）がありますが、最終目標である KGI を達成するために、日々何を達成すべきなのかを明らかにするのが KPI です。

　KGI と KPI の区別や利用法について具体的なイメージがつかみづらいかもしれません。ここでは「夏までに 3 キロ痩せる！」という目標を例に、KGI と KPI を設定してみましょう。この目標の場合、KGI は削減体重そのものであり、KGI を達成するための腹筋回数や取得カロリーなどが KPI です。KGI だけを見ていると、一体何がどう作用して体重が減らないのか・増えてしまったのかがわかりません。また、具体的な腹筋回数や取得カロリーをどの程度にすればよいのか、目標に対し実

際はどの程度実行できているのかを把握できません。そこで、KPIを利用することによって

1. 計画の明確化
2. 具体的な行動への直結
3. 迅速な現状把握と進捗確認

が可能となります。体重の例で言えば **1.** がたとえば「KGI＝体重3キロ減、KPI＝腹筋回数、取得カロリー（キロカロリー）」、**2.** が「腹筋：50回／1日、取得カロリー：1800キロ以下／1日」、**3.** が「腹筋：30回でダウン／1日、取得カロリー：2200キロカロリー／1日」となります。

運用ではまずKPIを設計し、それを日々監視し、何か問題がないか、施策の効果が出ているかを確認します。KPIは単に上がった下がったで一喜一憂すべきものではなく、その変化をどう確認しどう捉えるかが重要です。

5.3 KPIの例

これからより詳しくKPIについて学びますが、その前に実際にどのようなKPIがあるのかを見てみた方がイメージしやすいでしょう。**表5.1**ではよくWeb企業で利用されるKPIを紹介をします。ただし、一般的に使われている各KPIは詳細な定義が決まっておらず、実運用する場合はデータ解析者がデータ取得の可否まで含めて詳細を定義する必要があります。

表5.1 よく用いられるKPIの例

KPI名	内容
会員数	サービスに登録しているユニークな（重複を除いた）全ユーザ数
DAU（Daily Active Users）、ログインUU	指定日にサービスを利用・ログインしたユニークユーザ数
MAU（Monthly Active Users）	指定月に一度でもサービスを利用したユニークユーザ数
購入・課金者数、DPU（Daily Pay Users）	指定日に購入・課金したユニークユーザ数
購入・課金率	購入・課金したユニークユーザ数をDAUで割った指標
ARPU（Average Revenue Per User）	売上をDAUで割った指標

表 **5.1** （続き）

KPI 名	内容
ARPPU （Average Revenue Per Payed Use）	売上を購入者数で割った指標
継続率	ある指定期間にサービスを利用したユニークユーザのうち、ある別の指定期間にもサービスを利用したユニークユーザ率
CVR （Conversion Rate）	ある対象ユーザのうち、目標に到達したユニークユーザの割合。目標の定義は様々で、ショッピングサイトであれば購入率と同じ意味。広告ページで広告をクリックすることを目標とした場合は、広告をクリックしたユニークユーザ数を広告ページを訪れたユニークユーザ数で割ったもの。全期間の場合や日次など何らかの期間を置く場合がある。
DAR （Daily Active Rate）	DAU を会員数で割った指標
MAR （Monthly Active Rate）	MAU を会員数で割った指標
退会数	サービスから退会したユニークユーザ数
クリック数	広告などをクリックした数
PV（Page View）	指定ページのアクセス数
CPA （Cost Per Action）	ユーザを一人獲得（サービスに登録して頂く）するための費用。新規顧客獲得のキャンペーンや広告を打った総額を実際に獲得できたユーザ数で割った指標
新規率	新規利用者が DAU に占める割合
リピート率	過去に利用したことがあるユーザが再度サービスを利用する率
ログイン頻度	ユーザが決められた期間（1週間や1ヶ月など）に何回サービスにログインするか
復帰率	一度退会・離脱したユーザが再度利用する率
滞在時間	そのサービスを何分利用したかの平均や中央値
直帰率	そのページを見ただけで去ったユーザの割合
待機率	ページが読み込まれるまでに N（1～5などを設定）秒間以上待ったユーザの割合

5.4 良き KPI の性質

　表 5.1 のように様々な KPI があります。また、対象のサービスや商品によって新たな KPI を作成することもあるでしょう。たくさんの KPI があるなかでどれを選択すべきか、あるいはどの KPI を使うべきではないかを選択する必要があります。体調管理のために体温や血圧を毎日計測するのは有効でしょう。しかし、何でも測ればいいというわけではありません。KPI 選択はケースバイケースであり、これを使いさえすればよいという確定的なものはありません。KPI 選択の指針を

立てるため、本節ではKPIがもつべき良き性質を説明し、次節ではいくつかのKPIを例に、それらを利用すべきか否かの考え方を説明します。

■わかりやすいこと

KPIは、ついあれもこれもと意味をもたせようとするあまり、複雑になりがちです。複雑すぎて定義を一目見ただけではわからなかったり、直感に合わないような動きをしたりすると、現場で活用されなくなってしまうか、さらに困ったことには間違って解釈されてしまうこともあります。KPIはたった一行の説明でその利用者に理解してもらえることが望ましく、そうなっているかは常に確認しましょう。

■操作可能な変数であること

操作可能であるということは、施策に活かしやすい情報だということです。たとえば天気や温度によって売上が変わるからといって天気や温度をKPIにしても、操作できないためどうしようもありません。

■ KGIと密接に結びついていること

後述するPVのように、場合によってはKGIに結びつかない指標も存在します。そのような指標を伸ばしたところで目的は達成されません。データとして取りやすいから、他でもやっているからと安易に選ぶのではなく、KGIに結びつく指標なのかどうかを考慮する必要があります。

■変動の説明が一意的であること

KPIの増減についての解釈が複数通りあると、どう解釈すべきか定まらず、施策や改善策がKGIに対して好影響を与えたのかどうかが判別できません。あるKPIの増減が好影響なのか悪影響なのかを明確にしましょう。

■時系列で見て安定していること

KPIは時系列で見ることがほとんどです。その際、日単位など比較的短いスパンでKPIが乱高下してしまうと、その増減の意味を把握しづらくて見向きもされなくなったり、逆にその増減に振り回されて方針がブレたりしてしまう恐れがあります。乱高下するようなKPIは施策や外部要因からの影響に鋭敏すぎるということであり、対象の本質的な価値を表す指標と言えるかは疑問です。たとえばDAUは、CMやキャンペーンを打てば簡単に跳ね上がります。CMやキャンペーンによって増えたDAUは、それらが終われば大半は波が引くように去ってしまうため、サー

ビスを支える有料顧客数の実態を表すわけではないと筆者は考えています。そのため、DAUを見ることが企業やサービスの継続的な成長につながるかどうかについて筆者は疑問視しています。KPIは、時系列で見て安定している、言い換えれば短期的な影響によってそう大きく変化しない安定した指標[◆1]であることが望ましいでしょう。

> **コラム** **時系列で見て安定する指標の例**
>
> ドリコム社ではソーシャルゲームの実質的な利用者数を測るKPIとして、DAUではなく「ゲーム定着ユーザ[◆2]」という「5日連続でプレイしている利用者（数）」を利用しています。DAUは前述のように日々の様々な要因によって影響を受ける値ですが、ゲーム定着ユーザはごく短期的な影響ではそう大きく変化せず、ゲームに定着した優良顧客数と想定可能であり、サービスの継続的な成長を測定するKPIとして相応しいという判断からです。他にも、コロプラ社では「アプリをインストール後1週間以内のユーザは離脱しやすいが、それ以降のユーザは継続しやすい」という傾向から、インストール後1週間経過したユーザをアクティブユーザとしてカウントしています。

> **コラム** **安定性が必要かについて**
>
> 先ほど日々大きく変わらないKPIの方がよいと説明しましたが、それは決して「あらゆる意味で変わりにくいKPIが最上である」という意味ではありません。ここでは「統計量としての安定性」について考えてみます。要約統計量として算術平均ではなく中央値を利用すると、外れ値があっても大きく値は変わらないことは第4章で学びました。ただ、それは上位層や下位層に動きがあっても察知できないという側面があることに注意してください。
>
> ここでは顧客単価について考えてみます。低価格商品を出した結果、顧客単価的に見て下位層の利用者がその低価格商品に流れてしまったとしましょう。中上位層に変化がないならば、その場合売上総額は低下してしまいます。しかし、中央値で顧客単価を見る場合は中位層に変化がない以上、顧客単価は下がりません。同じく、顧客単価的に見て上位層の顧客単価が大幅に減ったとしても、下中位層に変化がなければ中央値で顧客単価を見ても変化を察知できません。
>
> 実際の運用では、全体向けの施策だけではなく、狙いを絞った施策を打つことも多いでしょう。上位層や下位層を対象とした施策の場合、中央値では汲み取れない可能性があります。KPIで全体の傾向をつかみつつ外れ値を除外したいというのであればトリム平均を用いるのがよいでしょう。ただ、KPIはある変数をたった一つの値で表現するものであり、それだけで全体の傾向や特徴のすべてを詰め込めるわけではありません。

[◆1] 「短いスパン」と「そう大きく変化しない」の意味は状況や対象に依存するため、具体的にどういうスパンのどういう範囲なのかはその都度考えなくてはならないことに注意してください。
[◆2] http://www.slideshare.net/TokorotenNakayama/dau-21559783

> KPI に何もかも詰め込めないとダメだというわけではありません。どの観点を採用するのかについて、事前に擦り合わせをし観点を明示するようにして、各指標に一貫性をもたせましょう。

5.5　各 KPI 考察

良き KPI の性質について学んだことを踏まえ、以下ではよく用いられている KPI（継続率、PV、顧客単価）について考察してみましょう。

■継続率

Web サービスでよく用いられる KPI として継続率があります。継続率が高ければ高いほど、DAU の増加、ひいては売上の増加につながるため、できる限り高めた方がよい KPI です。しかし継続率の詳細な定義は明確ではなく、時と場合に応じて適切な定義を与えなければなりません。いくつか定義を考えてみましょう。

- 翌日継続率：指定日に利用し、その翌日も利用した人の割合

  翌日継続率は理解しやすく、DAU の増加にもつながりやすい指標であり、KPI として活用しやすいでしょう。ただし、分母と分子が DAU という変動しやすい数値に従うため、あまり安定性はなく、日々変動が激しいという弱点もあることに注意が必要です。また、あくまで指定日とその翌日という短期のデータだけを対象としているため、中長期の傾向はわかりません。

- 1 週間継続率：指定日にログインしてその後 1 週間継続して利用した人の割合

  翌日継続率より長期の傾向を把握するため、対象期間を 1 週間に伸ばした指標です。1 週間継続率には定義が複数あり得ます。すなわち、1 週間毎日利用することを指すのか、それとも指定日から 1 週間後の日にピンポイントで利用しているかどうかを指すのか、あるいは 1 週間中 5 日以上利用しているなどの程度を指しているのかなど、解釈が複数あり得ます。1 週間毎日利用しているというのはわかりやすいですが、サービスによっては通常毎日利用するものではないケースもあるでしょうし、厳しすぎる定義のようにも思えます。1 週間後のピンポイントの日付に利用している利用者だけを 1 週間継続とカウントするのは、たとえば指定日から 2〜6 日後と、8 日後以降利用していて 7 日目だけ利用しなかったという利用者を除外してしまうことになりますが、これを継続者と見なさないのは直感に反していると言えそうです。最後に、1 週間のうち何日以上利用している利用者のみを継続者とカウントするのは、前述の二

つの指標の中間を取っており良さそうですが、基準を何日以上にすべきなのかについて恣意的にならざるを得ません。3 日以上にすべきか、あるいは 5 日以上の方がよいのかなど、サービス状況に応じて決断し、この指標を利用する方に「なぜ N 日にしたのか」を説明するようにしましょう。

　以上の考察は 1 週間継続率だけではなく、より長期の 1 ヶ月継続率や 3 ヶ月継続率でも同じことが言えます。とくに長期になればなるほど、毎日利用している利用者のみを継続者扱いするというのは現実的ではなくなってくるでしょう。このように、よく使われる継続率という KPI ですら、その性質を考察していくとどう定義すれば適切なのか判断が難しいものになります。対象サービスについて利用者のモデルが確立している場合、たとえば一般的な利用者は 2 日に 1 回は利用するなどが想定できるのであれば、「1 ヶ月継続率＝その月に 15 日以上利用している人の率」というように決めてもよいでしょう。そうでないならば、指定日からピンポイントで N 日目に利用している人の率を出すというのが定義としては簡明です。ただし、これを行う場合は利用パターンに周期性がないかどうかを確認する必要があります。たとえば毎月 1 日に大セールを行うという仕組みを取り入れていれば、毎月 1 日を指定日とする 1 ヶ月継続率は、毎月 15 日を指定日とする継続率よりも明らかに高くなる可能性があります。

■ PV

　PV（page view）は、1 画面を表示したら 1 PV としてカウントするという、ほぼすべての Web 企業で利用されている KPI です。しかしこれには大きな問題点があります。

　まず、1 画面とは具体的に何を指すのでしょうか。基本的に画面遷移したら PV としてカウントすることが多いようですが、詳細に検討しだすとその定義は複雑です。たとえば Web ショッピングサイトにおいて、商品画像をクリックするとポップアップすることもありますが、ポップアップ画面を 1 画面と見なし、PV としてカウントしてよいのでしょうか。さらに、ショッピングサイトの商品詳細のページにおいて、説明が長くなって 2 ページになってしまった場合、これは 2 PV としてカウントすべきでしょうか。また、昨今のスマートフォンのインターフェイスでは、できる限り画面遷移を減らすことで利用者の不快感をなくす試みを取られているものも数多く見られます。画面遷移をほとんどせずに閲覧できるページの場合、どのように PV をカウントすればよいのでしょうか。エンジニアやデザイナーが工夫して画面遷移をせずともいろいろな機能が使えるようになった結果、皮肉なことに PV が激減してしまうということも起こり得ます。また、PV の定義は複雑化しが

ちであり、そのために非常に困った状況をもたらすことがあります。Webサイトの制作チームに対して、KPIとしてのPVに応じたボーナスを支払うとしましょう。そうすると、制作サイドには売上とは関係ないPVを稼ぐためだけのページを作り出す誘引が生まれます。先ほどのようにポップアップや複数ページをPVとしてカウントする場合は不必要にそれらを配置するようにしたり、利用者の便宜のためにインターフェイスを改善するとPVが減少してしまうので、いつまで経ってもインターフェイスが改善されなかったりするかもしれません。PVは、単刀直入に言って基本的に使うべきではないKPIだと筆者は考えています。どうしてもPVをKPIとして利用するのであれば、何をもって1PVとカウントするのかについて膨大なガイドライン策定が必須です。

■顧客単価：ARPU と ARPPU

　ARPUは売上を全利用者数で割った値であり、顧客単価としてよく利用されるKPIです。ところが、ARPUには解釈が一意的に定まらないという、KPIとして致命的な欠陥があります。売上や利用者数が突然減少したとなれば明らかに問題ですが、果たしてARPUが減少したからといってそれを問題視すべきかどうかはすぐにはわかりません。

　最初から定額利用料のサービスの場合は問題ないのですが（そもそもその場合は顧客単価は一定でありARPUを見る必要がありません）、たとえばブログサービスで無料版と有料版を提供している場合や、ソーシャルゲームなどでアイテムやキャラクタを購入するために課金するケースでは、利用者が課金するのはある程度そのサービスに慣れてもっと便利な機能を使いたいと思ったときではないでしょうか。筆者のこれまでの経験では、大抵のWebサービスにおいて利用頻度や期間などがある一定水準を超えないと課金してもらえないことがほとんどでした。その場合、新規利用者はあまり課金しない傾向があります。また、CMやキャンペーンを行うと新規利用者が一気に増えることがあります。そうなると課金しない傾向にある新規利用者が増えるため、ARPUが低下してしまう可能性があります。逆に、プロモーションに失敗して新規利用者数が低下しているがためにARPUが伸びることすらあります。このように、ARPUの増加は顧客単価が上がったのかそれとも無課金層が減少してしまったのかの区別がつきづらいのです。とくに課金額は日々大きく変動することも多く、プロモーションの日程や質を把握していたとしてもARPUの増減について明確な説明をすることは困難です。こうしたことから、ARPUの増減でプロモーションの成否を判定したりサービスの継続的な成長を測ったりするのには多大な危険性があります。

それに対し、ARPPUという売上を課金者数で割った値もよく顧客単価として利用されています。しかし、これにも問題があります。ARPPUの場合、課金者数や課金総額を汲み取ることができず、低額商品による販路拡大戦略を取ると売上全体や課金率は改善しているにもかかわらずARPPUが低下してしまったせいで失策と捉えられるケースがあり得ます。また、課金者数が少なくなってもARPPUの増減に直接反映されないことも危険です。とくに長期で運用しているソーシャルゲームで多いケースとして、長くサービスを続けていくうちにゲームバランスがインフレしてしまい高額課金しない限りゲームが楽しめないような状況になってしまうことがあります。その場合、低額課金者が離脱し、ごく一部の高額課金者しか残らなくなってしまったせいでARPPUが高くなっただけなのに顧客単価が上がったと喜ぶケースがあります。結局、ARPUにしてもARPPUにしても、顧客単価単体での増減に一喜一憂するのは問題があります。

このように、よく用いられるKPIも考察してみると様々な問題点があります。KPIで充足できる範囲はどこまでか、何と何を組み合わせて把握しないといけないのかを考えて策定しましょう。たとえばARPPUは単体で用いるのではなく課金者数と併用することによって、課金者数と顧客単価の増減を把握できるようになり、先ほど説明したような問題にも対応できます。KPIの定義が明確であればそのKPIの問題点も明確になり、その問題点をカバーできるようなKPIを併用することができます。完璧なKPIはありません。だからこそ、問題点を明確にして、他のどのようなKPIと組み合わせなければよいかを考えることが大切です。

5.6 KPIを根付かせる

KPIは策定するだけではなく、実際運用することによって初めて価値を生み出します。しかし、現場や経営層にKPIを根付かせるには長い道のりが必要です。KPIを根付かせるために心掛けるポイントについて説明します。

■自動化する

KPIを根付かせる上で、日々の煩雑な作業や新しい作業を覚える手間は障害になります。それ以上に恐ろしいのは、手作業によって誤った値を出してしまうことです。Webシステム化により自動で集計し、その結果を誰でも見られるようにするのがよいでしょう。サポートページの付録でそのようなシステム作りについて扱います。

■意義と意味を十分に説明する

関係者には「なぜこの KPI を追わないといけないのか」、「この KPI を上げ（あるいは下げ）るとどうなるのか」、「何がどうなるとこの KPI は上下するのか」の3点を理解していただくことが重要です。意義や意味がわからないまま「とにかく重要だからこの指標を監視しろ、上げろ」と言われても、具体的にその KPI を好転させるような案は出てきませんし、実作業に取り掛かってもらえません。理解してもらえるように準備と説明をするのはデータ解析者の仕事です。

■フィードバックする

KPI をただ並べ、施策をただ無闇に打つだけではいけんません。施策が KPI に反映されたかどうかわからないようでは関係者は KPI を確認しなくなりますし、施策が適切だったかどうかわからないまま終わってしまいます。KPI が根付けば関係者が自発的に利用するようになりますが、それまでは KPI ベースで施策効果や日々の変動についてのフィードバックを関係者に与えた方がよいでしょう。

■ KPI を絞る

いざ KPI を策定しようとすると、必ずと言っていいほどあれも見たいこれも見たいと KPI を増やしたくなるものです。顧客単価や会員数などの目的ごとに KPI を一つずつに絞りましょう。これは原則であり、どんな状況であっても厳密に一つにすべきというわけではありませんが、二つ以上の KPI を設けるのであればなぜそうするのかを説明できるようにしましょう。

■対象者ごとに適切な KPI を割り当てる

経営層が見るべき KPI と現場のマネージャーが見るべき KPI、営業が見るべき KPI、エンジニアが見るべき KPI はそれぞれすべて異なります。どの KPI を見せるべきなのかは相手次第です。相手が必要とする KPI を提示してください。不要な KPI を見せても「それは私の仕事ではない」と思われてしまいます。その人にとって不要な KPI が混じっていると、KPI 全体を見られなくなる恐れがあります。

■ KPI に振り回されないよう心掛ける

「分析結果を活用する」ことと「分析結果に振り回されること」とは違います。例として、街全体の犯罪件数と万引き率◆1 とに相関があるとわかったとしましょ

◆1 ある店の売上に対する万引きによる損失の割合。

う。そこで、警察組織が警察官の給与や昇進の査定に、万引き率の低下度合いを指標として用いるとしたらどうなるでしょうか。おそらくは万引き率は引き下がるでしょうが、肝心な犯罪件数が下がるかどうかは疑問です。警察官としては万引き犯を捕まえることがその警察官にとって最大のメリットをもたらす行動になり、万引き犯を捕まえることだけに躍起になるかもしれません。最初の時点において、犯罪件数の目安に万引き率を設定すること自体が間違っているわけではありません。しかし、指標として活用すると、観察している対象そのものに影響を与えてしまい、結果として万引き率を指標として設定することによって街の犯罪件数という本当に減らしたいものを減らせなくなってしまいます（現実に、このような実例があります）。

このように、本来目的を達成するための指標であるにもかかわらず、いつしか指標を改善することが目的化し、当初の目的達成からかけ離れた行動を促してしまうことを**グッドハートの法則**と呼びます。同じことは企業での業績評価指標でも起こり得ます。SNSで売上に関する評価指標としてPVを用いたところ、PVを増加させる施策ばかりに注力してしまい、肝心の売上増加には全く関係のないPVを上げるためだけの小手先の工夫に現場が囚われる事例があるのは先に述べたとおりです。

■実測値を提供する

既存のKPIが不十分だと思われるとき、それを改善した新しいKPIを提案することがあります。その場合、必ず提案KPIの実測値を用意し、既存KPIとの優位性を説明するようにしましょう。提案KPIの理屈だけでは相手に理解されにくいからです。

5.7　運用の実施

KPIを表示したり分析結果を関係者に配ったりしたからといって、それだけで売上や品質が改善されるということはありません。データ解析者が主体的にミーティングや提案を行い、施策実施の進捗管理をすることによって初めて価値につながります。この節では、運用を実施するためのミーティングと提案、進捗管理について説明します。

■なぜミーティングを行うのか

ミーティングを適切に行うことで、データ解析を行う上で頻繁に見られる失敗パ

ターンを回避することができます。その失敗パターンとは、データ解析者が一人でデータ解析のプロセスを進めてしまうことで生じるものです。たとえば、ドメイン知識があれば簡単に否定されてしまうような独りよがりの結論を出してしまうケースがあります。あるいは、いつまで経っても分析結果をもってこないことにしびれを切らした依頼者から急かされ、中途半端な結果を提出することによって期待を下回る成果しか出せず、そのあげくデータ解析に実際的な効果なしと判断されるケースがよくあります。データ解析は孤独に取り組むものではなく、目的や解釈の擦り合わせのためのミーティングを適宜行うことが必要です。

まとめると、ミーティングを行うことには、

1. 一人で作業していると見落としていたことに気づける、ミーティング相手による自分とは異なる視点からの有益なアドバイスを得られる
2. 依頼者の目的や問題設定、現場の施策実現可能性についての認識の誤りやズレを修正できる
3. 分析や施策実施の進捗確認ができる
4. 状況変化や追加作業を共有することで迅速に対応できる

などの利点があります。

■ミーティングの種類

ミーティングの種類には、最初の目的や問題設定を決めるため[1]に関係者全員を集めて行うキックオフミーティング、進捗報告・相談や分析の方向性の確認をす

表 **5.2** ミーティングの種類

種類	頻度・機会 第2章のプロセスとの対応	内容	参加者
キックオフ	プロセス1. 目的設定時	目的の設定と共有、顔合わせ	関係者全員
定例	週一	主に進捗報告	コアメンバー
臨時	適宜	突発的に発生した緊急性の高い内容の相談。何らかの障害など	相談したいことの直接の関係者
意思決定	プロセス8. 施策の提案	提案をもとにした意思決定	意思決定者
実施	プロセス9. 施策実施	施策内容の共有・説明	施策実施者
報告	プロセス10. 施策後の効果検証	施策の成果報告	コアメンバー

◆1 もしくは、顔合わせとしてのミーティング。現在はオンラインミーティングやメール・チャットシステムベースのミーティングもありますが、筆者の経験上、不思議なほどに顔合わせすることがその後のデータ解析の順調な進捗に大きく役立ちます。顔合わせすることを非常に強く勧めます。逆に、毎回の定例ミーティングに全関係者を集める必要はありません。毎回全員集めるとなると、自分に関係のない内容に付き合わされることに不満を感じる参加者も出てくるでしょう。

るためのコアメンバー◆1を集めて行う定例ミーティング、分析結果が出揃い最終的な意思決定をするために責任者と行う意思決定ミーティング、施策実施を具体的にどう行うかを現場担当者と擦り合わせる実施ミーティング、施策実施後に依頼者や責任者に成果報告をする報告ミーティング、そして分析中に大幅な方向転換や遅延（メンバーの傷病やシステムの障害など）などについて即座に相談するための臨時ミーティングがあります。定例ミーティングは週一程度で行うのがよいでしょう。時間は 15 分〜 30 分程度の短さで構いません。進捗確認を手短に行い、何か変更や躓きがあれば共有し解決を目指します。

　ミーティングの結果、方針や作業内容が変更されることはよくあります。その場合、分析計画書や施策実施の指示書を改訂することになります。その際、改訂履歴として版番号、作成者、作成日、改訂者、改訂日、改訂承認者を付与してください。

■意思決定のための提案

　データ解析は最終的に何らかの意思決定を行い施策の実施につなげるものであり、そのためにはデータ解析者側からの提案が求められます。データ解析者としての提案は施策内容の他に最低限

1. 施策の効果
2. 施策のコスト（期間・費用・人員）
3. 施策のリスク

の三つを含める必要があります。3. に含める内容としては、その施策がどれくらい失敗しそうか、失敗したらどうなるのか、失敗時に対応可能なのかという三つの情報が必要です。とくに 3. を提案時に含めないデータ解析者をよく見るのですが、意思決定する場合はメリット・デメリットを天秤にかけて行うべきであって、片方だけを提示して偏った意思決定を助長するような行為は慎みましょう。

　1. 〜 3. をデータ解析者が意思決定者に説明する際、グラフや計算結果を貼りつけたレポートを渡すだけでは良い提案とは言えません。意思決定者は意思決定に使える情報を求めているのであって、グラフや計算結果そのものを求めているわけではありません。もちろん、グラフや計算結果は意思決定のための重要な材料になり得ます。しかしそれはあくまで材料でしかなく、データ解析者がすべきことは目的や前提、制限を踏まえて意思決定に利用しやすいような解釈を示すことであって、

◆1 コアメンバーをどのように設定するかは流動的で、今どのプロセスにいるかに応じて適宜決める必要があります。具体的に誰を招集するかは、データ解析者が責任者に「○○という目的でミーティングを行うので適任者を紹介してください」と問い合わせ、それを参考にして決めましょう。誰を招集するかについて受け身でいると、肝心なメンバーが集まらない可能性があります。

材料をそのまま手渡しすることではありません。食事をするためにレストランへ入ったのに、未加工の食材を渡されても困るのと同じです。ただし、すべての解釈をデータ解析者だけで行うべきであるということではありません。ミーティングを行い、分析結果をもとにどのような解釈・施策をすべきか、関係者と協力して決めていくのがよいでしょう。

■提案の一般化と特殊化

データから得られたグラフや計算結果は、何らかの目的や前提条件に基づいたものです。クリスマス商戦期の幼児用玩具の販売データから得られた知見は年中、あるいは、中高生や大人用玩具にも利用できるものでしょうか。おそらくそのほとんどはクリスマスかつ幼児用玩具にしか使えないでしょう。得られた知見を一般化(いつでも・誰にでも適用可能だと見なすこと)してよいのか、もしくは特殊化(特定状況でのみ成り立つことだと見なすこと)すべきなのかを明確にしましょう。また、大抵の場合、一般化・特殊化は程度問題であり、どんな場合でも成り立つ一般的知見はまずありません。データから得られた知見を提案に結びつける際には、まずは過度の一般化をしていないか注意してください。

■提案時のチェックポイント

提案を生み出すのには多大な労力がつきものです。そのため、データ解析者には自ら生み出した提案を採用してもらいたいがためのトリックを使ってしまう誘因があります。下記チェックリストに照らし合わせて、そうしたトリックを使ってないかを確認してください。これに一つでも該当するようであればその提案は見直してください。

- 扇情的な物言いをしていないか
- 事実と推測を混同をしていないか
- 相関と因果の混同をしていないか
- データやグラフ、計算結果を曲解していないか
- チャンピオンデータ[◆1]を利用していないか
- 比較対象を設定せずに効果ありとしていないか
- 一般化する場合は結果に再現性があるか
- 小さすぎるサンプルサイズから結論を導こうとしていないか
- 偏ったデータを利用していない
- 過度の一般化をしていないか

◆1 データ全体から都合のよいデータだけを抽出したもの。

■見積もり方法

各タスクを見積もる方法として主に次の三つがあります（**表5.3**）。

表5.3　所用時間の見積もり

手法名	説明	メリット	デメリット
類推見積もり	類似施策から所要期間を類推して見積もる手法	類似施策がある場合は簡単に見積もりができる	類似の程度によって見積もりがブレやすい、類似タスクがない場合は利用できない
三点見積もり	楽観値（問題が一切発生しない場合の最小想定期間）、悲観値（問題が発生する場合の最大想定期間）、最頻値（最もありそうな期間）の三つの見積もり値を算出し、（最頻値×4＋楽観値＋悲観値）/6で求めた値を所要期間（の期待値）とする	期待値としての所要期間だけではなく、楽観値や悲観値まで含めて算出するため、問題発生時にも柔軟にスケジュールを組める	楽観値や悲観値、最頻値の算出に根拠が必要
ボトムアップ見積もり	施策の各詳細要件を洗い出し、その詳細要件ごとの所要期間を求め、最終的にすべて足し上げて全体所要期間を見積もる手法	なぜその見積もりになるのかが精密に説明可能で納得感を得やすい	各要件の洗い出しに時間がかかる

参考となる類似施策などがありざっくりと決めたい場合は**類推見積もり**、ある程度知見があり楽観値などが想定できてある程度ブレを許容できるのであれば**三点見積もり**、知見や経験がない場合や精密にスケジュールを決めたい場合は**ボトムアップ見積もり**をするとよいでしょう。基本的に所要期間をどう見積もればいいか困った場合はボトムアップ見積もりをしてください。詳細要件を洗い出さないといけないため時間がかかるという欠点はあるものの、各要件を洗い出すことは作業の抜け漏れを防ぎ、具体的なスケジュールを作成するのにも役立ちます。

スケジュールの設定について詳しく学びたい場合は、プロジェクトマネジメントや要件定義についての書籍を読むとよいでしょう。単に管理手法を羅列しただけではなく、漫画形式で何をどのように管理しなければならないのか具体的なストーリーのなかで説明してくれる

　　　広兼修：『マンガでわかるプロジェクトマネジメント』、オーム社（2011）

や、スケジュールや要件定義のやり方だけではなく、計画に瑕疵があった場合の法的な解決についてまで言及している

　　　細川義洋：『なぜ、システム開発は必ずモメるのか？』、日本実業出版社（2013）

をおすすめします。

■進捗管理

データ解析において見逃されがちなのがスケジュールと進捗の管理です。スケジュールを決める際、まずやるべきことは具体的な作業として何があるのかを洗い出すこと、次にその作業一つひとつにどの程度の時間がかかるかを見積もることです。そうすることによってトータルでかかる時間が明らかになります。そこから逆算してスケジュールを決める、あるいは決められたスケジュールに対して優先度をつけてどの作業を断念するかを決めます。スケジュール管理には WBS とガントチャートを用いるのがよいでしょう。

WBS（Work Breakdown Structure）とは、作業全体を細かい作業内容に分割し、分割した作業内容を階層的に構築し直すプロジェクト管理手法です。これにより、「どのような作業があるのか」、また「この作業はどの階層（どのチーム、あるいは誰）に属する（が担当する）ものなのか」を明確にすることができます。**ガントチャート**（図 5.1）は、WBS で細分化した各々の作業について想定と実際の開始・終了時期を明示することによって作業の流れや進捗状況を一覧可能にするプロジェクト管理手法です。

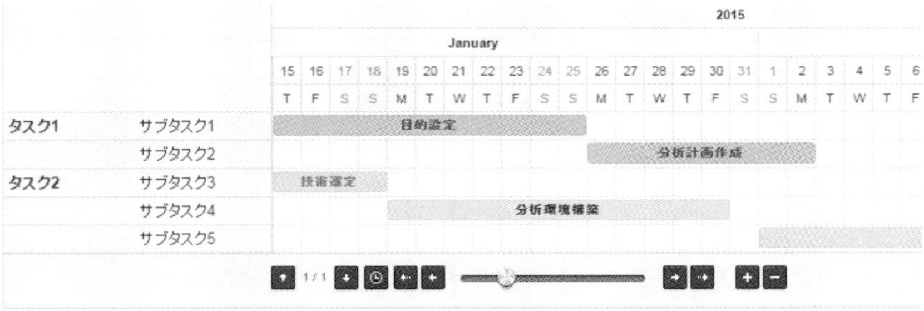

図 5.1　ガントチャート

どのような作業があり、それぞれどれくらいの時間を要するのかは、経験がないと見当もつかないと思います。それで構いません。筆者もはじめはそうでした。それでも、作業の洗い出しと時間の見積もりを毎回行い、それと実作業時間とのズレを明確にすることを繰り返すことで、徐々に正確な見積もりが可能になります。

WBS やガントチャートの詳細に関しても、先に挙げた『マンガでわかるプロジェクトマネジメント』や『なぜ、システム開発は必ずモメるのか？』を勧めます。

KPIのチェックで経営の健康管理！

- データ解析ってやっぱり難しい手法を使った分析が主なんですよね？
- ひょこ

- また、解析や運用の結果は、現場や関係者へ伝え

- いや、それだけではないよ。
- 日々、KPIから問題点が無いか確認することも大切じゃ。
- 血圧計→

- 改善案の提案実施までつなげることが重要じゃ！

- 健康管理も経営管理も同じこと。問題が発生してからではなく、
- KPI
- 血圧 190 68
- ダメッ

- 大変だったけどおかげで少しKPIが良くなってきた…！
- ぐっ

- 解析しただけでは価値はない。解析結果を現場にフィードバックし改善策を実施して初めて解析は価値を生むのじゃ！
- 先生、血圧が…

- 問題が発生しないように事前に兆候を掴み対処することが大切じゃ
- これを**運用**というよ。

第6章 テキストマイニング

　第6章ではテキストデータを対象とし、そこから有益な知見を得るテキストマイニングのアプローチを学びます。数値データだけではなく、SNSやブログなどのテキストデータにまで分析対象を広げることで、より広範なデータ解析を可能にします。

6.1 テキストマイニングとは

　Webには多様かつ大量のテキストデータが存在します。SNSやチャットでのコミュニケーション、ショッピングサイトのレビュー、ブログなどから得られるデータの大半がテキストデータです。また、アンケートの自由記述からもテキストが取得できます。分析対象に数値だけではなくテキストも含めるということは、単に扱えるデータサイズが増えるというだけではなく、評判や不満点などの定性的なデータまで扱える点が非常に重要です。何らかのログやアンケートによって得られる数値データからは、あくまでデータ解析者が想定した問題に対するデータしか取得できません。自由記述によるテキストデータでは想定外の回答を得られることもあります。このように、テキストマイニングを学ぶことによって数値データだけでは困難だった分析に手を広げることができます。テキストを分析するにはテキストマイニング独自の概念や手法が必要になるため、本章でそれらを学びます。

■テキストマイニングの利点

　テキストマイニングの利点をまとめると二つあります。一つ目はテキストの統計データを利用することによって、読むだけでは見落としがちな特徴や傾向などについての新たな気づきが得られることです。テキストの統計データとは、たとえばある単語が何回登場したかや各品詞の出現数の比率、文書の総単語数など、テキストを数値化したデータを指します。テキストを読むだけでこれらを把握するのは非常に困難です。また、テキストを数値データに落とし込むことによって高度な統計解析の手法を適用することも可能になります。二つ目は、人間では扱いきれない大量のテキストを高速に処理できることです。人手でテキストを検索したり置換したりするのは時間がかかるため、せっかく収集してもある程度以上のテキスト量を扱うのは困難になってしまいますが、コンピュータで自動化することで対処できます。

　本章では、テキストマイニングの手法やテキストマイニング独自の処理について説明します。ここでは、KH coderというマウス操作で簡単に扱えるテキストマイニングツールを用いて実践します。本章でのテキストマイニングの例には夏目漱石の「こころ」◆1を取り上げます。

　本章の内容は、第2章で説明したプロセスの **6. 分析手法選択と適用** に対応します。

◆1　KH coderをインストールするとサンプルデータとして同梱されています。また、「青空文庫」でも取得可能です。http://www.aozora.gr.jp/cards/000148/files/773_14560.html

6.2 テキストマイニングの手法

ここでは、テキストマイニングの代表的な手法をいくつか紹介します。

■ワードカウント

対象の文書から単語の登場頻度を数える手法です。ワードカウントによって、頻出する語から文書の特徴を把握したり、時系列で指定の単語（商品名など）がどの程度出現するか調べることによってその単語の隆盛を計測したりすることができます。テキストマイニングでとくに用いられる代表的な手法でもあります。

図 6.1 は「こころ」をワードカウントに掛けた結果です。左列が抽出された単語、右列が文章中に何回その単語が出現したかを表します。主要人物である「先生」、「K」、「奥さん」が頻出語であることがわかります。

抽出語	出現回数
先生	597
K	411
奥さん	388
思う	296
父	269
自分	264
見る	225
聞く	219
出る	185
人	182

図 6.1　ワードカウント

■ KWIC 検索[1]

テキスト全体から指定した単語を含む文を抽出し、その単語の前後の文章を表示する手法です。これにより、その単語が出現する文を一覧してどのように用いられ

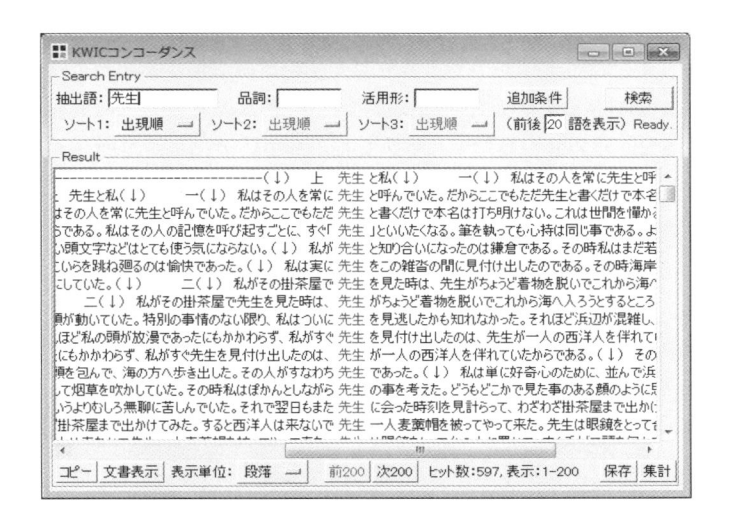

図 6.2　KWIC 検索

---

[1] KWIC：keyword in context の略。

るかを確認しやすくなります。KH coder を用いて、「こころ」の重要人物である「先生」で KWIC 検索を行うと図 6.2 のような結果になります。

この結果から先生がどのような文脈で登場しているのかが一目瞭然になり、「私」なる人物との関係が示唆されます。

■特徴語抽出

文書を特徴づける単語(これを**特徴語**と呼びます)を調べる手法です。単純にワードカウントを行うだけでは、どの文書でも頻出する単語がワードカウントリスト上位を占めてしまう可能性があります。そこで、どの文書にもよく出てくる単語は重要度を低くし、その文書以外ではあまり出てこない単語の重要度を高くするという方針で各単語の重要度を計算した上で、重要度と単語頻度の兼ね合いを見て重要度の高い語を特徴語であるとして抽出します。特徴語抽出には様々な手法がありますが、よく利用されているのが TF-IDF です。TF は Term Frequency（単語の出現頻度）、IDF は Inverse Document Frequency（文書に登場する頻度の逆数を取ったもの。つまり、たくさんの文書に登場する単語ほど小さい値になる）の略です。TF が単語頻度で IDF が単語の重要度に該当します。

■共起分析

ある単語とある単語が同時に出現することを共起と言います。共起分析は、共起関係にある単語を調べる手法です。文章では関係深い単語は共起することが多く、それを利用して、たとえば商品名と共起しやすい単語が何かによってその商品の評判を知ることができます。筆者はよく担当する SNS のサービス品質向上のために、対象とする SNS の名前と共起する単語を抽出することによって改善点の洗い出しを行います。また、小説の場合であれば全文を読まなくても共起関係を利用することで文章中の登場人物の相関図を浮き彫りにすることもできます。大抵の場合、関係がある人物同士は共起しやすいからです。

共起の度合いを測る指標として Jaccard（ジャッカード）**係数**があります。Jaccard 係数は 0 から 1 までの値を取り、大きければ大きいほど強い共起関係にある、つまり頻繁に同時に出現することを意味します。共起分析では単語同士の Jaccard 係数を比較したり、あるいは文章中の共起関係をもつ単語と単語を線で結んで描かれる**共起ネットワーク**を利用したりします。

図 6.3 は、「こころ」から作成した共起ネットワークです。線の太いほど、共起度合いが高いことを表しています。ここから、本文を読まずとも、「父 - 母 - 兄」という家族関係と父に病気が関係することや、「K - お嬢さん - 奥さん」、「先生 -

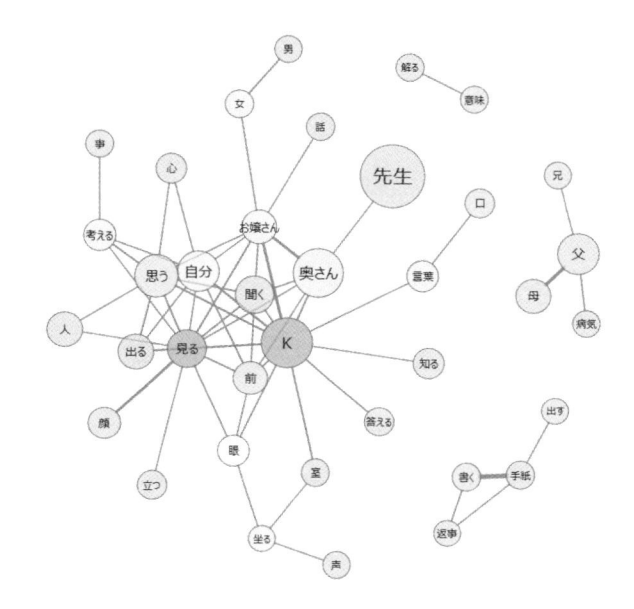

図6.3 共起ネットワーク

奥さん」、「お嬢さん - 奥さん」といった登場人物間の結びつきが示唆されます。このように、共起ネットワークを用いると文章全体の共起関係を一望することができます。

■階層的クラスタリング

クラスタリングとは、似ているものをクラスタ（層、グループ）にまとめることによって、どのようなクラスタがあるか、どれがどのクラスタに属するか、各グループはどのグループとより近しいかなどを把握する分析手法です。テキストマイニングにおけるクラスタリングとは、単語[1]を似たもの同士[2]、あるいは結びつきが強いもの同士でまとめてクラスタを作る手法です。とくに「階層的」クラスタリングとは、最初は一つひとつの単語を要素と見なしてクラスタリングを行い、そうしてできた単語群のうち近しいものを結びつけてより大きなクラスタをつくり……、という処理を階層的に繰り返す手法を指します。

---

[1] 文書の場合もあります。
[2] 「似ている単語」という概念は意外と難しいものです。字面が似ているという意味ではありません。ここでは「比較的同じような文脈で用いられている」程度の意味だと解釈してください。たとえば「カレー、ラーメン、コーラ」という単語があれば、「お昼にカレーを食べた」と全く同じ文脈で「お昼にラーメンを食べた」は用いられますが、「お昼にコーラを食べた」とは言わないので、「ラーメンとコーラならラーメンの方がカレーと似ている単語である」という解釈を行います。

テキストに対してクラスタリングを用いると、たとえば「カレー、ラーメン、コーラ、ソーダ」とあれば「カレーとラーメン」、「コーラとソーダ」というように自動でクラスタに分割されます。ここから、前者は食べ物のグループ、後者は飲み物のグループというように解釈することができます。ここで「ムングダールハルワ」という単語があり、クラスタリングを行ったところそれが食べ物のグループに属したとしましょう。だとすれば、ムングダールハルワが何かを知らなくても食べ物であろうと推察できます[1]。

図 6.4 は「こころ」から作成した階層的クラスタリングの結果です。ここでは、たとえば「お嬢さん」と「奥さん」がクラスタとして結びつけられているのが見て取れます。「こころ」を読むとわかりますが、この「お嬢さん」と「奥さん」は同一人物を指しており、適切にクラスタリングされているのがわかります。

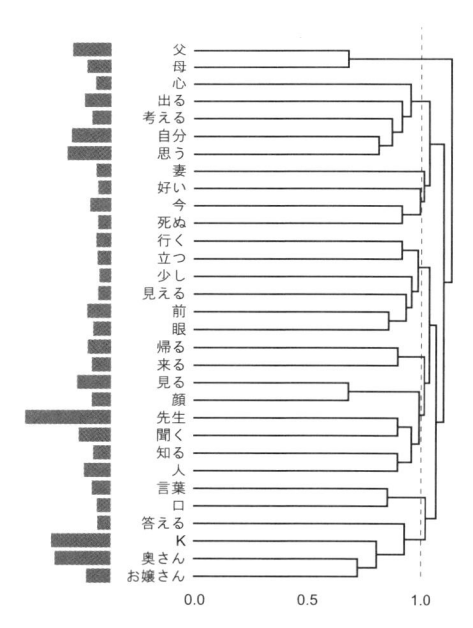

図 6.4　階層型クラスタリング

コラム　形態素解析

ここまで、文章から単語を取り出して行う分析手法をいくつか見てきました。ところで、そもそもどうやって文章から単語を取り出せばよいのでしょうか。英語であれば単語と単

---

[1] ムングダールハルワはインドのスイーツです。

語の間にスペースを入れて区切るため、どこからどこまでが単語なのか明確です。しかし日本語の場合はそのような区切りを入れないため、まず文章から単語を区切らなければその後の様々な処理ができません。そのため、テキストマイニングでは文章から単語を切り出すという処理がほぼ必須となります。そこで用いられるのが**形態素解析**という技術です。

形態素解析は

1. 文を形態素という意味の最小単位に分割する
2. 各形態素に品詞を付与する
3. 各形態素を原型に復元する

という3要素で構成されます。

1. の形態素とは「言語学における意味をもつ最小の単位」であり、ここでは単純に単語のようなものだとお考えください。また、文章を単語に切り分けることを**わかち書き**と言います。**2.** の品詞付与を行うことによって、文章から名詞や形容詞だけを取り出すなど特定の品詞だけを集計したり、各品詞の出現割合を調べることが可能です。ワードカウントを行う場合は、名詞だけを取り出す場合が多いですが、それ以外の品詞に着目することもあります。たとえば、ある商品に関する情報を抽出したい場合は、どのような評価をされているのかを調べるために形容詞だけを取り出したり、どのように利用されているのかを調べるために動詞だけを取り出したりすることがよくあります。**3.** の原型復元とは、語形変化・活用している語を原型に復元する処理です。たとえば、文章中に出てきた「食べる」という単語についてワードカウントする際、文章中には「食べる」以外にも「食べた」「食べない」などが出現するので、それらも「食べる」にまとめて集計するなどというように利用されます。

形態素解析を行うソフトウェアを形態素解析器といいます。MeCab という形態素解析器がとくに有名です。**図 6.5** は、MeCab で「東京タワーと東京大学」というテキストを形態素解析した結果です。

```
東京タワーと東京大学
東京    名詞,固有名詞,地域,一般,*,*,東京,トウキョウ,トーキョー
タワー  名詞,一般,*,*,*,*,タワー,タワー,タワー
と      助詞,並立助詞,*,*,*,*,と,ト,ト
東京大学        名詞,固有名詞,組織,*,*,*,東京大学,トウキョウダイガク,トーキョーダイガク
```

図 6.5 MeCab による形態素解析

6.3 テキストマイニングの前処理

テキストマイニングはテキストに混じるノイズとの戦いです。形態素解析器を利用すれば文章から単語を切り出せると説明しましたが、それはあくまでノイズが少ない場合の話です。実際のテキストにはノイズ、つまり、多数の誤字脱字や文法的な誤り、それに加え省略や当て字などが入り交ざり、形態素解析の失敗の原因となることも多々あります。テキストマイニングを行う場合、これらのノイズを除去す

る必要があります。もちろん数値データであってもノイズは混じりますが、テキストデータのノイズの混入量はその比ではありません。第3章にて、いかに良きデータを得ることが重要かを説明しましたが、テキストマイニングの結果もまた、テキストの前処理の程度によって大きく左右されます。

■3種類の前処理

テキストマイニングにおける前処理には、主に

1. 不要なデータを取り除く
2. 類義語や同義語、略称をまとめる
3. 特定単語を切り出す

という三つの処理[◆1]があります。**1.** は不要な品詞・単語を削除、あるいは分析対象外として取り除いたり、Web のテキストに混入している HTML タグや漢字に付与された読み仮名を取り除いたり、とくに Web のテキストであれば顔文字や絵文字を取り除いたりするプロセスを指します。ただし、顔文字や絵文字を分析する場合もあり、何をゴミとするかは事前に決める必要があります。

2. はたとえばテキストから各大学名をワードカウントする際、「東京大学」だけではなく「東大」などと表記されているものも含めて「東京大学」としてカウントするということです。実際にどのような前処理をするのかは目的によって異なります。たとえば SNS 上の各大学への言及数の調査であれば「東大」と表記されていても「東京大学」としてカウントすべきでしょうし、逆に東京大学がどのように呼ばれているのかを調査する目的であれば「東大」と「東京大学」は分けてカウントすべきでしょう。前者のように、表記上異なるが同じ意味をもつ単語を一つの単語に紐付けることを**名寄せ**と言います。

3. は、特定の文字列に関しては他の単語とは形態素解析の規則を変えて切り出したい場合に、それを設定するプロセスです。たとえば、「東京」と「大学」は各々単語として切り出したいが「東京大学」に関しては「東京大学」で一単語であるとし、「東京」・「大学」と切り分けて欲しくないというようなケースです。

■前処理の注意点

先ほどの東京大学の例のように、目的に応じてどのような前処理をすべきかは異なります。残念ながら、前処理のパターンはあまりに多様かつテキストにもよるた

◆1　KH Coder には 1、3 を簡単に行える機能があります。

め、根本的かつ汎用的な指針を与えることは困難です。ここでは最低限守るべき指針を二つ挙げます。

一つ目は、必ず元データと前処理済みデータを分けることによって、いつでも元データから前処理をやり直せるようにすることです。はじめから完璧な前処理を実行できることはなく、前処理をしている最中に追加でしなければならない前処理があることや、やり方がまずかったことに気づくことが多々あります。その場合でも、元データを残しておけばやり直せます。

二つ目は、前処理をする前に「どのような規則でどのような対応を行うか」を必ず明文化することです。日常的に用いられている言語自体に多種多様なノイズがあるため、それに対応しようとすると前処理も場当たり的にならざるを得ないことが多々あります。規則が決められていれば、一貫性のある前処理が可能ですし、前処理結果を再現しやすくなります。また、どのような前処理が行われたのかが明確であれば、テキストマイニングにはつきものの「この分析結果は前処理を変えただけで変わってしまうものではないのか？」という質問に対し答えやすくなります。

6.4 テキストマイニングを導入するために

テキストマイニングはまだ一般の認知度も低く、また、テキストに含まれるノイズの多さと前処理の困難さから高い信頼性をもった分析結果を得にくいという難点があります。とくにテキストマイニングの分析結果は、人によっていろいろな解釈ができます。本章で扱ったサンプルデータである「こころ」を例にとってみても、すでに読んだ方であれば共起ネットワークや階層型クラスタリングの結果について納得する部分もあるでしょうが、そもそも読んだことがなかったとしたら果たしてあの結果を解釈できるでしょうか。このようなことから、実務でテキストマイニングを実践するのはなかなか困難です。とは言え、本章冒頭で述べたようにテキストマイニングには様々な利点があり、ぜひ活用したいものです。

現場に導入するための基本方針として、まずは導入しやすいことから始めることです。テキストマイニングは決して人手による集計作業を軽減するだけの手法ではありませんが、まずはそこから始めるのがよいでしょう。現場の負荷を軽減するという実利を提供することによってテキストマイニングの効果を浸透させ、少しずつ高度な分析を盛り込んでいけるようにしましょう。

6.5 テキストマイニングに寄せられる疑問

他のどんな分析手法と同じく、当然テキストマイニングにも多様な問題点があります。

■頻度は実態を表しているのか

ワードカウントは強力な手法ですが、そこでカウントできているものはあくまでテキストに落とし込まれたものだけです。たとえばある SNS 利用者のある日のカレーを食べた回数を調べるため、SNS 上のテキストから「カレー」という単語をカウントをしたとしましょう。このワードカウント結果がそのままその SNS 利用者のある日のカレーを食べた回数であるとしてよいでしょうか。もちろんそれは誤りです。なぜなら多くの方がカレーを食べたからといってカレーを食べたことを SNS 上に投稿するとは限らないということ、もう一つはカレーではなく「インド料理を食べた」と表現したり「○○（カレー屋の店名）に行った」などと表現することもあるからです。このようなことがあるため、ワードカウント結果が実態そのものであると判断してはなりません。

■頻度は人気か

単純なワードカウント結果を人気を表す指標であると捉えてはなりません。よく目にするワードカウントの利用法に、SNS 上のカレーに関する投稿とラーメンに関する投稿とを集計して、どちらの方が人気なのかを結論づけるというものがあります。しかし、前述のようにワードカウントは決して実態を表しているわけではありません。ワードカウント結果を単純に比較してどちらの方が人気なのかは言えません。また、単純なワードカウントでは「ラーメンが嫌い」、「ラーメンは健康に悪い」などのテキストもラーメンに関する投稿であるとして扱われるため、なおさらワードカウント結果を比較することの意義は薄くなります。

6.6 KH coder を用いた実践

ここで、KH coder を使ってテキストマイニングを体験してみましょう。

■ KH coder とは

無料かつ高機能なテキストマイニングツールです。GUI で扱えるためプログラミングが苦手な方でも、基本的にマウス操作だけで高度なテキストマイニングが可

能になります[1]。形態素解析器が同梱されており、それを個別にインストールすることなく利用できるようになります。分析手法の適用だけではなく、前処理の機能もあるため、テキストマイニングを始める第一歩として実に使い勝手がよいツールと言えます。細かいオプションも設定できますが、本書では必要最低限の説明に絞ります。KH coder とそれを利用した分析の詳細については KH coder 作者の著書である

   樋口耕一：『社会調査のための計量テキスト分析』、ナカニシヤ出版（2014）

を参照するのがよいでしょう。

■インストール

まず下記 URL から KH coder をダウンロードします。

   http://khc.sourceforge.net/dl.html

2015 年 4 月現在であれば図 6.6 のような exe ファイルを取得します。このファイルを左ダブルクリックすると図 6.7 の画面が表示されます。

図 6.6   KH coder のインストールファイル

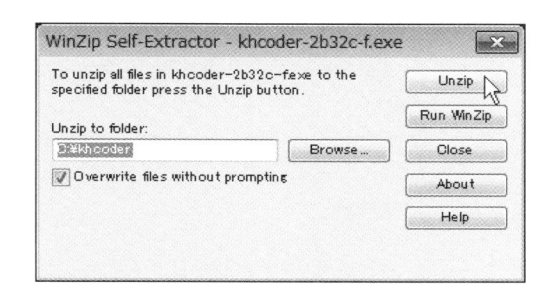

図 6.7   インストールファイルの解凍

この画面の「UnZip」ボタンを左クリックすると自動的にインストール処理が進行します。

標準であれば "C:¥khcoder" にインストールされます。本書では以降 C:¥khcoder にインストールしたという想定で作業します。図 6.8 の画面が表示されればインストール作業が終了です[2]。

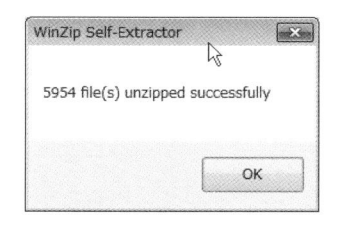

図 6.8   インストール終了

◆1   基本的に Windows のみで利用できます。
◆2   表示されている [5954] という数は異なる可能性があります。

■プロジェクトの作成

　KH coderでは一つのファイルを分析するのに「プロジェクト」を作成します。プロジェクトは分析対象のテキストファイル、また、それを分析するための様々な設定をまとめて保存するものです。このプロジェクトという単位でデータを扱うため、いったん分析を中止してもまた一から設定をし直さずに済みます。

　まずはKH coderを起動します。KH coderをインストールしているフォルダ（標準ではC:¥khcoder）を開き、kh_coder.exeを左ダブルクリックします。すると図6.9の画面が起動します。これを本書では便宜上メイン画面と呼びます。

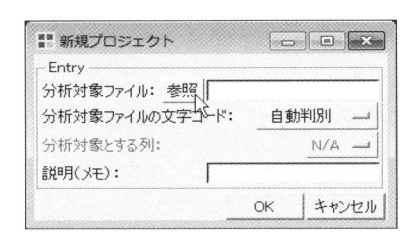

図6.9　メイン画面　　　　　　　　　図6.10　新規プロジェクトの選択

　ここでメイン画面上部にあるメニューから「プロジェクト」→「新規」へと左クリックして「新規プロジェクト」画面に進みます（図6.10）。

　「参照」ボタンを左クリックするとファイル選択画面が表示されますので、KH coderのフォルダにあるtutorial_jpフォルダ（C:¥khcoder¥tutorial_jp）のなかのkokoro1.txtを選択します。これは夏目漱石の「こころ」全文のテキストファイルです。ここではこの「こころ」を分析対象にします。

■分析対象ファイルのチェック

　分析に取り掛かる前に分析対象ファイルをチェックします。チェックをすることによって、分析対象ファイルに文字化けが含まれていた場合は自動で修正（除去）されます。メイン画面からメニューバー→「前処理」→「分析対象ファイルのチェック」と左クリックして、図6.11の画面が表示されるのを確認します。

　「OK」ボタンを左クリックするとチェックが始まります。筆者の環境では「こころ」をチェックするには2秒とかかりませんでした。何も問題なければ表示される確認の画面の「OK」ボタンを左クリックして、次に進みましょう。

図 **6.11**　分析対象の選択

■前処理の実行

　前述のようにテキストマイニングでは前処理が重要です。ここでは「K」を取り上げます。「こころ」では「K」なる匿名の重要人物が登場します。しかし「K」は一般的には重要な語ではなく名詞としても扱われず、単独で「K」という文字が現れたらノイズ扱いされてしまいます。そこで前処理によって「K」を抽出すべき単語として設定しましょう。メニューバー→「前処理」→「語の取捨選択」と左クリックで進めていくと「分析に使用する語の取捨選択」画面が表示されます。

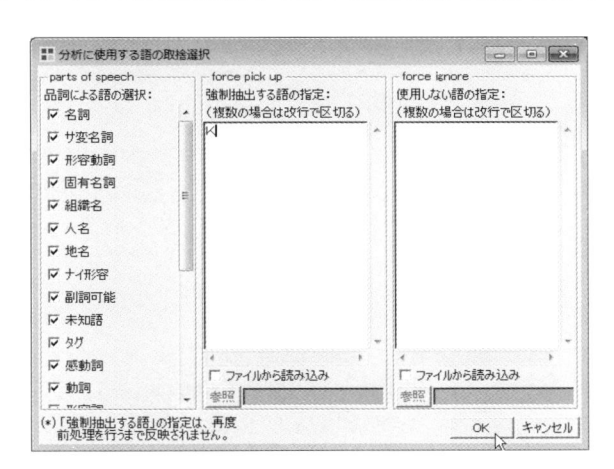

図 **6.12**　語の取捨選択

　図 **6.12** の「強制抽出する語の指定」欄に「K」を指定します。また、分析時に除去したい語があれば「使用しない語の指定」に単語を指定してください。画像の

ように指定を終えたら右下にある「OK」ボタンを左クリックしてメイン画面に戻ります。メニューバー→「前処理」→「前処理の実行」を左クリックすると「この処理には時間がかかる場合があります。続行してよろしいですか？」という画面が出てくるので、ここで「OK」ボタンを左クリックしてしばらく待ちます。筆者の環境では「こころ」の前処理に約20秒程度かかりました。KH coderでは、この「前処理の実行」を終了することで各分析手法の機能が利用可能となります。

■抽出語リスト

いよいよ分析手法の適用に入ります。ここではワードカウントを行います[1]。メニューバー→「ツール」→「抽出語」→「抽出語リスト」と左クリックして進みます。

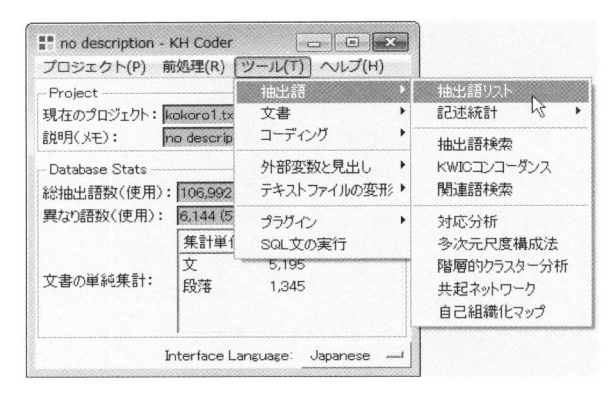

図 6.13　抽出リストオプションを表示する

「抽出語リスト - オプション」が表示されます。

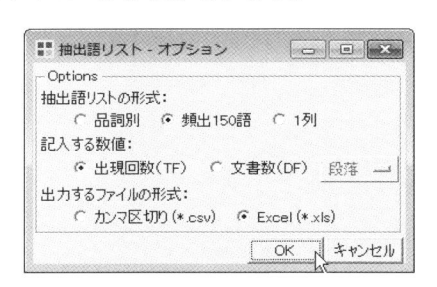

図 6.14　抽出語リストオプション

ここでは出力結果をどのように表示するかを設定できます。今回は図6.14のように頻出150語を指定します。すると図6.1のような結果が出力されます。出力

---

[1] KH coder 上では「抽出語リスト」と表記されています。

結果から、前処理の「強制抽出する語の指定」で指定した「K」が抽出されていることがわかります。品詞別に出したかったり CSV 形式で出力したい場合は適宜設定を変更してください。

■ KWIC 検索

メニューバー→「ツール」→「抽出語」→「KWIC コンコーダンス」と左クリックして進むと、図 6.2 の「KWIC コンコーダンス」画面が表示されます。この画面の左上にある「抽出語」テキストボックスに KWIC 検索したい単語を指定します。ここでは「こころ」の重要人物である「先生」を指定します。次に「検索」ボタンを左クリックすると KWIC 検索結果が表示されます。この結果から「先生」がどのような文脈で登場しているのかが一目瞭然になり、「私」なる人物との関係が示唆されます。

■共起ネットワーク

メニューバー→「ツール」→「抽出語」→「共起ネットワーク」と左クリックして進むと、次の「抽出語・共起ネットワーク：オプション」画面が表示されます。

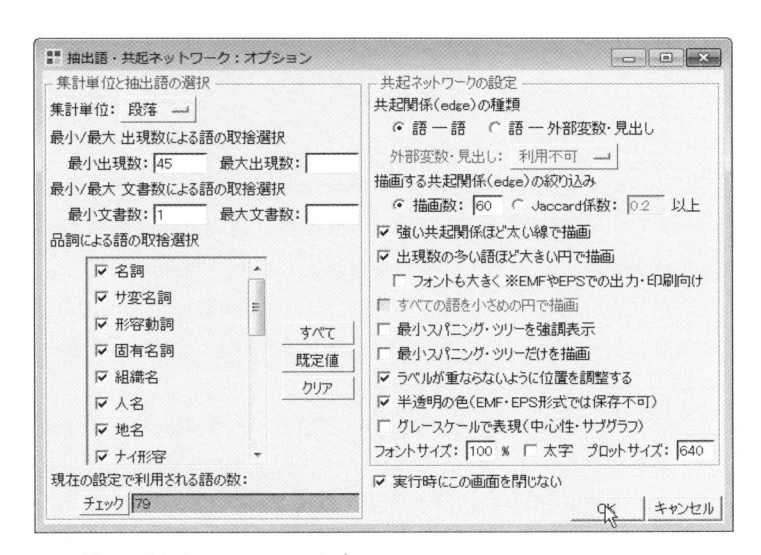

図 6.15　共起ネットワークのオプション 1

ここでは様々な指定項目があります。画面左上から順番に見ていきましょう。画面左側の「集計単位と抽出語の選択」欄では、共起ネットワークを描く際に用いる単語の抽出条件を指定します。「最小出現数」を指定することによって、文章内の

出現頻度がここで指定した値よりも大きい単語だけを抽出するようになります。**図 6.15**では45と指定しています。とくにこの最小出現数の変更はよく行います。この値を大きくすればするほど、その条件を満たす単語は少なくなっていくため、抽出される単語数は少なくなります。同じく「最大出現数」を指定することにより、指定した数以下の単語だけを抽出することができます。文章内であまりにも頻出する単語を除きたいという場合に利用します。

「品詞による語の取捨選択」で抽出する品詞を選択します。「既定値」ボタンを左クリックすれば、よくテキストマイニングで用いられる品詞を指定してくれます。基本的には既定値を利用することが多いですが、目的に応じていくつかの品詞に絞ることもあります。

よくある目的ごとの品詞の絞り込みとして、名詞だけに絞る場合と名詞＋動詞＋形容詞に絞る場合があります。前者は名詞だけに絞ることで文章中の登場人物や商品名同士に関係があるかないかを明確に把握するのに役立ちます。後者は名詞がどのように形容されているのかや用いられているのかを把握することによって、評判抽出をするのに役立ちます。品詞を指定した後、「チェック」ボタンを押せば、「現在の設定で利用される語の数」が何個あるかを計算し表示してくれます。この値をあまりにも小さくすると情報量が少なくなりすぎますし、逆に大きすぎると共起ネットワークがごちゃごちゃと見づらくなってしまい、関係性を見出すことが困難になります。目的やテキストにもよりますが、目安として30～80程度になるよう、主に最小出現数の方を調整するとよいでしょう。

画面右側の「共起ネットワークの設定」欄では共起ネットワークの見た目に関する設定を行います。「描画する共起関係(edge)の絞り込み」は「描画数」と「Jaccard係数」のどちらかを指定できます。描画数は指定した数（単語ではなく、単語間に張られるedgeの数）だけ共起関係を描画します。描画数ではなくJaccard係数を指定した場合は、指定した値以上のJaccard係数をもつ単語と単語の共起だけを描画します。

図6.15は筆者がよく用いる設定で、基本的にこのとおりに設定すればよいでしょう。このように設定してから「OK」ボタンを左クリックすると、図6.3のような共起ネットワークが描画されます。

■**階層的クラスタリング**

メニューバー→「ツール」→「抽出語」→「階層的クラスタ分析」と左クリックして進むと**図6.16**の「抽出語・クラスタ分析：オプション」画面が表示されます。

「集計単位と抽出語の選択」欄は先ほどの共起ネットワークと同様です。右側の

「クラスタ分析のオプション」欄は基本的に図 6.16 のように設定すればよいでしょう。「OK」ボタンを左クリックすると、図 6.4 のような階層的クラスタリングの結果が描画されます。

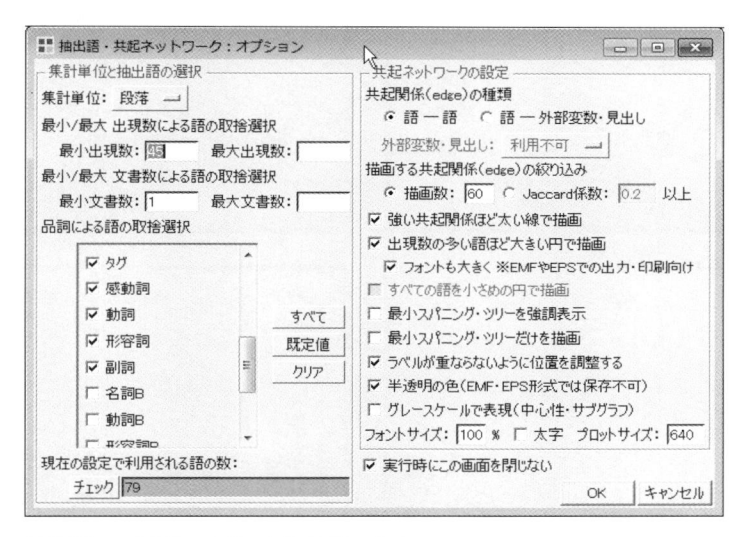

図 **6.16** 共起ネットワークのオプション 2

6.7 参考書籍

テキストマイニングを始めるならば

那須川哲哉：『テキストマイニングを使う技術 / 作る技術』、東京電機大学出版局（2006）

を読むことを非常に強くおすすめします。テキストマイニングを実運用するための知見がふんだんに盛り込まれた傑作であり、学ぶべきことが大変多くあります。テキストマイニングの手法を知りたい場合は

R、R 言語、R 環境……http://www1.doshisha.ac.jp/~mjin/R/

の「統計的にテキスト解析」の章がおすすめです。

テキストマイニングで生の声から学ぶ！

第 7 章 分析手法手習い

　第 7 章では高度な統計分析の手法を学びます。ここで紹介する手法を正しく用いれば、初歩的な集計や可視化では気づきづらいデータの複雑な特徴をも把握できるようになります。

7.1 はじめに

本章では**データマイニング**という分野に属する、データのなかから頻出するパターンや特徴を発見するための手法を学びます。データマイニングでよく用いられている手法として、ここでは決定木、クラスタリング、Aprioriについて取り上げます。これらの手法を選択した理由は、分析結果が解釈しやすく、何か誤りがあったときに初心者でも問題がある状況だと気づきやすいからです。また、Wekaという基本的にマウス操作だけでデータマイニングの様々な手法が使える無料ツールを利用し、サンプルデータを用いて実践します。本書では分析手法の理論面には立ち入らず、どのように活用できるのかに重点を置いて各分析手法を紹介します。

本章の内容は、第2章で説明したプロセスの **6. 分析手法選択と適用** に対応します。

7.2 各手法の紹介

各手法の概要について紹介します。Wekaの操作やデータマイニングの用語についてはサポートページを参照してください。

■決定木

決定木は、対象のデータがどのカテゴリに属するかの分類パターンを見出す手法の一種です。ここでいう分類パターンとは、データを分類するために有効な変数と水準の組み合わせのことです。決定木を用いると、この分類パターンをデータから自動で導き出すことができます。分類パターンを得ることで様々な知見を得られます。たとえば決定木を用いてSNSの利用者を「継続者カテゴリ」と「離脱者カテゴリ」のどちらに属するか分類すると、数ある変数のなかから利用者を継続と離脱に分けるのにとくに利いてくる変数を選び出し、その水準まで自動で算出してくれます。ここでは「SNS内の友人数」が分類に有効◆1だと判明し、「SNS内の友人数が43人以上という条件を満たす利用者の継続率は90%を超え（つまり継続しやすく）、それ未満だと継続率は35%程度にとどまる（つまり離脱しやすい）」という結果を得られたとします。このような分類パターンを見出すことによって、たとえば「継続に関する重要な変数はSNS内の友人数で、それは43人以上いるこ

◆1 逆に無効な変数としては、継続者も離脱者もほとんど値が同じで分類の役に立たないような変数と、その変数に関係する人がほとんどいない変数が挙げられます。後者は、たとえば「現役プロ野球選手であれば継続しやすい」というのが仮に事実だったとしても、そもそもSNS利用者のなかでプロの野球選手はほんのごくわずかですので、分類には役立ちません。

とが望ましいという知見を得た。より継続者を増やすため、友人数が43人以上の利用者はどのようなSNS活用をし、どのような価値を見出しているのだろうかを探ろう。さらに、友人数を増やすことで継続しやすくなるかもしれないから、利用者同士で友人になりやすいようにマッチング機能を入れよう[*1]」などというように考察したり、施策につなげたりできます。

このような分類パターンを見出す手法は他にもありますが、決定木は出力結果が解釈しやすいため非常によく用いられます。決定木は分類パターンを図 **7.1** のような木構造で表現します。

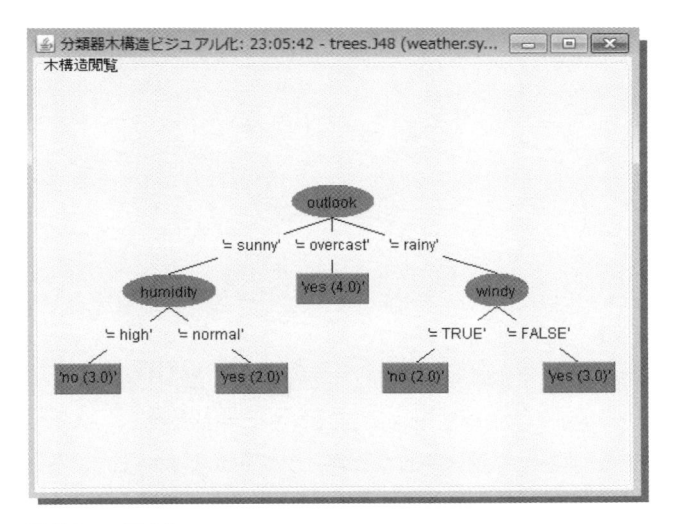

図 **7.1** 決定木

これはWekaの実際の出力結果で、天気や風、湿度というデータから「ゴルフをする（yes）かしないか（no）」を分類する決定木です。この結果を見ると、overcast（曇り）の日はゴルフをする、その他、晴れ（sunny）で湿度（humidity）がそう高くない日にもゴルフをし、雨（rainy）で風のある（windy）日はゴルフをしないというパターンが見て取れます。

[*1] ここで「43人以上友人がいれば継続しやすくなるというなら、友人数を43人以上にするような仕組みを作ればよいのでは。極端な話、サービス側でランダムに最低43人の友人を割り振るなどすればよいのでは」と考えるのは誤りです。ここで見出された分類パターンはあくまでも「サービスが現状どおりであるならば、友人数43人以上だと継続しやすい」という傾向を表しているのであって、サービス側で強制的に友人を割り振るなど状況を変えてしまえば、分類パターンは変わってしまう可能性があることに注意してください。

> **コラム** スライシングと決定木の違い
>
> 　ここで「決定木は第4章で学んだスライシングを行うだけではないか？　なぜわざわざ決定木を利用するのか」と疑問に思われるかもしれません。なぜ決定木を用いるかというと、複雑なスライシングを自動で行ってくれるからです。スライシングする際、変数が多い場合はどの変数でスライシングすべきか、また、変数を決めてもどの水準で分割するべきかを決めるのには、ドメイン知識に加えて丹念にデータを眺めることが必要になってきます。さらに、スライシングは一つの変数だけで行うのではなく、複数の変数を組み合わせて行うこともあります。たとえばデータを男女別にした後、さらに年代別に分けるというのはよく行う処理でしょう。
>
> 　このように、対象を分けるときには「どの変数で」「どの水準で」「どのような階層で」を決めなければならないという問題を抱えることになります。もしデータサイズが小さくて変数の種類も少なければ、目で見て手でデータをいじることで適切なスライシングができるかも知れません。しかし「データサイズが大きい」、「変数の数が多い」となれば、手動で行うのは困難です。これらの困難さを解決してくれるのが決定木なのです。

■ KMeans

　データのなかから似たようなデータを集めてクラスタを形成する手法の一種です。顧客やサービス利用者を適切にクラスタ分けすることは非常に重要です。多くの場合、利用者の利用スタイルや利用目的は一つではありません。そのため、改善策を打つ場合も、利用スタイルや利用目的別にクラスタを形成し、各クラスタごとに最適な施策を検討することが効果的な改善につながります。また、各クラスタのボリュームを把握することにより、改善策が全体に対してどれだけインパクトがあるかを把握するができ、どの改善策に取り組むのかの優先順序づけや意思決定をする際の参考になります。

　クラスタ分けは、変数が一つや二つであるならばヒストグラムを描くなどして手動でも実行可能です。しかし変数が多い場合、たくさんの変数を参照しつつクラスタに分けるのは至難の業です。また一つの変数だけだと別のクラスタにあるように見えるデータも、複数の変数を参照すると同じクラスタにあることがわかる場合もあります◆[1]。そこで、たくさんの変数を考慮して適切なクラスタ分けを自動で実行してくれる手法を用います。

　クラスタリングの解釈には注意点があります。クラスタリングのアルゴリズムは単に近しい・似ているデータをクラスタとしてまとめているだけであって、何らか

◆[1] たとえば、体重だけを見て「50 kgだから痩せクラスタ」、「70 kgだから肥満クラスタ」とは言えません。身長や体脂肪率など他の変数も考慮することによって初めて、痩せクラスタなのか肥満クラスタなのか言えるようになります。

の意図をもってクラスタ分けしているわけではありません。出てきた結果に対し、各クラスタをどう解釈してよいかわからなかったり、あるいは人間の目から見て違和感があったりすることも多々あります。抽出されたクラスタを解釈するのは結局人間であり、意味づけできないクラスタは活かすことができません。出てきたクラスタに意味が見出せるかどうかは、分析者の対象への知識や発想にも掛かってきます。そのため、抽出されたクラスタを解釈できなかった場合、クラスタリングの結果がおかしいのか、それとも意味づけできない分析者の対象への理解の深さや発想力のなさが問題なのか判断できないことがあります。クラスタリングの結果を自分で解釈できなかった場合は、対象への理解が深い人物に相談しましょう。それでも解釈できなかった場合は諦めて違うアプローチを試しましょう。

ここで紹介する KMeans では、その名のとおり K 個のクラスタを作ります。K に何を設定するかは分析者が決定します。何個でも理論上は構いませんが、その後出てきたクラスタを解釈するのは人間です。あまりに多くのクラスタを作ると解釈しづらいため、3〜6個程度に収めるとよいでしょう。KMeans によるクラスタ分けでは、各データがどのクラスタに属するかだけではなく、各クラスタの重心である**セントロイド**◆1 を出力します。セントロイドは各クラスタの各変数ごとに出力されます。このセントロイドを見て各クラスタの特徴を把握し、意味づけすることができます。

クラスタリングには

1. どのデータがどのクラスタに属するか（どのデータと近いか）を把握する
2. どのようなクラスタがあるかを発見・確認する
3. セントロイドから各クラスタの具体的な特徴をつかむ

という三つの用途があります。**2.** に該当するケースとしては、想定していなかったクラスタが得られたとき、各クラスタに分類されたデータやセントロイドを見ることで、クラスタの解釈を思いつくことがあります。**3.** は、たとえばバトル要素とコレクション要素のあるソーシャルゲームにて、バトル重視クラスタと解釈されたプレーヤーたちが具体的にどの程度バトルしているのか、また、バトルを重視しないコレクション系のクラスタとの違いはどの程度なのかを把握する、などというように活用できます。

◆1 セントロイドの求め方もいろいろありますが、ここでは各クラスタの各変数の算術平均だと考えて差し支えありません。

■ Apriori

相関ルールという、頻出するパターンや特徴的なパターンを見出す手法の一種です。とくに、複数のデータがともに出現するパターンを見出すことによく用いられます。「Aを買う人はBもよく買います」という相関ルールを抽出することによって、AmazonなどのECサイトで見られるような推薦を行うことが可能になります。「ビールを買う人はオムツも一緒に買いやすい」だけではなく、「ビールと枝豆を買う人はオムツも一緒に買いやすい」というように、AやBには単独のアイテム（商品など）を取るだけではなく、いくつかのアイテムのセットを当てはめることも可能です。

「Aを買う人はBもよく買います」という相関ルールのAの部分を**条件部**、Bの部分を**結論部**と呼びます。相関ルールでは支持度・確信度・リフトという三つの指標を用いられます。Aprioriではこの3指標を適切に調整する必要があります。よく行われるのは、支持度の最低水準を条件として設け、その条件をクリアしたルールのうちリフトが高いルールを探すというものです。こうしたルールを推薦に用いたり、有益な組み合わせだとして理由を調査したりします。

■ 支持度

$$支持度 = \frac{条件部Aと結論部Bを含むデータサイズ}{全データサイズ}$$

「Aを○○した人はBも○○している」などというルールがデータ全体のうちどの程度出現するかという指標です。何らかの有益なルールを見つけられたとしても、そのルールがほとんど出現しないのであれば全体に与えるインパクトが薄いと言わざるを得ません。Aprioriでは「支持度が最低何％以上あるルールだけを抽出する」というように足切りとして使います。

■ 確信度

$$確信度 = \frac{条件部Aと結論部Bを含むデータサイズ}{条件部Aを含むデータサイズ}$$

条件部Aが発生した場合において結論部Bがどの程度発生するのかという指標です。確信度が高ければ高いほど、条件部が発生したとき結論部も発生しやすいと解釈できます。ただし確信度の解釈には注意が必要で、Bが頻出する場合は条件部がA以外でも、言い換えると条件部が何であっても確信度が高くなります。そのため、確信度が高いからといってAとBとの間に特別な関連があるとは限りません。

■ リフト

$$\text{リフト} = \frac{\text{確信度}}{\text{結論部 B を含むデータサイズ / 全データサイズ}}$$

条件部 A がある際に結論部 B が発生する割合が、結論部 B が単体で発生する割合に比べてどの程度高いかを表す指標です。リフトが 1 であれば結論部の発生は条件部によらない、1 未満であれば条件部が発生すれば結論部は発生しづらくなる、逆に 1 より上であれば条件部が発生すると結論部が発生しやすくなると解釈できます。つまり、リフトが高いほど、条件部が結論部を導くという相関ルールは強固だということです。例として、あるストアでオムツを買う人が全体の 2 割であるとしましょう。その場合、ビールを買う人のなかでオムツを買う割合が 4 割であればリフトは 2、ペンを買う人のなかでオムツを買う割合が 2 割であればリフトは 1 となります。このケースではペンを買ったからといってオムツをより買いやすくなるというような傾向は見られませんが、逆にビールを買う人はオムツを買いやすい傾向にあると解釈します。相関係数と同様に、リフトは因果関係を示しているわけではありません。また、なぜこのルールであれば条件部が結論部をより発生させやすくなるのかについてのストーリーは、分析者が作らなければなりません。

■ Apriori の計算例

Apriori の計算は複雑であるため、具体的なデータをもとに計算してみましょう。次のような購買データがあるとします。

表 7.1

購買 ID	商品
1	パン、レーズン、プリン、ジャム
2	パン、オムツ、ビール、ケーキ
3	プリン、ビール、オムツ
4	紅茶、ビール、オムツ、タバコ
5	紅茶、ビール、レーズン、ジャム

ここから「オムツを購入する消費者（条件部）はビールを買いやすい（結論部）」という仮説を検証してみます。データは全部で 5 件あります。オムツの出現数は購買 ID の 2、3、4 で合計 3 件、同様に、ビールは 2、3、4、5 で出現しているため合計 4 件です。ここから「オムツとビール」の支持度を算出すると、全データ 5 件のうちオムツとビール両方を購買しているデータは 2、3、4 の 3 件のため、$3 \div 5 = 0.6$ となります。確信度は、オムツとビール両方を購買しているデータの件数をオムツの購入件数で割って $3 \div 3 = 1$ となります。リフトは確信度を条件

部の支持度で割った、1 ÷ (4/5) = 1.25 となります。このように、オムツを購入する消費者はビールを単体で買うよりも 1.25 倍購入しやすいということが明らかになりました。

7.3 Weka を用いた実践

本節では Weka のインストールから始め、Weka の基本操作を学び、決定木、KMeans、Apriori の 3 手法を実践します。

■ Weka の準備

Weka 公式サイトから Weka 本体をダウンロードします。

http://www.cs.waikato.ac.nz/ml/weka/downloading.html

上記ページの"Stable book 3rd ed. version"[1]のなかから、各々の環境に合わせたファイルを選びダウンロードしてください。お使いのマシンの OS が Windows で Java がすでに入っているかどうか（あるいはそもそも Java とは何かが）不明な場合は"Click here to download a self-extracting executable that includes Java VM"と書いてあるリンクをクリックしてください。これは必要な Java を Weka と一緒にダウンロードしてインストールするファイルになります。2015 年 4 月現在の Weka の最新バージョンのインストールファイル名は `weka-3-6-12jre.exe` です[2]。

図 **7.2**　Weka インストールファイル

この exe ファイルのダウンロードが完了したら、それを左ダブルクリックします。後は Next -> Next -> …とボタンを押していけばインストールできます。

---

[1] 他は、まだ開発途中の機能を含むものや、ソースコードだけの配布で自分でコンパイル作業をしなければならないものなどです。
[2] Weka のバージョンは 2015 年 4 月現在 3.6.12 ですが、以後バージョンアップされ 3.7 系に切り替わる予定です。

図 7.3　セットアップ画面　　　　　　図 7.4　Weka の起動画面

これでインストールは終了です。Finish ボタンを押すと Weka が起動します。図 7.4 の画面が表示されれば、無事インストール完了です。

■サンプルデータの説明

サポートページのサンプルデータを取得してください。

https://github.com/AntiBayesian/DataAnalysisForPractice/data/chap7

C ドライブ直下に data というフォルダを作り (C:¥data とします)、そこに取得したサンプルデータを置いてください。サンプルデータには titanic.csv と iris.csv、apriori.csv の三つが格納されています。

■titanic.csv

タイタニック沈没時の乗客の生死に関するデータです。

- Class　乗客か乗組員か、また、乗客の場合は船室の等級を表す変数です。乗組員の場合は Crew、乗客の場合は等級に応じて 1st ～ 3rd と記述されています。
- Sex　性別を表す変数で、男 / 女が Male/Female で記述されています。
- Age　子供か大人かを表す変数で、子供か大人かが Child、Adult で記述されています。
- Survived　乗客・乗組員の生死を表す変数で、生 / 死が Yes/No で記述されています。

■iris.csv

あやめという花のデータです。各花の種類とがく・花びらの長さと幅で計 5 列、150 行あります。

- Sepal.Length、Sepal.Width　がくの長さと幅です。

- Petal.Length、Petal.Width　花びらの長さと幅です。
- Species　あやめの種類です。setosa、versicolor、virginica の 3 種類が記述されています。

■ apriori.csv

お店に入った人が何を購入したかを表すデータです。cake, tea, coffee, fruit, biscuits, spices, jams という変数があり、各々の変数はその品物を買ったかどうかが、購入した場合は t、購入しなかった場合は？で記述されています。

具体的には次のような形式になっています。

```
cake,tea,coffee,fruit,biscuits,spices,jams
?,?,t,t,?,?,?
?,?,?,?,?,?,?
?,?,?,?,?,?,?
?,?,?,t,?,?,?
```

これは Weka の独自のデータ記法です。一行目に各商品の名前が記入され、二行目以下が各お客様の購買データとなります。あるお客様が cake を買ったなら cake 列を t（true）に、買わなかったなら？と記入します。つまり、一人目のお客様は coffee と fruit を購入して、2、3 人目のお客様は何も購入せず、4 人目のお客様は fruit だけを購入したということを上記のデータは表しています。

■ Weka の基本操作

様々な分析手法を試す前に Weka の基本的な操作について学びましょう。まずは Weka を起動します。Windows の「スタート」→「すべてのプログラム」→「Weka 3.6.12」の順でプログラムを選択し、Weka3.6 のアイコンを左クリックすると Weka が起動します。あるいは C:¥Program Files(x86)¥Weka-3-6¥RunWeka.bat を左クリックしても Weka が起動します。Weka が起動すると次のような画面が立ち上がります（この画面の前に一瞬コマンドプロンプトが出てきますが、気にしなくて構いません）。

図 7.4 の画面が起動したら「エクスプローラー」ボタンを左クリックします。すると**図 7.5** のような画面が出てきます。

この画面を本書ではこれ以降メイン画面と呼びます（本書独自の呼び方です）。ここからサンプルデータを Weka で読み込みます。この画面の「前処理」タブにある「ファイルを開くボタン」を左クリックしてください。ファイルダイアログ

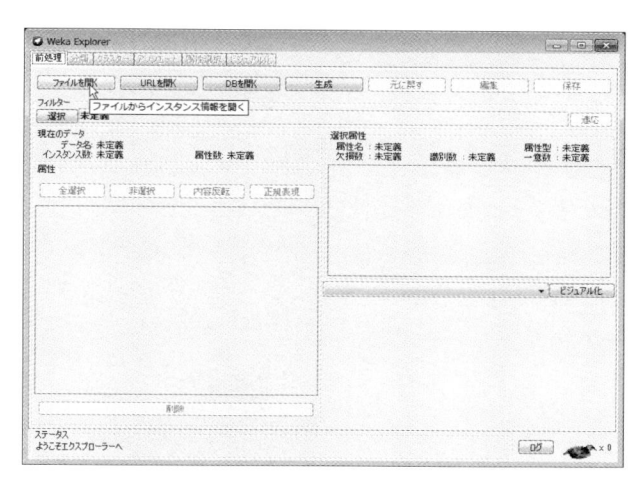

図 7.5 メイン画面

（**図 7.6**）が開くので「ファイルの場所」をサンプルデータを置いているフォルダ（C:¥data）まで移動し、「iris.csv」を選択して「開く」ボタンを押します。

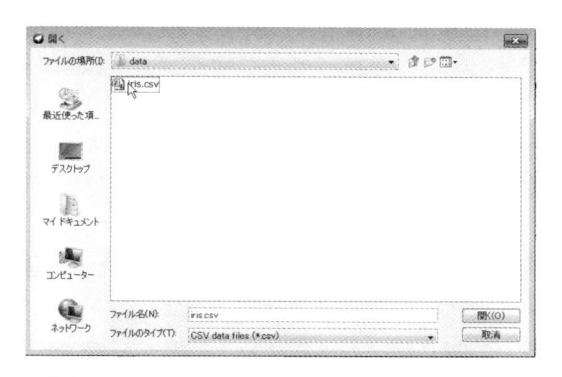

図 7.6 ファイルを開く

データが読み込まれ、**図 7.7** のような画面になります。

この画面を見ると、左上の「現在のデータ」欄に「インスタンス数」(データサイズ) が 150、「属性数」(変数) が五つあり、右上の「選択属性」欄に「属性名 :Sepal. Length」となっていて、その変数の統計値が算出されているのがわかります。選択属性は左下の「属性」欄の「番号」か「名称」部分をマウスで左クリックすると選択属性が切り替わります。いろいろ切り替えて各変数の統計値がどうなっているのか確認してください。右下にはヒストグラムが自動で描かれています。白黒ではわかりづらくて恐縮ですが、このヒストグラムは指定した名義尺度の変数によって

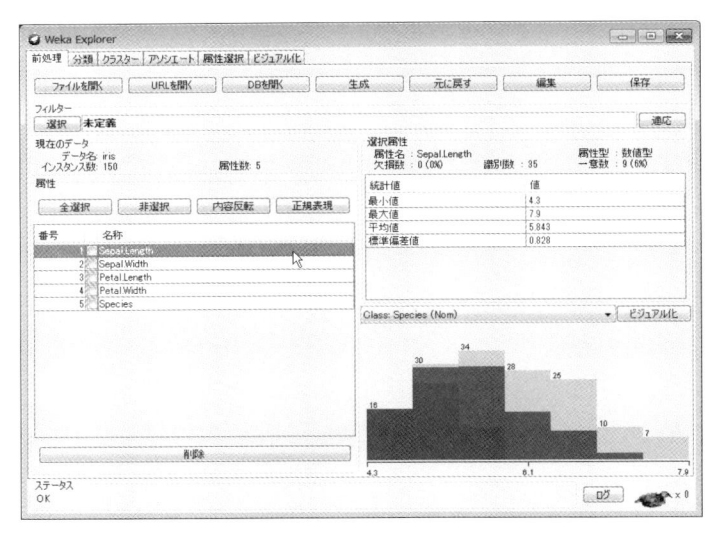

図 **7.7**　メイン画面（iris.csv）

色分けされます。これはヒストグラムの上部の"Class: Species(Nom)"を切り替えることによって色づけを変更できます。ここではSpecies、つまりあやめの種類で色分けられており、setosaが青、versicolorが赤、virginicaが水色で表現されています。このおかげでヒストグラムのどの棒のどの程度がどの種類によるものなのかが一目でわかるようになり、大変便利です。その横の「ビジュアル化」ボタンを押すと各変数のヒストグラムを**図7.8**のように描画します。

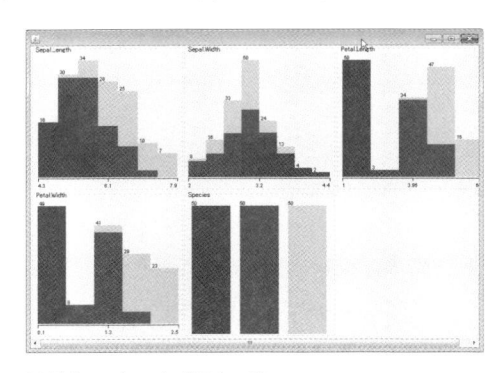

図 **7.8**　ヒストグラム一覧

　データの内容を確認したり編集したりする場合はメイン画面右上にある「編集」ボタンを左クリックしてください（**図7.9**）。
　編集したいセルを左ダブルクリックすると編集できるようになります。
　次に画面上部の「ビジュアル化」タブを左クリックしてください。すると散布図

図 7.9　データビューワ

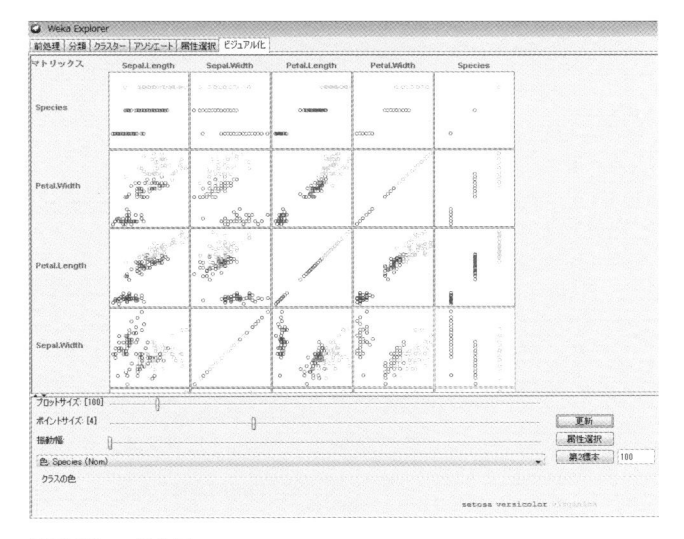

図 7.10　散布図

行列が描画されます。標準設定では「プロットサイズ（標準設定：100）」や「ポイントサイズ（標準設定:1）」が小さすぎて見づらいので適宜変更し、「更新」ボタンを押してください。**図 7.10** の画像は調整後の画面です。これも白黒ではわかりづらいですが、指定した変数によって色分けされて見やすくなっています。

このように、プログラミングや難しい手順を踏むことなく簡単にデータを可視化することができます。その他にも様々な便利な機能があるのでいろいろ試してみてください。

■決定木

ここでは titanic.csv を利用します。データを読み込んだ後、画面上部の「分類」タブを左クリックします。切り替わった画面の左上にある「分類器」欄の「選択」ボタンを左クリックします（図 7.11）。

図 7.11　分類器の選択

分類器の選択肢が出てくるので、"trees -> J48"を選択してください（図 7.12）。

すると「選択」の横のテキストボックスに"J48 -C 0.25 -M 2"と表示されます。これは J48 という決定木のアルゴリズムを利用し、その設定は"-C 0.25 -M 2"であるということを表します。設定はこのテキストボックスを左クリックすることで設定変更ダイアログが出てくるのでそこで変更できます。ここでは標準設定のままにします。

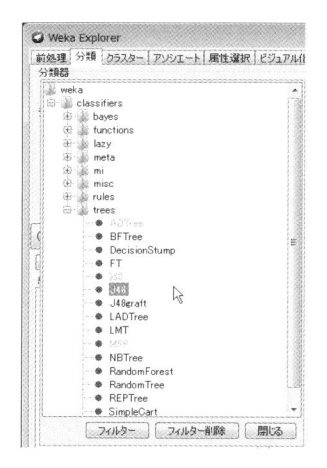

図 7.12　分類器のメニュー

次に「テストオプション」欄の設定です（図 7.13）。標準設定では「交差検証 フォールド[10]」[※1]となっています。ここも標準設定にしておきます。これは 10 にしておけば大抵のタスクではほぼ問題ないと思われます。あまりにデータサイズが大きくて時間がかかりすぎて 10 分割では厳しいという場合は、5 分割程度に抑えることもあります。

では決定木を作成しましょう。"(Nom) Survived"と書かれたドロップダウンリストは、目的変数を設定する箇所です。ここでは Survived を目的変数とするのでこのままにします。この状態でその下の「開始」ボタンを左クリックします。する

[※1] 交差検証とは、サンプルを N 個（Weka において、フォールド[10]の場合は 10 個）に分割し、その一部を利用して分析し、さらに残る部分でその分析結果の妥当性を検証する手法です。

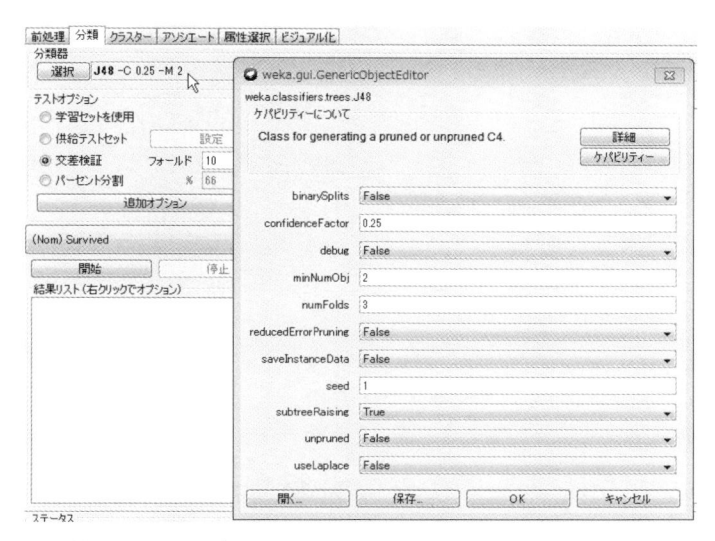

図 7.13　テストオプション

図 7.14　分類器の設定（全体）

図 7.15　分類器の出力 1

と決定木が作成され、その結果が**図 7.15** の画面右側の「分類器出力」欄に表示されます。出力の「実行情報」以下は決定木作成時の設定情報が記載されます。

「分類器モデル（学習セット）」以下が作成された決定木の内容です（**図 7.16**）。

```
分類器出力
=== 分類器モデル (学習セット) ===

J48 pruned tree
------------------

Sex = Male
|   Class = 3rd: No (510.0/88.0)
|   Class = 1st
|   |   Age = Child: Yes (5.0)
|   |   Age = Adult: No (175.0/57.0)
|   Class = 2nd
|   |   Age = Child: Yes (11.0)
|   |   Age = Adult: No (168.0/14.0)
|   Class = Crew: No (862.0/192.0)
Sex = Female
|   Class = 3rd: No (196.0/90.0)
|   Class = 1st: Yes (145.0/4.0)
|   Class = 2nd: Yes (106.0/13.0)
|   Class = Crew: Yes (23.0/3.0)

Number of Leaves  :     10

Size of the tree :      15
```

図 **7.16**　分類器の出力2　　　図 **7.17**　木構造の可視化

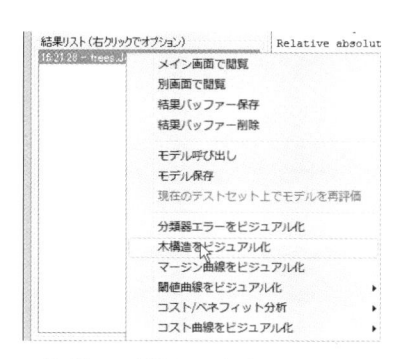

"Sex = Male, Class = 3rd: No (510.0/88.0)"はこのモデルにおいて Sex が Male かつ Class が 3rd であれば Survived が No に分類されることを示します。また、(510.0/88.0) の部分は No と分類された 510 件のうち 88 件が誤分類(つまり Yes が 88 件含まれている)されたことを表しています。

"Summary"の"Correctly Classified Instances"と"Incorrectly Classified Instances"は「正しく分類された個数」と「誤って分類された個数」、そしてその割合です。その他の指標にも統計的な意味がありますが、基本的には"Correctly Classified Instances"の割合がその分類器の性能だとはじめのうちは考えても構いません。

この分類器の結果は若干わかりづらいため、木構造の可視化をすることができます。画面左にある「結果リスト(右クリックでオプション)」欄から今回作成した決定木にマウスを合わせ右クリックすると、**図 7.17** の画像のようなオプションダイアログが表示されます。

そのなかの「木構造をビジュアル化」を左クリックすると、**図 7.18** のように可視化されます。

枝分かれが多いため、画面に収まりませんでした。画面右上の最大化ボタンを押して画面を最大化した後、決定木が表示されている画面を右クリックして「スクリーンにフィット」を左クリックすると、**図 7.19** のように適切に配置してくれます。

この決定木を読み取ると、男性と女性では女性のほうが生存しやすく、また、男女ともに 3 等級だと死亡しやすいなどの結果が一目瞭然です。様々なオプションの説明を間に挟んでいたためいろいろ説明が長くなったものの、実際に決定木を作

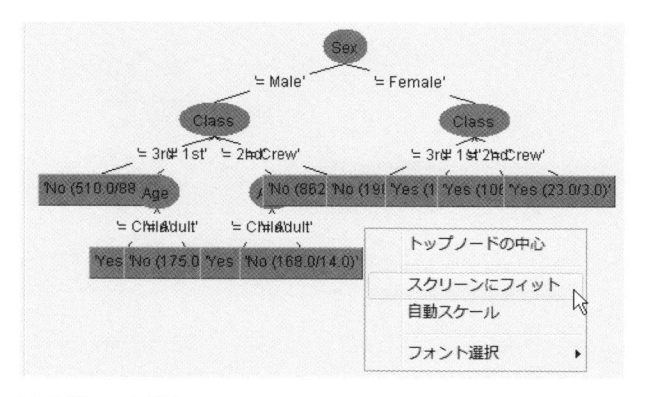

図7.18 木構造1

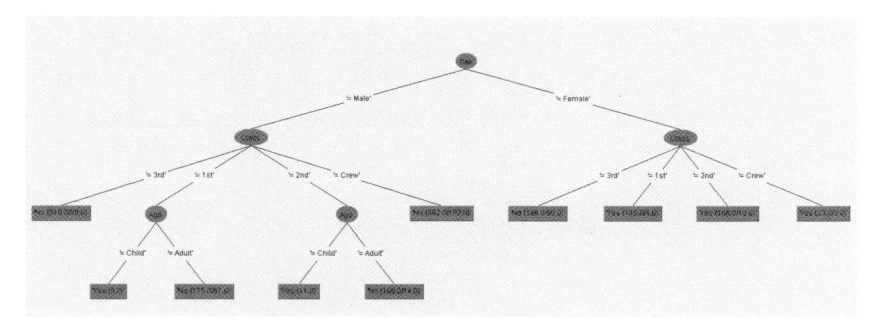

図7.19 木構造2

成する手順そのものは、データを読み込み、分類器を選択し、オプションを必要に応じて変更し、開始ボタンを押すだけと非常に簡単です。iris.csvでも同じ手順で決定木を作ってみてください。

■ KMeans クラスタリング

データファイルはiris.csvを利用します。ここではKMeansの挙動を知るために、データからSpeciesを削除してからKMeansクラスタリングに掛けることによって、どのようなクラスタが形成されるのかを確認してみましょう。うまくいけばデータから適切にSpeciesごとのクラスタを抽出できるかも知れません。データから変数を削除するには、「属性」欄から削除したい変数にチェックをつけて「削除」ボタンを左クリックします（**図7.20**）。誤って削除してしまった場合は、画面上部にある「元に戻す」ボタンを左クリックします。

画面上部の「クラスタ」タブを左クリックし、「類別」欄の「選択」ボタンを左クリックします。

図 7.20　属性の削除

図 7.21　KMeans の選択

このなかで"SimpleKMeans"を左クリックする（**図 7.21**）と、選択ボタン横のテキストボックスに選択した手法とその設定情報が表示されます。先ほどの決定木と同じようにテキストボックスを左クリックして設定ダイアログを開きます（**図 7.22**、**図 7.23**）。

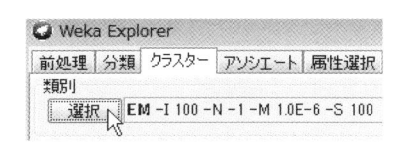

図 7.22　オプションダイアログを開く

図 7.23　設定ダイアログ

先ほどの決定木では標準設定をそのまま用いました。決定木に関しては基本的に標準設定で実行しさえすれば、ほとんどの場合問題ありません[1]。KMeans では何個のクラスタに分割するかを人手で与える必要があります。その何個に分割するかの設定を行うのが設定ダイアログの"numClusters"です。ここはタスクに合わせて変更する必要があります。目安として、3〜6程度に設定するのがよいでしょう。分割数を大きくすれば KMeans はそれに応じて分割してくれますが、結局各クラスタの意味づけをするのは人間です。過剰に分割すると各クラスタの差異がどんどん見えづらくなって意味づけが困難になることに注意してください[2]。そしてここでは（ちょっとずるくて、本来はそれがわかっていないから困るのですが…）あやめの種類が3であると既知であるため numClusters を3に変更し、「OK」ボタンを左クリックします。テキストボックスの内容が"weka.clusterers.SimpleKMeans -N 2 -A "weka.core.EuclideanDistance -R first-last" -I 500 -S 10"から"weka.clusterers.SimpleKMeans -N 3（以降同じ）"に変更されていることを確認してください。次に「開始」ボタンを左クリックするとクラスタリングが実行されます（**図7.24**）。

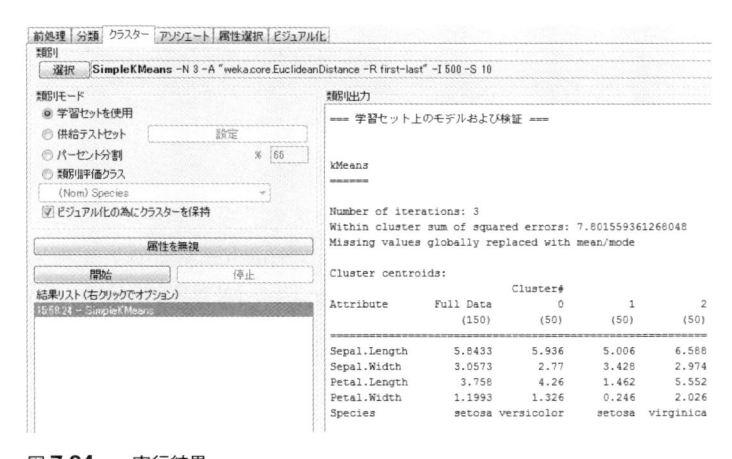

図7.24 実行結果

---

[1] 標準設定ですべてうまくいくという意味ではなく、設定を変更しただけで劇的に改善することはほとんどないという意味です。
[2] このクラスタ分割数を人手で決めるのではなく自動的に算出してくれる Xmeans というアルゴリズムがあり、Weka でも利用できます。利用の詳細については『フリーソフトではじめる機械学習入門』を参照してください。ただし、これは統計指標的に良い分割数を提示してくれるというだけであって、この分割数がデータの実態、言い換えれば背後にある真のクラスタ数を表現しているわけではありません。そもそも背後にあるクラスタ数も視点によって様々な値を取り得るので、大抵の場合真のクラスタ数なるものがあるわけではありません。結局 Xmeans も万能の手法ではなく、あくまで KMeans はクラスタの意味づけを人間が行うということは念頭に置いてください。

画面右側の「類別出力」欄にクラスタリング結果が出力されます。ここでまず見るべきは「学習セット上のモデルおよび検証」です。ここに"Cluster centroids"が表示されます。centroidとは前述のセントロイドのことです。また、具体的にどのデータをどのクラスタに分類したのかを可視化することもできます。「結果リスト（右クリックでオプション）」欄から出力された結果を右クリックし、出てきたメニューから「クラスタ割り当てをビジュアル化」を選択すると図 **7.25** のようなウィンドウが表示されます。

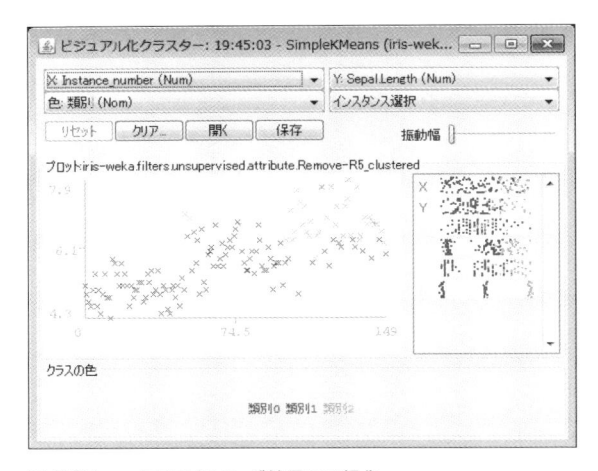

図 **7.25**　クラスタリング結果の可視化

白黒ではわかりづらいとは思いますが、散布図の各点をクラスタごとに色分けして表示しています。この結果を見るとほぼ元のSpecies相当のクラスタリングがなされていることがわかります。ウィンドウ上部の「X」、「Y」のドロップダウンリストを操作することによってどの変数で散布図を描画するかを決定できます。

■ Apriori

データファイルに apriori.csv を利用します。画面上部の「アソシエート」タブを左クリックしてください。アソシエート画面に移ると、標準設定としてすでにAprioriを実行するようになっています。Aprioriは決定木やクラスタリングと比較して、データや要件によってより柔軟に設定を調整する必要があります。「選択」ボタン横のテキストボックスを左クリックして設定画面を表示します（図 **7.26**）。
ここでよく変更する必要のある設定箇所は次となります。

- `lowerBoundMinSupport`：最小支持度の設定。

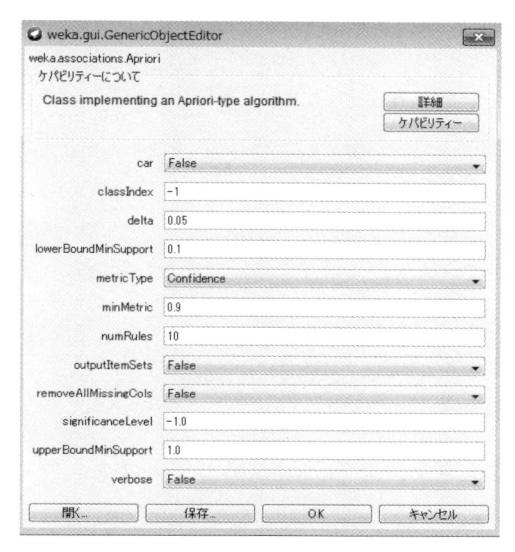

図 **7.26** Apriori の設定

- metricType：どの指標を対象にするかの設定です。Confidence（確信度）か Lift（リフト）を使うのが主です。
- minMetric：metricType で指定した指標の最小限度であり、この最小限度を超えたアイテムの組み合わせが後述する"Best rules found"に出力されます。
- outputItemSets：指定した条件に合致するアイテムを表示するかどうかです。これを False にしたままだと、条件に合致したアイテム数だけが出力されます。「あまりに出力結果が多すぎて困る」、「条件に合致するアイテム数だけを知りたい」という場合以外は True にして表示しておいた方がよいでしょう。

ここでは Lift を対象に取りましょう。図 7.26 の設定に準じて metricType を Lift に設定し、minMetric を 0.9 にして「OK」ボタンを左クリックします。「開始」ボタンを押せば相関ルールが形成され、「アソシエート出力」欄に出力結果が表示されます。

出力結果に"Size of set of large itemsets L(1): 5"、"Size of set of large itemsets L(2): 1"とあります。"L(1): 5"が条件を満たした単独のアイテム 5 個、"L(2): 1"が条件を満たしたアイテム二つの組み合わせが 1 個あることを表します。

"cake=t 617"は cake を購入したデータが 617 個あることを表しています。同じく"cake=t biscuits=t 328"は cake と biscuits 両方を購入したデータが

```
前処理 | 分類 | クラスター | アソシエート | 属性選択 | ビジュアル化
アソシエート
  選択    Apriori -N 10 -T 1 -C 1.1 -D 0.05 -U 1.0 -M 0.1 -S -1.0 -c -1

  開始    停止   アソシエート出力
結果リスト(右クリックで…     Apriori
 16:01:18 - Apriori          =======

                             Minimum support: 0.1 (300 instances)
                             Minimum metric <lift>: 1.1
                             Number of cycles performed: 18

                             Generated sets of large itemsets:

                             Size of set of large itemsets L(1): 5

                             Size of set of large itemsets L(2): 1

                             Best rules found:

                              1. cake=t 617 ==> biscuits=t 328    conf:(0.53) < lift:(3.55)> lev:(0.08) [235] conv:(1.81)
                              2. biscuits=t 449 ==> cake=t 328    conf:(0.73) < lift:(3.55)> lev:(0.08) [235] conv:(2.92)
```

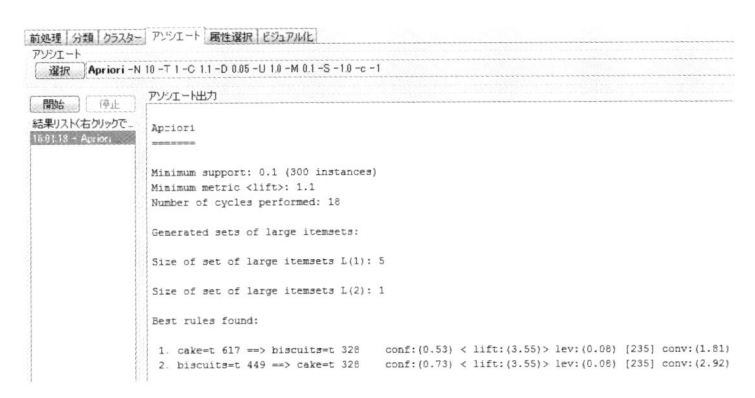

図 **7.27**　　実行結果

328個あることを表します。

"Best rules found"が指定したmetricTypeのminMetricを満たした組み合わせです。出力結果に"cake=t 617 ==> biscuits=t 328 conf:(0.53) < lift:(3.55)> lev:(0.08) [235] conv:(1.81)"とありますが、confはconfidence、の略です[1]。"conf:(0.53)"なのでcakeを購入してるうちbiscuitsも購入している割合は53%で、biscuits単体よりもcakeと組み合わせで購入する率は3.55倍だということを示します。

7.4　参考書籍

データマイニング関連の書籍やWebドキュメントは大量に存在します。まず概要をつかむために次のドキュメントを見るとよいでしょう。

　　　データマイニング 神嶌敏弘　http://www.kamishima.net/archive/datamining.pdf

データマイニングの理論面の入門書として、

　　　荒木雅弘：『フリーソフトでつくる音声認識システム』、森北出版（2007）

が、数式は出てきますが類書に比べて非常に平易に書かれています。また、データマイニングをビジネスにどう活かすのかの解説としては

　　　Foster Provost, Tom Fawcett：『戦略的データサイエンス入門』、オライリージャパン（2014）

---

[1] lev、convは利用しなくて構いません。

には実例が豊富に紹介されているためおすすめです。実際に分析手法を利用するには、以下のサイトを読むとよいでしょう。

　　　R、R言語、R環境……金 明哲　http://www1.doshisha.ac.jp/~mjin/R/

Rというデータ分析用プログラミング言語を用いたサンプルコードが掲載されています。Wekaを用いて機械学習を学ぶ書籍としては

　　　荒木雅弘：『フリーソフトではじめる機械学習入門』、森北出版（2014）

がおすすめです。和書でしっかりWekaを扱っている本はこれしかないと思われます。

高度な統計手法にチャレンジ！

コマ1: クラスタリングは自動でデータを似たもの同士で層分けする手法。 まとめる A B

コマ2: 今日は高度な統計分析の手法を学ぼう 決定木 バスケット分析 クラスタリング

コマ3: 例えばソーシャルゲームではプレイヤーをベテランや初心者などに層別し、各層に適切な対応が出来る。 よわくてつまらない、つよくてたおせな、初心者にはアイテム ベテランには強敵を

コマ4: 「決定木」は例えばSNSユーザーが継続するか退会するかを分ける 重要な要因とその水準を自動で算出してくれるのじゃ 友人数 43人以上／43人未満 挨拶回数 退会 17回以上／17回未満 継続 退会 SNS継続/退会要因

コマ5: 数学的な詳細は一度おいてまずは色々試してみよう！ はい！ ゆくぞ。

コマ6: バスケット分析はamazon等のネット通販でよく見かけるコレじゃな。 超・統計道 ¥580 この商品は送料無料 おすすめ 以下の商品を買われた方は 統計花道 ¥1,980 トウケイマン ¥520 統計太郎 ¥420

コマ7: 購入かごに入れた商品とよく一緒に買われている商品が何かを見出し推薦できる。 するとお客は良い商品に出会え店は売上が伸び共に利益があるのじゃ わぁ

コマ8: 高度な手法は必須ではない。しかし、様々な手法を学ぶことで解決出来る問題もある。 焦らず慌てず学び続ける事が統計学の道をゆく者には大切なのだ！

第 8 章

解析事例

　この章では新人のモトコとベテラン統計屋の節屋との対話形式でデータ解析の事例を紹介します。実際のデータ解析には試行錯誤がつきものなので、ここでは事例そのものの紹介よりも、新人がどのように試行錯誤して問題解決に至るかの道のりに重点を置いて紹介します。

8.1 本質的な問題点を明らかにしよう！
― スライシングを用いたログイン UU 低下要因分析

モトコ: 先生っ！
RPG系のソーシャルゲーム企業から「これまでと継続率は変わらないのに今月はログインUUが大幅に減少している。今月から広告費を削減したために新規登録者数が下がったせいだと思われる。なので、ログインUUを前月までと同じ水準に高めるため、最適な広告費を算出して欲しい」という依頼をいただいたんですが…。最適な広告費を出す統計手法ってあるんでしょうか？

節屋（フシヤ）: あるよ。じゃが、ちょっと待ってくれ。ログインUUが落ち続けているのは本当に新規登録者数だけの問題なのかな？ そしてそれは広告費を最適化すれば解決するのかな？

モトコ: え、でも依頼者がそう言ってたので…

節屋: 我々はプロの統計屋だよ。言われたことをやるだけならオペレーターに過ぎない。本当の問題は何か、まず事実を明らかにするところから始めないといけない。

モトコ: なるほど！

節屋: では一つひとつ依頼を詳細に分解していこうか。まずは次の事項を確認していこう。
- 事実の確認
- 仮説の確認
- 定義の確認
- 目的の明確化
- 改善手段の選定

モトコ: えーと、こうなりますね。
- 事実：継続率は落ちてないのにログインUUが落ち続けている
- 仮説：ログインUU減少の主要因は広告費削減による新規登録者減少
- 定義：継続率 ＝ 継続UU ÷ ユーザ全体UU
- 目的：ログインUU減少を食い止めたい
- 手段：広告費を上げる

8.1 本質的な問題点を明らかにしよう！—スライシングを用いたログインUU低下要因分析

うーむ、これは詳細な確認が必要だね。事実であると提示されている情報が本当に事実なのか確認しようか。継続率が落ちてないというのは事実なのかな？

えっ、だって依頼者側からいただいたこの資料でも継続率は減少してないですよ？

表 8.1 前月と今月のログインUU・継続率

前月		今月	
ログインUU	継続率	ログインUU	継続率
104,163	50.6%	82,705	50.7%

確かに数字は下がってないね。だが、この資料でいう「継続率」が一体何を指しているのかわかるかな？ 他にも、「ログインUU」や「継続UU」、「ユーザ全体UU」とはどういう定義かな？

えーと、ログインUUの「UU」ってユニークユーザ、つまり重複してないユーザ数だから、ログインしたユーザ数って意味じゃないでしょうか。だから、DAUと同じだと思います。あれ？ でもだったらなんでDAUって言わないんだろ？ 何か意味があるのかな？ うーん、それに継続してる人とかユーザ全体とかの定義も資料に書いてないですね…。

ではそれを確認しないとね。**定義のわからない数字はただの数字であってデータではない**。"3"や"42"という数字そのものに意味や情報が宿っているわけじゃない。定義を確認しなければいけないよ。

単なる数字はデータじゃない…。なるほど。確認してきます!!

〜確認中〜

えーと、依頼者とミーティングしてきたんですけど、ログインUUは「指定月に1回以上利用した利用者」、継続率は「指定月の前月に1回以上利用したUUを分母とし、指定月の前月と指定月の両方とも1回以上利用したUU（複数日利用しても重複カウントしない）を分子とした割合」だそうです。ユーザ全体UUって言ってるのはログインUUとほぼ同じで、「指定月の前月に1回以上利用した利用者」ですね。

では、その継続率は全ユーザを対象にした指標だということだね。ここで重要なのは、「ぼんやりした対象を分析してもぼんやりした結果しか得られない」ということだよ。

う〜ん、ぼんやりした結果はまだわかりますけど、「ぼんやりした対象」とは？

ソーシャルゲームのユーザはベテランもいれば始めたばかりのユーザもいるだろう。それらをまとめて一緒に扱ってもいいのかな？

確かに！ ちゃんとターゲットを絞って分析しないとぼんやりした結果しか出てこなさそうですね！

これはあくまで仮説じゃが、ソーシャルゲームの場合は上級者になるほどすでにゲーム内に友人がいたり課金額も相当なものになっているだろうから、なかなかゲームをやめないだろう。逆に、まだ始めたばかりの方は様子見で遊んでみて、面白くないとなったらすぐにゲームをやめてしまう傾向があるのではないかな？

あっ、それはありそうですね！ 私も長くやってるゲームはやめづらいですけど、始めたばかりのゲームはちょっとやって合わなかったらすぐやめちゃいますもん！

そうだね。では「上級者になるほど継続率が高い」という仮説を検証して、事実を洗い出そう。ここでは第4章で学んだ探索データ解析から何か使えそうなアイデアがないか考えてみよう。復習し、自分の技術にするチャンスだよ。

うーん…。あ、このスライシングが使えそう。RPG系のソーシャルゲームなら上級者度合いはLVで測れそうだから、上級者を比較的高LVなユーザと定義して、LVでスライシングしよっと。

〜作業中〜

前月のデータをLVでスライシングした結果こうなりました！

8.1 本質的な問題点を明らかにしよう！――スライシングを用いたログインUU低下要因分析

表 **8.2** 前月スライシング結果

前月	
LV層	継続率
1〜10	7.3%
11〜20	7.8%
21〜30	34.9%
31〜40	52.5%
41〜50	66.8%
51〜60	77.2%
61〜70	87.0%
71〜80	92.1%

うむ、LVが高い程上級者であるという前提のもと、先ほどの「上級者になるほど継続率が高い」という仮説が裏づけられた形になったね。同じことを今月のデータでもやってみようか。

えーと…あれ!!!　各LV層の今月の継続率が落ちてる!???　えっ、なんでなんで???　依頼者からもらった資料だと継続率落ちてなかったのに？

表 **8.3** 今月スライシング結果

今月	
LV層	継続率
1〜10	1.6%
11〜20	5.9%
21〜30	24.0%
31〜40	49.5%
41〜50	44.0%
51〜60	65.8%
61〜70	76.8%
71〜80	89.1%

ほぅ、これは面白い振る舞いだね。各層の継続率が落ちているなら、全体継続率も落ちるはずだね。だが依頼者からいただいた資料では全体継続率は低下していなかった。

すっごい不思議ですね…。なんでこんなことに…？

解き明かさないとならない謎ができたね。これは簡単な算数のトリックなのだけど、それを説明していこうか。
　今度は継続率だけではなく各LV層のログインUUと継続UUも確認してみようか。さらに、各LV層が利用者全体に対してどれくらいの比率なのかを出すことで、どのLV層の比率が高いかや、今月と先月で各LV層の比率に変化があるかを見てみよう。

う〜ん、各 LV 層のログイン UU と継続 UU も全体的に下がってますね。全体比率を見てみるとこんな感じです。えーと…

表 8.4　ログイン UU と継続 UU の全体比率

LV層	前月		今月	
	指定前月ログインUU全体比率	継続UU全体比率	指定前月ログインUU全体比率	継続UU全体比率
1〜10	26.9%	3.9%	18.2%	0.6%
11〜20	12.3%	1.9%	8.5%	1.0%
21〜30	2.9%	2.0%	2.6%	1.2%
31〜40	3.9%	4.0%	4.7%	4.6%
41〜50	8.8%	11.6%	11.2%	9.8%
51〜60	11.6%	17.7%	14.7%	19.1%
61〜70	22.2%	38.1%	27.8%	42.1%
71〜80	11.5%	20.9%	12.3%	21.6%

ちょっと情報量が多すぎてわかりづらくなってきたね。第 4 章の探索的データ解析で学んだように、ところどころグラフを用いてわかりやすいように要約してみよう。

あっ！　そうですね！　さっきの比率のデータを棒グラフにしてみたらこんな感じです。こうすると高 LV 層の比率が高まってるのがわかりやすいですね。

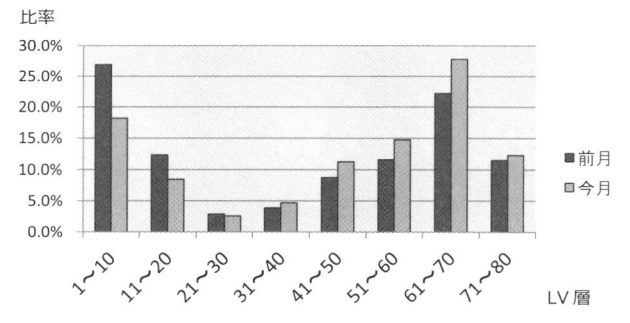

図 8.1　指定前月ログイン UU 全体比率

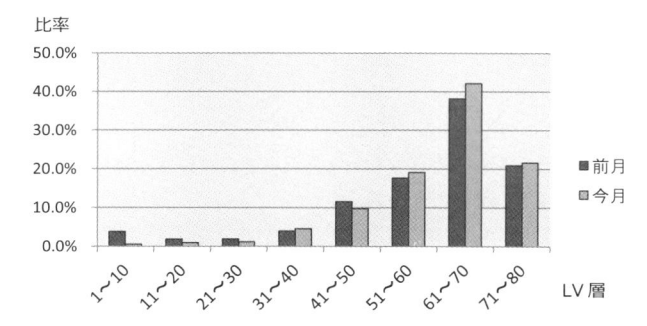

図 8.2　継続 UU 全体の比率

8.1 本質的な問題点を明らかにしよう！─スライシングを用いたログインUU低下要因分析

ふむ、なるほど。これで説明がつけられるね。
状況を整理してよく考えてみよう。まずは事実の洗い出しだ。「高LVになるほど継続率が高くなる傾向がある」というのは先ほど明らかにしたね。そして、「先月と比べて今月は高LV層の比率が高くなっている」。この二つの事実を論理的に組み合わせると、全体の継続率はどうなるかな？

えーと、高LV層の比率が高まっているってことは…。継続率が高い層が全体の多くを占めるようになったってことだから…。あっ！ 全体の継続率は上がるはずなんだ！

そうだね、「継続率が高い高LV層の全体比率が高まる」ことは全体継続率を上昇させる要因だね。それなのにデータを見ると「全体の継続率は上がりも下がりもしてない」のはなぜかな？

えーと、それは各層の継続率が下がってるからですね…。あっ！ そっか!! 「継続率高い層の比率が高まることによって全体の継続率が高まる効果」と、「各層の継続率が減って全体の継続率が低くなる効果」とが一緒になったから、つまり、継続率上昇と下降の効果が打ち消し合った結果、全体的な継続率を見るとたまたまプラスマイナスがほとんどゼロになっちゃって変化がないように見えるんだ!!

ご名答！ というわけで、広告費削減だけではなく、各層の継続率の減少という問題点もクリアに見えるようになったわけだね。さて、もしこれに気づかず、当初の依頼どおり、単に広告費を増やして新規登録者の増加だけでログインUUを維持する施策を取っていたらどうなっただろう？

うわー、広告費はかさみ続けますし、何よりいろんな層で継続率落ちてるってことは何か改善点があるってことなので、そういう本質的な問題を見過ごしちゃうところでしたね。

そうだね。もちろん鮮やかな統計手法を用いるのも我々統計屋にとって大事な仕事ではある。けれど、本質的な問題は何かを見出すこと、これこそが最も大事なことだね。

そうですね、問題が明確になれば対応方法も見つけられます。けど解決すべき本質的な問題自体が何なのかわからないと迷走しちゃいますね。間違った問題を解決しようとすると無駄にコストがかかったり、かえって売上を落としちゃったりするかもしれないですね！

そういうことだね。では今日はここまで。この結果を依頼者に報告し、今後の分析計画を練り直そうじゃないか。

あれ、このまま各層の継続率低下問題を解決しちゃわないんですか？

すぐに解決できるならそれでもいいだろうね。だけどこの問題はおそらくそう簡単にはいかないだろう。第5章の臨時ミーティングで学んだように、何か大きな方向転換をする場合、いったんは現状報告した方がよい。依頼者側の意見を聞いて各層のなかでもどこに焦点を当てるか決めることもできるだろうし、もしかすると依頼者は広告費のみに責任をもつ立場で、職責上それ以外のことを言われても対応できないかもしれない。その場合は相応しい担当者に相談すべきだよ。

そうですね！　じゃあ私今すぐ現時点で判明したことの報告書作ります！

それと、今日得た学びを振り返ってみて、それもドキュメント化しようか。他の案件にも応用できる有用事例にもなるし、自分が一体何に気づき何を学び何を成したのかを日々記録していくと、どれだけ成長したかわかって自信につながる。それを教材として用いることで、未来の新人教育にも役立つからね。

データ解析は対象の分析をすれば終わりじゃなくて、その後につなげられるように取り組むと、継続した改善ができるんですね!!

8.2　データ解析でエコ活動支援をしよう！
――テキストマイニングで探る真の需要

完全に無茶振りだよ…これ完全に無茶振りだよー…。

どうしたんだい頭を抱えて…。

いや、なんか、食品会社からデータ解析でエコ活動支援策を講じろっていう無茶振りが来まして…。データ解析って売上改善とか品質向上とかのためのものじゃないですかー。エコと言われてもーって感じです…しかも食品会社で。

なかなか面白い依頼だね。データ解析は売上改善や品質向上だけではなく、もっと広範な利用法がある。とは言え、銀の弾丸[◆1]ではない。依頼を受けるべきかについて検討するところから始めようか。

えっ、そこからなんですか…。そうは言っても、仕事なので依頼されたら受けないといけないのでは？

できないことはできないと言わないと、無理に何でもかんでも受けておいて、後から「何の結果も出ませんでした」では関係者全員に多大な損害を生む可能性すらあるからね、どうしても実現不可能な場合は断らざるを得ないだろう。諸事情によりどうしても受けざるを得ない場合でも、データ解析とは違った側面で受ける、たとえばイベント企画や新商品開発にシフトして目的を実現することも提案できる。データ解析自体は手段であって目的ではないからね。

なるほどー。でも依頼を受けるべきかどうかの検討ってどうやるんでしょうか？

まず何はともあれ目的の明確化、次に何ができるのかという自由度の確認だね。とくに、今回のような目的や評価指標が明確でないものについては、重点的にそもそも何がやりたいのかをヒアリングするよう心掛けよう。

はい！　じゃあヒアリング行ってきます!!

〜ヒアリング中〜

ヒアリングしてきたんですが、えーと、評価指標とか達成項目とかはとくになくてですね、エコ活動への取り組みの第一歩を切り開くための案が何かないかという、そーゆーざっくりしたお話でした。

うーむ…結構困るパターンだね。しかしデータ解析を生業としていると、依頼者自身が依頼内容を明確に定めていない依頼が割とよくある。その場合はいたずらに作業を進めるのではなく、どのような目的設定をするかを明確にすることを第一にして動こう。というわけで、まず我々に何ができるのか検討しようじゃないか。

◆1　「万能な解決策」程度の意味で用いられる慣用句。データ解析やプロジェクト管理、システム開発などで頻繁に用いられます。

はい！　とりあえず、データとして各商品の返品率や廃棄率、SNS上の口コミデータやアンケート結果などは提供してもらえるそうです。改善手段としては、新商品の開発だとかリサイクルのために既存商品の改修とかはまず無理ということでした。なので、廃棄率を改善するようなデータ解析をすることによって無駄を減らすっていう方向性で行こうかなーと思います。

発想としてはとても良いね。だが、おそらくすでにそういう取り組みをしているのではないかな。大抵のメーカーは返品率や廃棄率に関しては厳格に取り扱っているものだからね。

あー、そう言われてみれば、ヒアリング時に在庫管理の担当者の方がそういうデータがあるよってことを説明してくれたんですけど、すっごく充実してるなーと思いました…。

別のアプローチをしてみようか。とある洗剤メーカーの事例で、新商品の柔軟剤の売上改善の分析をしていたときの話だ。より売れる柔軟剤にするため、CMに人気の芸能人を起用したり、類似商品より少量でも同じ効果が得られるように品質を改善したり、キャップを改善して利用時に手に柔軟剤がつかないようにした。が、それでも後発だったこともあり売上は3番手止まりだった。そこでテキストマイニングで柔軟剤に求められる要素は何かを探っていたんだが…。結論から言うと、当たり前のことしかわからなかった。

わかります…。あんまり「革新的な新事実が明らかに!!」みたいな分析結果って出ないですよね…。

そこで何をしたか。もっと発想を広げ、根源的な欲求は何かを探ることにした。柔軟剤という括りから離れて、衣服に何を求めているかを考えてみたんだ。そしてその洗剤メーカーは衣服の洗濯に何を求めているかを調査したところ、汚れを落としたいとか肌触りを良くしたいという以外にも消臭したいという強い要望があることを明らかにした。柔軟剤の用途と消臭はそもそも関係がない。だがこの調査結果を受けて柔軟剤に消臭効果を盛り込み、それをその柔軟剤の目玉効果として取り上げたところ、売上が4倍に跳ね上がり、一躍柔軟剤トップメーカーになった。それだけではない、「衣服の消臭と言えば○○社」とまで言われるようになった。今や消臭効果をもたない柔軟剤なんてないことからもわかるように、柔軟剤市場を一変させたんだよ。

うわー!!　すっごいですね!!　私もそんなデータ解析してみたい!!!

よく知られたマーケティングの話として「ドリルを売るなら穴を売れ」というものがある。ドリルが売れているからといってより良いドリルを作ればいいのかというとそうではない。なぜ人々がドリルを求めているのかを確かめなさいという話だよ。調査してみると、ドリルを買った人はドリルが欲しかったわけではなく、穴の開いた板が欲しかったというのがわかった。なぜ穴の開いた板が欲しいのかを明らかにすれば、ドリルを売るのではなく穴の開いた板そのものを売ればいいという考えに行きつくわけだね。その方が消費者としても手軽だ。

なるほど〜。「売れる商品」っていう表面ではなく、「なぜ人がそれを求めるのか」の根源的な理由に着目しましょうってことですね。それをもとにリサイクルについて分析していきます。

ではまず使えるデータからリサイクルにつながる何かがないかを調べてみよう。こういう定性的な調査をするときはテキストマイニングを試してみるのがよいだろう。口コミデータがあると言ったね、それを利用して連想法を試してみようか。連想法とは、目的とするキーワードから連想される単語をツリーにし、そこからまた連想される単語を木構造でつなぐという処理を繰り返すことによってキーワードに関連する単語を洗い出す方法だよ。できたツリーのことは連想マップと呼ぶ。

リサイクルに関する連想マップを作ったらこんな感じになりました（※表示しているのはそのうちの一部です）。

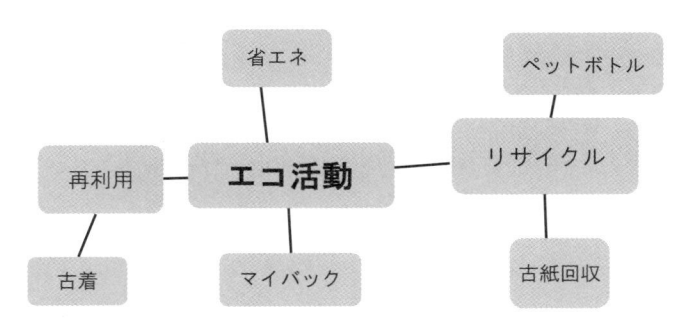

図 8.3 連想マップ

よし、いろいろな単語が出てきたね。これをもとに第6章で学んだKWIC検索を行うことによって、口コミやお問い合わせフォームなどのテキストデータからリサイクルに活用できそうなテキストを抽出してみよう。これでテキストデータすべてを読まなくてもリサイクル関連のテキストに当たりやすくなるわけだね。さらにそこから共起ネットワークを作成することによってリサイクル関連の共起する単語を抽出することができる。

なるほど！　KWIC 検索と共起ネットワークって、組み合わせて使うことでさらに威力を発揮するんですね！　やってみます!!

〜処理中〜

いろいろ出てきました！　しかも私、良案を思いついちゃいました！

おぉ、それは素晴らしいね。どんな案だい？

はい！　「包装紙や箱、袋を可愛くする」です!!

…えっ。

まぁ聞いてください！　まず、抽出結果ですけど、「再利用」に「可愛い」や「包装紙」が共起してたんですよ！　それで、そこから「可愛い」や「包装紙」で KWIC 検索を掛けて、一体どんな文なのかなって当たってみたんですね。そうしたら、依頼元の食品メーカーの包装紙って可愛いのが多いので、誰かにプレゼント渡すときとかにそれを再利用するらしいんです!!

なるほど、それは面白い結果だね。

他にも、箱が凝ったつくりだと捨てるのがもったいないからって小物入れにしたり、袋を買い物袋に再利用したりするって事例も出てきました。これをもとに、依頼元の企画担当者と包装紙や箱をリメイクすることでリサイクル推進をプッシュしていく企画を立てたいと思います。

そもそもなんですけど、今回リサイクル関連でテキストマイニングしていろいろ見えたことがあったんですね。たとえば調味料を買うとき、新しい容器のものじゃなくて詰め替えパックを買うのはなぜかというと、それはその方が安いからなんです。エコだから詰め替えパックを選んでるわけじゃないってことです。詰

め替えってどうしても面倒なんですよね。いろんなテキストを見たんですけど、エコ意識をもって詰め替えパックを買ってるってコメントしてる人ってほとんどいなくて、大体「お得だから詰め替え用を買ってる」って書いてます。エコ活動って、取り組む人に負担をかけさせるようじゃ続かないと思うんですよ。だから、負担をかけずに楽しく自発的にエコ活動としてのリサイクルができる案として、「可愛い包装紙や箱、袋」なんです！ 商品サイトには包装紙や箱のおすすめリメイク案のページを作るなんてのも考えてます！ どうでしょうか！

うん、発想自体も面白いけれど、そもそもリサイクルはどのように行われるのかやなぜ行われているのかを説得する材料まで用意しているところがまた素晴らしいね。それをきちんと裏づける実際のテキストデータや集計結果を提案書に盛り込めば、依頼者も納得しやすいだろうね。そしてエコ活動だけではなく、包装紙などが可愛いことによって知名度や売上のアップも狙えるだろう。そういう利点もつけ加えるとなお良いね。エコ活動は君が言うように負担となると続かないからね。また、エコ活動の評価指標を作るのは難しいけれど、今回はリメイク案のページを作るということなので、そのページの訪問者数などを KPI として据えてみようか。

なるほど！ じゃあそれも盛り込んで早速提案書作ってミーティングしてきます!!!!

目的が曖昧なときは本質に立ち返って意義を見直そう。本質的な価値の源泉を見出すことによって分析範囲を新たにするのだ！

8.3　分析手法を応用しよう！ ── 共起を用いた名寄せ

先生〜。またまた困ったことが…。今回はテキストマイニングについてなんですけど…。とある大人数構成のアイドルグループがいるんですけど、広告会社さんからそのアイドルグループの各メンバーに関するツイート[◆1]を収集したいって依頼が来まして…。それで、本書付録で作ったシステムの検索キーワード指定を各メンバーの名前に変更すれば対応できるかなと思ったんですけど、そのアイドルグループは名前よりも愛称で呼ばれることが多いんですね。なので、twitter 検索キーワードを各メンバーの名前だけじゃなくて愛称にも対応してくれと言われまして…。で、それでやろうと思ったんですけど…。

けれど、各メンバーの愛称の一覧がないので検索キーワードを設定しようがない、というところかな？

◆1　twitter への投稿。

そ、そうなんですよー!! アレ??? でもよくわかりましたね？

うん、それは「**名寄せ**」というよくある課題だからね。テキストマイニングにおける名寄せとは、ある名前に対してあだ名や略記、あるいは漢字や英字なの別表記されたものを一つの名前に結びつける処理のことだよ。これによって、今回のように愛称や芸名などで呼ばれた場合でも対応可能にできる。これはサービスや商品も略称や通称で呼ばれることがあるから、それらの評判を分析する際も必要になってくる。名寄せはいろいろな分析をする際に用いられる重要な処理なんじゃ。

わっ！ すごい!! テキストマイニング便利!! どんな手法使えばいいんですか!?

名寄せは処理であって手法ではない。だから色んな手法があるし、手法同士を組み合わせて使うこともある。それに一番確実な方法は目視確認することだよ。**何でもかんでも統計手法を使えばいいというわけではないんじゃ。**

い、いやー…、ちょっとですね、対象のアイドルグループが総勢200人くらいいるような大所帯なんで…、テキスト量も半端じゃなくて目で追いかけるのは無理っていうか…。

200人は…、凄いのう…。まぁそれなら大量のテキストをさばけるテキストマイニングの手法を用いた方がよいだろう。さて、名寄せの手法を新しく覚えるのもいいが、すでに君は名寄せに使える手法を学んでいるんじゃよ。

えっ、えっ??? 私、そんな手法学んでましたっけ…???

いいかい、データ解析において大切なことは手法をたくさん覚えることではない。目的に応じて自分のもつ手法を上手に応用することだよ。
　たとえば第7章で、決定木の応用として「離脱者と継続者を分けることによって継続に利いてくる重要変数とその水準を見つけることができる」というものを紹介したけれども、そもそも決定木は継続者と離脱者を分類するために生み出されたわけではない。分類問題という抽象的な概念があり、それを学び考えることによって継続離脱の分類に後づけで応用できるようにしたのだ。

ある手法や概念を個別の問題だけに紐付けてしまうと、応用が利かなくなってしまう。それこそ、100の問題があれば100の手法を学ばねばならなくなってしまうよ。

よし、どの手法をどう応用すればいいのか全っ然わからないですけど、頑張って考えてみます!!

〜考え中〜

ええと？　私が知ってる手法って第6章で学んだワードカウント、KWIC検索、共起分析、階層型クラスタリング…くらいかな？　これでどうやって愛称の一覧なんて作れるんだろう？　こういうときは目的をぼんやりとではなく明確に要素を細分化するといいんだよね。私がやりたいことは愛称の一覧を作ること。愛称の一覧を作るってことは、(1)文章の中から愛称だと思われる単語を切り出す、(2)愛称と名前を紐付ける、(3)愛称として名前と紐付けられたものが本当にその名前の愛称なのか確認する…。うん、要素としてはこの三つかな？

　まず(1)だけど、これは形態素解析で名詞を切り出せばいけるかな？　第6章で使ったKH coderだと「人名」も取れるみたいだし。うーん、(3)はどうだろ、人間が見てもよくわかんない愛称ってあるもんね…。全部をテキストマイニングの手法は必要に応じて使うものであって、すべてをそれでやらなきゃいけないわけじゃないんだよね。(3)は(2)で名前と愛称が一覧になってさえいれば一つの名前を文章読んで愛称っぽいかどうか確認するのにKWIC検索も使うと30秒もあれば十分できるんじゃないかな？　だから200人分で1人につき愛称が2, 3個あったとしても、半日作業すれば終わりそう。これはもう目視で頑張ろう…。問題は(2)だなー。さすがにこれは目視でやると一体何日かかっちゃうんだろーって感じだし…。うーん。よし、とりあえずテキストデータを実際にしばらく眺めてみよう。…あ、この「やまP」は「山田」の愛称かな。「ちぃちゃん」は多分「ちさと」かな？　**目視すると結構わかってくることが多いし、テキストマイニングで行き詰ったら生のテキストデータを見るのって重要**だなー。…あれ、「ちさと」と「ちぃちゃん」を含む文って結構同じ内容っぽい。そりゃそーか、同一人物の話だもんね。

…ってことは、共起する単語も大体同じ!??　だとすると、名前と愛称も共起するんじゃないかな？　「ちさと」で共起分析をしてみると…。あっ、やっぱり！　「ちさと」と「ちぃちゃん」で共起した！　ってことは対象のアイドルグループの名前一覧を共起分析に掛ければ名寄せができる？

良いところに気づいたね、そのとおりだよ。第6章で「こころ」を分析したときに、「お嬢さん」と「奥さん」が共起してたね。「こころ」を読むとわかるのだけれど、この「お嬢さん」と「奥さん」は描写してる時期が異なるだけで同一人物のことを指しているんだよ。このように、共起分析を行うと名寄せをしやすくなる。この単純な方式だと愛称以外の人名も大量に含まれるが、ちょっと工夫して

みよう。共起する人名から対象のアイドルグループの名前一覧にあるものを省くだけでグッと愛称候補の人名を減らせる。こうすると少し目視するだけで名寄せができるようになる。

なるほどー！　共起分析にはそんな応用方法があったんですね！

ここで重要なことは、「共起を用いれば名寄せができる」ということではない。「この手法はこんな用途に使うもの」という固定観念に囚われることなく、今ある手法を柔軟な発想で応用することにより様々な分析が可能になるということである！

8.4　KPI運用をしよう！── 独自KPIの策定

う〜ん、DAUは乱高下するしゲーム定着ユーザ数は増え続けるし…。

今度はKPI策定の悩みかい？

はい…。ソーシャルゲームの会社さんから日々の利用者数を測定するKPIの策定を依頼されたんですけど…。えーと、状況を説明しますと、その会社で運営してるゲームが七つありまして、KPIは各ゲームを比較できるようにして欲しいってことでした。ゲームの第5章で学んだように、DAUだと乱高下しちゃうんですよね。それで、ドリコム社にならって（p.156 コラム参照）5日連続でプレイしている利用者数である「ゲーム定着ユーザ数」を利用しようかなって思ったんです。
　ところがですね、七つのうち五つのゲームは「ログインボーナス」という仕組みをとってまして、それはその日その日の最初のサービスアクセス時にボーナスアイテムがもらえるってものなんですよ。そのおかげでログインボーナスのあるゲームはないゲームに比べて1.5倍くらいDAUもゲーム定着ユーザ数も多いんですけど、売上自体はログインボーナスの有無にかかわらずどのゲームもさほど違いがないんですね。DAUやゲーム定着ユーザ数が高いのに売上があまり変わらない要因を探ろうと思って、そのゲームの利用者掲示板の書き込みから「ログインボーナス」でKWIC検索してみたら、「ログインボーナスを取るためだけに1回アクセスだけして実質的なプレイはしてない」という利用者が結構いるみたいなんです…。

うーむ、利用者数を増やすための施策がうまく利いてないんだね。ログインボーナスがあるおかげでDAUやゲーム定着ユーザ数はログインボーナスのないゲームより多いけど、本当に知りたい実質的なユーザ数は変わらない。言い換えると、ログインボーナスが実質的なユーザ数、ひいては売上に寄与していないということだね。ゲーム定着ユーザ数は、短期的なキャンペーンなどで1，2日だけどんとDAUが増えるようなショックは吸収してくれるけれど、ログインボーナスのような毎日行われる仕組みには効き目がない。なのでゲーム定着ユーザ数も実質的なユーザ数を表すとは言いづらいね。

はい、そうなんです。なので、実質的な利用者数を算出する方法がないかなーって。

うむ、そういうときはまず「実質的な利用者」が何を指しているかを明確に定義することから始めよう。

う〜ん、ソーシャルゲームってダンジョンを探索したり他の利用者と対戦したりすると思うので、5回以上対戦もダンジョン探索もした利用者、とかでしょうか…？

それはなかなか良いアイデアだね。ただ、ソーシャルゲームはイベントやキャンペーンをすることも多く、その内容によっては対戦せずに探索ばかりしたり、逆のパターンもある。また、どのゲームも対戦とダンジョン探索があるとは限らないのではないかな？

確かにそうですね…。資料を確認したら花やペットを育てるゲームもあるので、これだと対戦なんてないですね…。
　うーん、KPIって対象単体で見るだけではなくて他の対象と比較することもあるんですね…。その場合は全部共通で使えるKPIにしないといけない…。難しい…利用者数を測定するだけでこんなに悩むなんて…。

そうだね。ただ、先ほどのアイデアはとても良いものだよ。どのような行動があるのかはゲームによってそれぞれ異なるけれど、何らかの実質利用と考えられるような行動を測定すればよいということだね。ここで要件を明確にしよう。「複数サービスで利用（取得）できるデータ」かつ「安定性がある」ということだね。この二つの要件を満たせるようなデータには何があるかな？

う〜ん、「複数サービスで利用（取得）できるデータ」っていうとPVかな…PV100以上のユーザだけを実質ユーザとしてカウントするとか。でも第5章で学んだみたいに、PVに「安定性がある」かはとても疑問ですね…。サービスによって何をもってPVとするか、たとえばクリックをたくさんしなきゃいけない複雑なUIのサービスだと過剰に実質ユーザとして見られてしまう可能性があります

ね。PVっぽいもので安定性があるようなデータってできないかな…。

そうだっ！　滞在時間！　各サービスで滞在時間は取れますし、「毎日10分以上利用しているユーザ」だったらログインボーナス狙いじゃなくて実質利用してるユーザだと考えられます！　他のキャンペーンで急にユーザが入ってきても、すぐにやめちゃうユーザなら10分以上利用しているユーザ数にカウントされない！

なかなか良いアイデアだね。ではそれに安定性があるのか、また、第3章で学んだ妥当性があるのかどうかも検討してみよう。

まずは各ゲームの各ユーザの滞在時間を取得し、横軸に分刻みの指定日の合計滞在時間、縦軸にその指定日の合計滞在時間のユーザ数を取ったヒストグラムを描き、滞在時間の分布を知ろう。その次に、どの程度の滞在時間以上だと実質ユーザだと考えられるかの根拠を得よう。たとえば、滞在時間 N 分以上のユーザが売上の大半を占めているというのであれば、その層のユーザー数を重要なKPIとして追う売上的な意義もあるわけだね。

なるほどっ！　え〜と、集計してヒストグラムを描いてみました！　結果、15分以上利用しているユーザの数はどのサービスでも割と安定しています。売上が順調に伸びているサービスはこの数値も右肩上がりですし、逆に売上が減ってるサービスはこの数値が下がり気味です。それに、この15分以上利用しているユーザがどのサービスでも売上の9割を作っています！　というわけで、この15分以上利用しているユーザの数は「1. ログインボーナスやキャンペーンなどの外部要因に左右されない」、「2. 売上に直結するユーザ層である」、「3. 実際にこの数値が伸びているサービスは売上も伸びている」、「4. 全サービスで比較できる」という四つのメリットから、DAUを使うよりもこの「滞在時間15分以上のユーザ数」という定義のKPI、名づけて「ホットユーザ数」の利用を提案します！

仕組み上のメリットを挙げるだけではなく、実際に集計して値を出した上でKPIを提案するのは素晴らしいことだね。説得力が全く違うからね。

今回のログインボーナスの件のように、ある場合は有効な指標でも、一部の条件が変わると機能しなくなってしまうKPIもある。単に他でも使われてるからというのではなく、常に「なぜこの指標を使うのか？　どのようなメリットがあるのか？」を考えることによって、KPIを精査することが大切じゃ！

8.5 分析手法を組み合わせて使おう！
― 決定木とクラスタリングを用いた継続離脱分析

先生っ‼ SNSの会社さんからの依頼で、継続離脱の要因を洗い出して継続者を増やす分析をするって依頼が来ました！

うん、定番の依頼だね。それにしても楽しそうだね。

今回は依頼者さんのご希望もあって、高度な分析手法にチャレンジしようということで決定木にチャレンジするんです！ 第7章で勉強はしましたけど、実務で使うのは初めてなので、どうなるのか楽しみです！ 頑張りますっ‼

～決定木作成中～

せんせ～…決定木の結果が…なんか…さっぱりなんです。1週間中5日以上利用している人は翌週も継続するとか、それはそうだよねって当たり前の結果しか出なくて…。なんかいろいろ決定木の設定を変えてみても、結果は変わるんですけど、結局は当たり前の話しか出てこないんです…。

うむ、データマイニングの手法を使うとよくそうなるね。でもやり方次第で改善できるよ。まず、どのように決定木を作ったのかね？

え～と、普通に利用者を継続者と離脱者に分けて、それで関係しそうな変数として1週間のクリック数とか友人数とか発言数とかを集計したデータを利用して…。

なるほど、よくやってしまうパターンだね。決定木は確かに利用者を継続者と離脱者に分けるのに利く変数と水準を明らかにしてくれるけれど、**ぼんやりした対象を分析してもぼんやりした結果しか得られない**ものだよ。

ぼんやりした対象を分析してもぼんやりした結果しか得られない…そっか、利用者のなかでも始めたばかりの方やヘビーユーザーもいて、それぞれで継続する理由や何に楽しみを見出しているのかは違いますもんね。

そのとおり。なので、いきなりデータを決定木にかけるのではなく、まずはどのようなユーザの継続と離脱を見たいのかを明らかにする必要がある。

う〜ん、そのとおりですね…。でも、私このサービスのこと使ってなくて、どんなユーザ層がいるのかよくわからないんですよね…。

そういうときは第7章で学んだクラスタリングを利用しよう。クラスタリングを用いてどのようなユーザクラスタ（層）があるのか、各クラスタで各変数がどのように異なるのかをセントロイドを見て確認しよう。

あっ！ そっか、クラスタがわからないからこそクラスタリングでどんなクラスタがあるか確認すればいいんですね！ やってみます!!

〜クラスタリング中〜

クラスタ数を3にしてKMeansを試してみたんですけど…。うう〜ん、クラスタリングの結果ってわかりやすいのとわかりづらいのがありますね…。セントロイドを見ると、新規登録からの経過日数が小さくて友人数も少ないクラスタがあって、これは初心者クラスタだと思います。逆に、新規登録からの経過日数が大きくて友人数も多いクラスタはヘビーユーザだと見なしていいと思うんです。でもですね、「かなり長期で利用しているのに、SNS内友人も少なくてあまりコメントのやりとりもしてないようなクラスタ」も結構ユーザ数いるんですよね…。このクラスタはなんだろう…。

クラスタリングを行うと、このように解釈に困るクラスタもよく出てくる。こういう場合は、ドメイン知識のある関係者に相談するのが一番だよ。そのSNSは私が利用しているから助言できるかもしれない、ちょっとデータを見てみよう。…うむ、この写真投稿数のセントロイドを見てごらん。他のクラスタより大きい、ヘビーユーザクラスタよりもだ。

あれ！ ホントだ！ なんでだろ…。あっ、わかった！ 写真置き場にしてるんだ！

おそらく正解だろうね。このSNSの広告を見るとわかるが、画像投稿の容量無制限を売りにしている。アルバム的な使い方をしてるユーザもいるだろう。

なるほど！　コミュニケーション取るために利用してるユーザとアルバムとして利用しているユーザだったら全然使い方も違うから、継続要因も全く違ったものになるわけですね！　だから全部一緒にまとめて決定木にかけてもはっきりと説明がつくような決定木にならなかったんですね！

そうだね、その気づきを得た上で、今度はクラスタリングで明らかにしたクラスタごとに決定木を試してみよう。KMeansを応用すると、具体的にどのユーザがどのクラスタなのか割り振ることもできる。そこから、ユーザのデータだけをクラスタごとにとり分け、各々のクラスタのデータを決定木に掛けてみよう。

え～と…決定木の結果、継続の決め手はヘビーユーザクラスタでは友人数が17人以上、初心者クラスタは滞在時間が一日平均7分以上、アルバムクラスタは一日の平均投稿数が4枚以上だという結果が出ました。これをもとにして、各々のクラスタの継続施策が提案できそうです。どういうクラスタなのかっていうのがわかっていれば、この変数がどういう意味をもつかがよくわかるわけですね。
決定木を利用するときは、分類元のデータがどういう意味をもつのか、言い換えるとどのようなクラスタなのかを把握することが大切なんですね！　そうじゃないと、決定木の結果を見ても出てきた変数とその水準の解釈ができない。「ぼんやりした対象を分析してもぼんやりした結果しか得られない」って言葉の意味がよくわかりました！

ここで学ぶポイントは二つある。
　とくに高度な分析手法を使う場合は、分析結果を出すことよりも、分析結果を解釈することのほうが難しいことが多い。そして、分析対象が何なのかを把握しておかないと分析結果の解釈ができない。だからこそ対象を明確にしておくことが重要だということ。
　もう一つは、分析手法は単独で使うだけではなく、必要に応じてうまく組み合わせることでさらなる威力を発揮するということ。今回はクラスタリングによる各クラスタごとの抽出結果を決定木に掛けることで解釈可能な分析結果を出すことに成功した。自由な発想で各手法を組み合わせよう。もちろん第7章で学んだ分析手法だけではなく、第4章の探索的データ解析や第6章のテキストマイニングの手法とも組み合わせることが可能じゃ！

8.6　節屋の失敗談

そういえば先生でもデータ解析に失敗したことってあるんですか？

それはもう、数えきれないくらいあるよ。

ええっ、先生みたいなベテランでも失敗することあるんですね…。

技術や予算的な原因で失敗したことは仕方ない面もあるけれど、自分の不注意で失敗してしまったこともあるね。良い機会だから一つ面白い失敗談を紹介しておこう。私が昔大学で喫煙者向けの実験をしたときの話だよ。どのような目的の実験だったかなどは長くなるし今回話したい要旨ではないので省くけれど、その実験では被験者にいろいろな質問に回答していただき、その回答内容によって報酬としてタバコをお渡しするというものだった。その際、報酬としてお渡しするタバコの最小単位は 0.5 本からだった。そこで私は 0.5 本のタバコ、つまり半分の長さのタバコを用意しようとしてタバコを切っていたんだが…。さて、君はタバコを吸うかね？

いえ〜、ちょっとタバコは苦手で…。

実は私もそうでね、これまで一度も吸ったことがない。つまり、私はタバコの、そして喫煙者の知識が不足していたんだ。それなのに計画時点で注意を欠いていてね。「タバコを半分に切る」というとき、タバコの全長を半分にしてしまったんだ。

あっ、そっか。タバコって口でくわえるフィルターの部分がないとすっごくニガイらしいですね。

そうらしいね。というわけで、普通喫煙者の想定する「半分のタバコ」は「フィルターから先の部分の長さを半分にしたタバコ」のことであって、「全長の半分のタバコ」ではなかった。そのような認識のズレがあったせいで、被験者から「報酬の約束が違う！」との指摘を受けたが、実験施設の近くにタバコを大量に調達できる店もなかったため、私の実験は失敗してしまった。たくさんの被験者にご協力いただき、かなりの予算と人手を用意したにもかかわらず、ほんの数センチのタバコの長さですべてを無駄にしてしまったんだよ…。

そ、それは…辛いですね…。

まるで笑い話だね。だけどこの失敗談は、分析計画のほとんどがうまく設定されていたとしても、ちょっとした不注意ですべてが台無しになってしまうことがあり得るし、自分の知らないドメインのことは必ず注意深く確認しないといけないということや、何か分析中に失敗してしまったとき対応する手段を確保しておかなければならないということを、私に苦い思い出とともに教えてくれる教訓となったよ。それ以来、私は些細な不明点や常識だろうと思って曖昧なままの定義を放置するなどの危険な兆候に嗅覚を働かせるようになった。

データ解析って綱渡りなんですね…。ちょっとした失敗ですべてが台無しになっちゃうこともあるなんて。だからこそ計画段階でしっかり定義や目的を決めることが大切なんですね。

そのとおり！ データ解析のプロセスはやり直せる部分とやり直せない部分とがある。最初からデータ解析の全プロセスを見通すことはできないので、やり直せる部分は実際やってみて最適な方法を探ればよい。そしてやり直せない部分については事前準備にできる限り万全を期すようにしよう。高度な分析手法や高価な分析ツール、ビッグデータよりも、目的を明確にしその目的を実現できるようにデータを取得するための分析計画を立てるプロセスが、データ解析で最も重要な部分なのだ。

8.7 データ解析の下地を作るには

データ解析で業績アップしたのが認められて、チームを作ることになりました!!

おめでとう！ 経営陣や意思決定者にきちんと貢献度合いをアピールすることができたからだね。データ解析は直接ものを作ったり売ったりするわけではないから、どのような成果を挙げたのかを明示することが大切だよ。それを怠ることなくやれたのがよかったね。

はい！ で、チームに新人君が入ってくるんですけど、教育ってどうすればいいでしょうか？ 私は先生みたいなベテランに直接指導していただけたのでよかったんですが、今後規模が大きくなって教育するってなるとどうすればいいのかなって。

そうだね、では読むとよい本や学ぶこと、それにどれくらいの期間を要するか説明しよう。
　(1) データ解析をビジネスに生かすにはどうすればよいかを学び、(2) 統計学の基礎や分析手法の理論を学び、(3) ツールやプログラミング言語を用いて分析手法を実践する方法を学び、(4) 最後にシステム開発について学ぼう。
　まずは (1) だが、これは

河本薫:『会社を変える分析の力』、講談社（2013）
髙橋威知郎:『14のフレームワークで考えるデータ分析の教科書』、かんき出版（2014）
Michael Milton:『Head First データ解析』、オライリージャパン（2010）

の3冊を読んで欲しい。手始めにこれら3冊をまとめて1か月半くらいかけて学ぶと、具体的にデータ解析をビジネスに適用するにはどうすればよいかのイメージがつかめるだろう。

その3冊ともとってもよかったです！　『Head First データ解析』はちょっと難しかったんですけど、データからいろんな情報を読み取って提案に結びつけるまでの道筋を説明してたので、あぁこういう悪戦苦闘するんだーっていうのがわかって参考になりました。

次に (2) は

高橋信:『マンガでわかる統計学』、オーム社（2004）

のシリーズと

栗原伸一:『入門 統計学　検定から多変量解析・実験計画法まで』、オーム社（2011）

がおすすめだ。しっかり統計学の基礎を学べる本のなかで、私が知る限り最も平易な解説がされている。栗原本は後半多変量解析というかなり難しい分野まで踏み込んで解説しているから、これを読みきれば一通りメジャーな統計学の手法を学べるだろう。マンガでわかる統計学シリーズは現在3冊あり、各々2週間くらいで読めるだろう。栗原本は3、4か月かけて読みきれば立派というところかの。

『マンガでわかる統計学シリーズ』大好きです！　これ、統計学の理論を説明してるってだけじゃなくて、なぜこのトピックを学ぶのか、学ぶと何ができるのか、あとどういうときに使えばいいのかが漫画でわかりやすく説明されてるのがよいですね！　先生みたいに指導してくれる方がいない場合、いろんな手法があってもどういうときに使うのが適切なのか最初のうちはわからないじゃないですかー。それをちゃんとストーリー仕立てで「こういうときにこういう理由があるからこれを使えばいいのかー！」っていうのがわかったのですっごくためになりました！　栗原著は結構数式もあって、数学苦手な私には厳しかったですね…。でも丁寧に説明されてるので、時間をかければ何とかなりました。仕事しながら

だとどうしても4か月くらいかかっちゃいましたね…。1週間で1章分読み切るって目標を立てて頑張りました。

(3) はRやPythonというデータ解析向けの便利な機能が用意されているプログラミング言語を用いることが多い。Rなら

　　豊田秀樹：『データマイニング入門』、東京図書（2008）
　　酒巻隆治、里洋平：『ビジネス活用事例で学ぶ データサイエンス入門』、SBクリエイティブ（2014）

あたりがおすすめじゃな。Pythonであれば

　　Wes McKinney：『Pythonによるデータ分析入門』、オライリージャパン（2013）

がいいじゃろう。これはプログラミング経験があるかどうかで習熟難易度が全く違う。プログラミング経験があればどれも3か月あれば読めるじゃろうし、逆にプログラミング全くの未経験であれば、まずプログラミングの勉強から始めた方がいいじゃろう。Rであれば見よう見まねで進められなくもないが、Pythonの場合は

　　辻真吾：『Pythonスタートブック』、技術評論社（2010）

を1ヶ月程度かけて読んでからの方がよい。

RやPython使うの、結構難しくて何度も挫折しちゃいましたね…。でも、実行結果が出てくるのですっごく楽しかったです！　「データからこんな分析結果が出るのかー、これ今度絶対お仕事でも使うぞ!!」ってすっごいテンションあがりました!!　中身の理解はすごく難しいので、はじめは本のとおりにプログラムを打ち込んで、どんな動きをするのか眺めてみることが大事だと思います。

(4) はサポートページでも学ぶように、KPIを表示・閲覧するWebシステム（BIツール）を作ることによって第5章で学んだ運用のコストを低減したり、誰でもいつでも簡単に閲覧できることによってKPIを浸透させやすくすることができる。できればシステム開発もできるようになった方がよいじゃろう。

　簡単にWebシステムを開発するならPHPを私は推す。なかでも

　　岡本雄樹：『イラストでよくわかるPHP はじめてのWebプログラミング入門』、インプレス（2012）

は非常にわかりやすく書かれているので、最初の一冊としてよいだろう。これは手を動かしながら1ヶ月で学べるだろう。

私はちゃんとしたシステムを作るときはもちろんプログラマにお願いするんですけど、モック◆1を作るのは自分でするようにしました。そうしたら具体的なイメー

◆1　動作見本としてのプログラム。具体的な処理は行わず、「このボタンを押すとこういう処理が行われてこの画面に遷移する」、「処理が成功したらこのような表示を行う」ということを相手に伝えるために作成する、いわゆる「はりぼて」のこと。

ジがつかみやすいので、BI ツール依頼者とプログラマとの意思疎通がうまくいくようになったんです。それにシステム開発のことを学んだおかげで、プログラマの方が使う専門用語や概念もわかるようになって、システムの細かい箇所の注文やどういう問題点があるのかまでしっかり相談することができるようになりました。

うん、モトコ君はこれらをしっかり学んで身につけられたね。これらを学ぶのに、(1) で 1.5 か月、(2) で 5 か月、(3) で 4 か月、(4) で 1 か月、それに実践するための練習を含めて丸 1 年かかった計算になるね。

そ、そうですね…、最初の 1 年間は仕事に勉強にで本当に大変でした…。正直、これを独学だけでやりきるのはかなり厳しいと思います。勉強に時間がかかるので、その分の仕事のタスク割り当てやスケジュール調整も重要ですね。
　その後、データ設計やデータベースの設計、その他諸々のシステム開発や KPI 策定は丸 1 年かかりましたね。なので、未経験者が全くデータ解析の準備がないところからデータ解析の十分な下地を作ろうとしたら、自己の勉強に 1 年、システムや KPI などの下地作りに 1 年で合計 2 年程度は見た方がよさそうですね。

もちろん、統計学やシステム開発のプロに依頼することでもっと短縮できる部分はあるから必ず 2 年かかるというわけではない。ただ、私の経験上、自分やデータ解析のプロの友人を含めて、データ解析の下地作りには 1 年以上どこもかかっているのが実情だね。このコストがかかることを前提に、データ解析に臨むかどうかを考えて欲しい。

でもそのコストを超えるほどデータ解析って威力がありますよね！　今後も頑張っていろんな手法を身につけたり、業界のことを学んでどんどん改善策を打ち出せるように頑張ります！

参考文献

筆者の独断に従って、分野ごとに難易度の低いものから順に参考文献を紹介します。より発展的な学習をする際の参考にしてください。

■統計学
デイビッド・J・ハンド、上田修功（訳）:『統計学』、丸善出版（2014）
永田靖:『品質管理のための統計手法』、日本経済新聞社（2006）
栗原伸一:『入門 統計学 ―検定から多変量解析・実験計画法まで―』、オーム社（2011）
平井明代:『教育・心理系研究のためのデータ分析入門』、東京図書（2012）
南風原朝和:『心理統計学の基礎』、有斐閣（2002）
南風原朝和:『続・心理統計学の基礎』、有斐閣（2014）
R.A. フィッシャー、遠藤健児（他訳）:『研究者のための統計的方法 POD 版』、森北出版（2013）
Tukey, John W: Exploratory Data Analysis, Pearson（1977）

■統計数学
永田靖:『統計学のための数学入門 30 講』、朝倉書店（2005）

■読み物
デイヴィッド・サルツブルグ、竹内惠行（他訳）:『統計学を拓いた異才たち』、日本経済新聞出版社（2010）
マックス・ウェーバー、尾高邦雄（訳）:『職業としての学問』、岩波書店（1980）
林知己夫:『調査の科学』、筑摩書房（2011）
北川敏男:『統計科学の三十年』、共立出版（1969）
平松貞実:『事例で読む社会調査入門』、新曜社（2011）
C.R. ラオ、柳井晴夫（他訳）:『統計学とは何か』、筑摩書房（2012）

■社会調査
安藤明之:『初めてでもできる社会調査・アンケート調査とデータ解析 第 2 版』、日本評論社（2013）
轟亮、杉野勇:『入門・社会調査法 ― 2 ステップで基礎から学ぶ 第 2 版』、法律文化社（2013）
盛山和夫:『社会調査法入門』、有斐閣（2004）

■ビジネス

河本薫：『会社を変える分析の力』、講談社（2013）
上阪徹：『600万人の女性に支持される「クックパッド」というビジネス』、角川SSコミュニケーションズ（2009）
小川卓：『現場のプロがやさしく書いたWebサイトの分析・改善の教科書』、マイナビ（2014）
石井淳蔵：『マーケティングを学ぶ』、筑摩書房（2010）
髙橋威知郎：『14のフレームワークで考えるデータ分析の教科書』、かんき出版（2014）
アリステア・クロール、ベンジャミン・ヨスコビッツ、角征典（訳）：『Lean Analytics ―スタートアップのためのデータ解析と活用法』、オライリージャパン（2015）
ビクター・マイヤー＝ショーンベルガー、ケネス・クキエ、斎藤栄一郎（訳）：『ビッグデータの正体』、講談社（2013）

■統計哲学

森田邦久：『科学哲学講義』、筑摩書房（2012）
戸田山和久：『科学哲学の冒険―サイエンスの目的と方法をさぐる』、日本放送出版協会（2005）
西垣通、ドミニク・チェン（他）：『現代思想 2014年6月号 ポスト・ビッグデータと統計学の時代』、青土社（2014）
エリオット・ソーバー、松王政浩（訳）：『科学と証拠』、名古屋大学出版会（2012）

■可視化

日経ビッグデータ（編）：『データプレゼンテーションの教科書』、日経BP社（2014）
森藤大地、あんちべ：『エンジニアのためのデータ可視化実践入門』、技術評論社（2014）
上田尚一：『統計グラフのウラ・オモテ』、講談社（2005）

■プロジェクトマネジメント

広兼修：『マンガでわかるプロジェクトマネジメント』、オーム社（2011）
細川義洋：『なぜ、システム開発は必ずモメるのか？』、日本実業出版社（2013）

■機械学習、自然言語処理

荒木雅弘：『フリーソフトでつくる音声認識システム』、森北出版（2007）
荒木雅弘：『フリーソフトではじめる機械学習入門』、森北出版（2014）
Foster Provost, Tom Fawcett、竹田正和（他訳）：『戦略的データサイエンス入門』、オライリージャパン（2014）

Wes McKinney、小林儀匡（他訳）:『Pythonによるデータ分析入門 — NumPy、pandasを使ったデータ処理』、オライリージャパン、（2013）
石井健一郎、上田修功（他）:『わかりやすいパターン認識』、オーム社、（1998）
Steven Bird, Ewan Klein、萩原正人（他訳）:『入門 自然言語処理』、オライリージャパン、（2010）
高村大也:『言語処理のための機械学習入門』、コロナ社（2010）

■統計リテラシー

ダレル・ハフ、高木秀玄（訳）:『統計でウソをつく法—数式を使わない統計学入門』、講談社（1968）
門倉貴史:『統計数字を疑う なぜ実感とズレるのか？』、光文社（2006）
杉本大一郎:『使える数理リテラシー』、勁草書房（2009）
ハンス・ザイゼル、佐藤郁哉（訳）:『数字で語る — 社会統計学入門』、新曜社（2005）

■データマイニング

豊田秀樹:『金鉱を掘り当てる統計学—データマイニング入門』、講談社（2001）
山口和範、高橋淳一（他）:『よくわかる多変量解析の基本と仕組み』、秀和システム（2004）
石川博、新美礼彦（他）:『データマイニングと集合知』、共立出版（2012）
豊田秀樹:『データマイニング入門』、東京図書（2008）
元田浩、山口高平（他）:『データマイニングの基礎』、オーム社（2006）

■統計的因果推論について

豊田秀樹:『共分散構造分析 R編 — 構造方程式モデリング』、東京図書（2014）
宮川雅巳:『統計的因果推論 — 回帰分析の新しい枠組み』、朝倉書店（2004）
星野崇宏:『調査観察データの統計科学 — 因果推論・選択バイアス・データ融合』、岩波書店（2009）
Judea Pearl、黒木学（訳）:『統計的因果推論 — モデル・推論・推測』、共立出版（2009）

■テキストマイニング

松村真宏、三浦麻子:『人文・社会科学のためのテキストマイニング 改訂新版』、誠信書房、（2014）
那須川哲哉:『テキストマイニングを使う技術/作る技術』、東京電機大学出版局（2006）
樋口耕一:『社会調査のための計量テキスト分析』、ナカニシヤ出版（2014）

索引

英数先頭

項目	ページ
3Dグラフ	123
ABテスト	8
API（Application Programming Interface）	71
Apriori	193
AWK	93
CSV形式	66
DAU	153
HSIC（Hilbert-Schmidt Independence Criterion）	134
Jaccard係数	172
JSON	69
KGI	152
KH coder	178
Kmeans	190
KPI	152、226
KWIC検索	171、183
LTSV	68
MeCab	175
MIC（Maximal Information Coeffcient）	134
MoSCoW分析	35
TF-IDF	172
TSV	68
WBS（Work Breakdown Structure）	167
Weka	194

あ 行

項目	ページ
安定性	57、156、227
異常値	91
一貫性	57
一般化可能性	56
移動平均	127
因果ダイアグラム	144
後ろ向き調査	141
エディティング	92
円グラフ	122
オッズ比	139
帯グラフ	120
おむつとビール	18
折れ線グラフ	118

か 行

項目	ページ
解析	13
階層的クラスタリング	173
外的側面	56
確信度	192
確度	11
可視化	111、114
仮説検証型アプローチ	29
間隔尺度	63
頑健性	112
ガンチャート	167
幾何平均	127
疑似相関	141
キャリーオーバー効果	82
共起ネットワーク	172
共起分析	172、225
グッドハートの法則	162
グッドマン・クラスカルのガンマ	138
クラメルの連関係数	138
クローリング	73
クロス集計	121
クロスセクションデータ	65
形態素解析	175
結果的側面	57
欠損値	89
決定木	188
結論部	192
権限管理	102
構成管理	100
合成データ	60、128
構造化データ	66
構造的側面	56
コーディング	64

さ 行

項目	ページ
再現性	4
再テスト法	58
再表現	111、126
最頻値	127
算術平均	126
三点見積もり	166
散布図	118
サンプリング	12
サンプル	12
サンプルサイズ	13
サンプル数	13
時系列データ	65
支持度	192
事前テスト	88
質的尺度	62
尺度	62
尺度変換	129
順位相関係数	136
順序効果	83
順序尺度	63
条件部	192
情報	10
信頼性	57
推定	3
スクレイピング	73
スライシング	113、129、190、214
精度	11
積率相関係数	133
絶対基準としてのゼロ	64
切断データ	146
説明変数	11
セレクションバイアス	86
セントロイド	191
相関分析	133
相関ルール	192
測定	55、226

た 行

項目	ページ
多項選択式	79
妥当性	56、228
ダブルバーレル	80
単項選択式	79
探索型アプローチ	29
探索的データ解析	29、110

中央値	126	バイアス（偏り）	11、51、87	名義尺度	63
積み上げ棒グラフ	121	箱ひげ図	116	メタデータ	66
抵抗性	112	外れ値	91	目盛のないグラフ	123
定性尺度	62	パネルデータ	65	目的変数	11
定量尺度	62	バリアンス	11		
データ	10、49	反復	5	**や 行**	
データクレンジング	93	ヒートマップ	121	ユニバース	51
データ縮約	113	ヒストグラム	115	ユール・シンプソンのパラドックス	131
データセット	10	評価者間一貫性	58	要約統計量	126
データツリー	59	評価者信頼性	58	予測的妥当性	57
データマイニング	16、188、209	評価者内一貫性	58		
データ目録	105	比例尺度	63	**ら 行**	
統計	10	フェイスシート	85	リッカード尺度	64
統計学	10	分析	13	リフト	193
統計モデル	13	平滑化	128	量的尺度	62
特徴語抽出	172	変数	11	類推見積もり	166
トリム平均	126	変数選択	14	ロウソク足チャート	119
ドリルダウン	113	棒グラフ	115	ロギング	73
		母集団	12	ロジックツリー	30
な 行		母数	13	ローデータ	11
内的一貫性	58	ボトムアップ見積もり	166		
内容的側面	56	ポピュレーション	51	**わ 行**	
名前管理	99	本質的側面	56	わかち書き	175
名寄せ	176、224			ワードカウント	171
		ま 行			
は 行		ミーティング	162		
バージョン管理	101	無名数化	129		

著者紹介

あんちべ（twitter ID：@antibayesian）

現在 SNS 企業所属、前職は金融機関。数理統計の研究室出身、経済学で修士を取得。前職では金融商品のプライシングを担当した。現在の業務内容は SNS、ソーシャルゲームに関するデータ解析。目的設定から継続的な改善プロセスの実践まで、つまりデータ解析の全プロセスに関わる。また、BI ツールの作成・運用や統計学方面の新人研修も担当する。著作に『エンジニアのための データ可視化［実践］入門〜 D3.js による Web の可視化』（森藤大地、あんちべ、技術評論社、2014）がある。

本文イラスト・マンガ　とよのきつね。
カバーデザイン　冨澤 崇（EBranch）

編集担当　丸山隆一（森北出版）
編集責任　石田昇司（森北出版）
組　版　ビーエイト
印　刷　丸井工文社
製　本　同

データ解析の実務プロセス入門　　　Ⓒ あんちべ　2015
2015 年 6 月 22 日　第 1 版第 1 刷発行　【本書の無断転載を禁ず】

著　者　あんちべ
発行者　森北博巳
発行所　森北出版株式会社

東京都千代田区富士見 1-4-11（〒 102-0071）
電話 03-3265-8341 ／ FAX 03-3264-8709
http://www.morikita.co.jp/
日本書籍出版協会・自然科学書協会　会員
JCOPY ＜(社)出版者著作権管理機構　委託出版物＞

落丁・乱丁本はお取替えいたします。

Printed in Japan ／ ISBN978-4-627-81771-5